OBRAS PUBLICADAS

Pereira, H., *A inauguração da linha da beira alta em 1882. Narrativa de viagem de B. Wolowski*. Prefácio de Eduardo Beira (2016).

McCants, A., E Beira, J. Cordeiro, P. Lourenço e H. Pereira, *New uses for old Railways* (2016)

Pereira, H., *Máquinas e Homens. O material circulante da linha do Tua* (2016)

Fonte, J e H. Pereira, *The railway from Foz-Tua to Bragança*. Drawings by José R. Fonte. Text by H. Pereira. Preface by M. Paula Diogo

Lage, O., *Vidas e viagens à volta do vale do Tua. História da vida quotidiana das populações* (2016)

Lage, O. e E. Beira, *Memória oral e história do vale do Tua: Materiais de um projeto* (2016)

Lage, O., *TUA História de vida* (histórias de vida) (2016)

Fonte, J e H. Pereira, *A linha de Foz-Tua a Bragança*. Desenhos por José R. Fonte. Textos por H. Pereira. Prefácio de M. Paula Diogo (2015)

Pereira, H. (ed.), *A linha do Tua (1851-2008)*. Prefácio de Anne McCants (2015)

Beira, E. (org), *A linha do Tua, 1887, e as fotografias de E. Biel*. Prefácio de Álvaro Domingues (2014)

Pereira, H., *Os Beça, João da Cruz e Costa Serrão. Protagonistas da linha de Bragança* (2014)

Santos, L., *Tristão Guedes de Queiroz Correia Castelo Branco, 1º Marquês da Foz: um capitalista português no s finais do século XIX*. Prefácio de J. Lopes Cordeiro (2014)

Viseu, A., *Desenvolvimento da periferia transmontana: a Linha do Tua e a casa Menéres*. Prefácio de J. Lopes Cordeiro (2013)

Lage, O. (org.) e E. Beira 8fotos), TUA. *Colêctânea literária: o vale, o rio e a linha férrea*. Prefácio por Álvaro Domingues (2013)

McCants, A., E. Beira, J. Cordeiro e P. Lourenço (eds). *Railroads in historical context: construction, costs and consequences - volume III* (2013)

Pereira, H., *Debates Parlamentares sobre a linha do Tua* (1851-1906) (2012)

McCants, A., E. Beira, J. Cordeiro e P. Lourenço (eds). *Railroads in historical context: construction, costs and consequences - volume II* (2012)

McCants, A., E. Beira, J. Cordeiro e P. Lourenço (eds). *Railroads in historical context: construction, costs and consequences - volume I* (2011)

IN* MIT Portugal

A QUESTÃO DA BITOLA ESTREITA EM PORTUGAL E COLÓNIAS

A "Memória acerca dos caminhos de ferro de via reduzida"
do engenheiro Xavier Cordeiro (1880)

Edição, introdução e notas

Hugo Silveira Pereira
Bruno J. Navarro
Eduardo Beira

Prefácio

Maria Paula Diogo

in vatec
Inovatec (Portugal)

IniciativaTUA: um conjunto de iniciativas académicas e sociais do vale do tua, uma região periférica do interior transmontano - "o interior do interior". Estas iniciativas interdisciplinares pretendem não só aprofundar a reflexão académica sobre o vale do Tua em particular, e as periferias em geral, mas também dar protagonismo a essas regiões através dos canais académicos.

coordenadores
ANNE MCCANTS
EDUARDO BEIRA
JOSÉ M. CORDEIRO
PAULO B. LOURENÇO

ISBN: 978-179-63589-0-2

Fevereiro 2019
Paginação, capa e tratamento gráfico por Adelino Pereira
Editado e impresso por Inovatec (Portugal) Lda. (V. N. Gaia, Portugal)
Impressão da capa e encadernação por Minerva – Artes Gráficas, Lda. (Vila do Conde, Portugal)
Imagem da capa: Linha de Foz Tua a Mirandela, "Púlpito do diabo". A partir de foto original de Eduardo Beira.

PREFÁCIO

Maria Paula Diogo*

A presente obra organiza-se em torno da reedição da *Memoria acerca dos caminhos de ferro de via reduzida*, escrita por Cândido Celestino Xavier Cordeiro e publicada, em 1879, na *Revista de Obras Publicas e Minas*, em 1880, pela Imprensa Nacional, sob a forma de monografia e, agora, no âmbito do grupo iniciativaTUA, coordenado por Eduardo Beira, Anne McCants, José Manuel Lopes Cordeiro e Paulo B. Lourenço.

Embora se trate de um texto facilmente acessível e bem conhecido dos historiadores que se interessam por questões de engenharia e de tecnologia, esta edição oferece ao leitor dois estudos de contextualização histórica da *Memória* de elevada qualidade (Parte I), ambos da autoria de Hugo Pereira e de Bruno Navarro, que permitem não apenas perceber a relevância do debate sobre a bitola estreita no Portugal metropolitano e ultramarino de finais do século XIX, mas também integrá-lo na historiografia mais recente na área da história da tecnologia e da engenharia, através de uma grelha de análise muito atualizada, fundada em conceitos como *technopolitics*, *technodiplomacy*, circulação de *expertise*, centros e

* Professora Catedrática. Centro Interuniversitário de História das Ciências e da Tecnologia (Universidade Nova de Lisboa).

periferias. Eduardo Beira, autor da Parte II, adiciona a este estudo mais específico um enquadramento de caráter global sobre a linha de bitola reduzida, primeiro numa perspetiva internacional e, depois, centrando-se no caso português e, em particular, na Companhia Nacional de Caminhos de Ferro como exemplo emblemático da complexidade da implementação da via reduzida no espaço nacional.

Dividida em três partes – a primeira dedicada ao enquadramento da *Memória* de Xavier Cordeiro, a segunda à problemática mais global da via de bitola reduzida e a terceira ao texto escrito pelo engenheiro português – a obra mantém uma forte coerência, usando as Parte I e II para permitir ao leitor armazenar uma série de referências e reflexões que usará para uma abordagem renovada e plena da Parte III.

Assim, sob o título global de *Introdução da via reduzida em Portugal* e após uma breve introdução de Hugo Pereira e Eduardo Beira em que são elencados alguns dos conceitos estruturantes para esta obra, Hugo Pereira e Bruno Navarro assinam dois capítulos – *A aplicação da bitola estreita em Portugal* e *Xavier Cordeiro e a memória da via reduzida* – que, mais do que enquadrar o texto oitocentista, o releem no contexto mais amplo da importância dos caminhos-de-ferro como instrumento de *domesticação*, estruturação e hierarquização dos espaços metropolitano e colonial portugueses e do papel dos engenheiros como *artesãos* da visão regeneradora de progresso.

Segue-se, na Parte II – *Ferrovias de via reduzida, origem e fim: inovação e tecnologias ferroviárias* - uma análise mais global e quantitativa sobre a ferrovia de via reduzida comparando os Estados Unidos e Portugal. A reflexão sobre o caso português usa a vida acidentada da Companhia Nacional de Caminhos de Ferro para ilustrar a complexidade e multiplicidade de opções que enquadram a implementação da via reduzida.

Assim, no seu todo, esta obra dá-nos uma análise rica e estimulante da discussão sobre as bitolas no século XIX e as opções tomadas, tendo em conta elementos técnicos, mas, também (e por vezes, principalmente), estratégias de poder nas arenas nacional e internacional. O capítulo 3, sobre Xavier Cordeiro, usa elementos biográficos e, particularmente, da sua formação, para dar conta da importância da circulação de conhecimento e de *experts* no espaço europeu, que obriga a pensar os conceitos de centro e periferias não como categorias estáticas, mas como formas dinâmicas de relacionamento mútuo.

Na Parte III, reproduz-se a *Memoria acerca dos caminhos de ferro de via reduzida*, escrita por Cândido Celestino Xavier Cordeiro.

Embora num contexto que tem em conta a dimensão de divulgação – que marca o projeto iniciativaTUA, em que se contam outras obras sobre questões da ferrovia – esta obra tem como audiência provável um público mais especializado nas áreas da engenharia e da história que, decerto, e a propósito de um texto de referência para a engenharia portuguesa, poderá refletir criticamente sobre os processos de decisão e de organização económica e política que marcaram o Portugal oitocentista.

ÍNDICE

V   **PREFÁCIO**

001   **PARTE I - A INTRODUÇÃO DA VIA REDUZIDA EM PORTUGAL**

003   CAPÍTULO 1 - INTRODUÇÃO

007   CAPÍTULO 2 - A APLICAÇÃO DA BITOLA REDUZIDA EM PORTUGAL E NO IMPÉRIO (1870-1910)

007   2.1. O caminho-de-ferro na metrópole e nas colónias
009   2.2. A questão da bitola
012   2.3. Alternativa à bitola larga
020   2.4. Propostas e conseguimentos
056   2.5. Nota final

063   CAPÍTULO 3 - XAVIER CORDEIRO: UMA BIOGRAFIA

063   3.1. Formação e carreira inicial
074   3.2. Os estudos sobre a via estreita
075   3.3. A teoria da bitola estreita
082   3.4. Regresso a Portugal e missão na Índia
089   3.5. Ao serviço da Companhia Real e do País
093   3.6. Últimos anos

095   FONTES

095   1.1. Arquivos e bibliotecas
096   1.2. Periódicos
097   1.3. Monografias

100   BIBLIOGRAFIA

001   PARTE II - FERROVIAS DE VIA REDUZIDA, ORIGEM E FIM: INOVAÇÃO E TECNOLOGIAS FERROVIÁRIAS

003   1. Introdução: via reduzida e via larga
005   2. Charles Spooner, a linha de Festiniog e a teoria da via reduzida
008   3. A questão inicial da bitola
009   4. A "febre da via reduzida" nos Estados Unidos
015   5. A evolução da ferrovia portuguesa
018   6. A via reduzida em Portugal
021   7. Portugal, anos 1920: via reduzida e via larga
028   8. A saga da via reduzida: princípio e fim da Companhia Nacional
039   9. Tecnologia ferroviária, inovação e via reduzida: perspetivas conceptuais

001   PARTE III - MEMÓRIA ACERCA DOS CAMINHOS DE FERRO DE VIA REDUZIDA

005   I CONSIDERAÇÕES PRELIMINARES

012   II CONSIDERAÇÕES GERAES SOBRE A CONSTRUÇÃO

012   Largura da via
016   Raio das curvas
024   Rampas
029   Plataforma
030   Via

037 Obras de arte
038 Estações

041 III CONDIÇÕES GERAES DO MATERIAL CIRCULANTE, E
         DESPESAS KILOMETRIEAS DE CONSTRUCÇÃO

041 Material de transporte
046 Motores
056 Despeza kilometrica

066 IV CONDIÇÕES GERAES DA EXPLORAÇÃO

066 Peso morto
069 Baldeação
075 Capacidade de trafico
078 Comprimento dos comboios
080 Velocidade
085 Despezas de exploração
089 Tracção
095 Tarifas

099 V CONCLUSÃO

PARTE I

A INTRODUÇÃO DA VIA REDUZIDA EM PORTUGAL

CAPÍTULO 1
INTRODUÇÃO

Hugo Silveira Pereira*
Eduardo Beira**

O principal objetivo da política ferroviária portuguesa nas décadas de 1850 e 1860 era ligar os portos nacionais (designadamente o de Lisboa) à Europa. Ligações exclusivamente internas eram consideradas de segunda importância. Somente eram adotadas quando iam de encontro aos planos da iniciativa privada e eram projetadas em terrenos pouco acidentados (caso das linhas do Alentejo, adjudicadas ao capitalista Eugénio de Almeida, e de Sintra/Cascais, concessionadas a Claranges Lucotte)[1]. Em finais da década de 1870, Portugal procurou implementar semelhante estratégia ferroviária no ultramar, promovendo a ligação do litoral ao interior africano e indiano[2].

---

* Investigador de pós-doutoramento. Centro Interuniversitário de História das Ciências e da Tecnologia (Universidade NOVA de Lisboa); Institute of Railway Studies (University of York).

** Senior Research Fellow. IN+ Center for Innovation, Technology and Public Policy (Instituto Superior Técnico, Universidade de Lisboa).

1 Maria Fernanda Alegria, *A organização dos transportes em Portugal (1850-1910): as vias e o tráfego* (Lisboa: Centro de Estudos Geográficos, 1990).

2 Valentim Alexandre; Jill Dias, eds., *O Império Africano 1825-1890* (Lisboa: Estampa, 1998), 39-48 e 93-97.

Contudo, vastas áreas da periferia de Portugal Continental clamavam também pelo novo instrumento de progresso, que, por outro lado, podia igualmente auxiliar o Estado a estender a sua ação administrativa e contribuir para a construção e/ou reforço de um sentimento de identidade nacional[3]. No entanto, estas zonas periféricas tinham uma orografia montanhosa, não ficavam nos percursos mais diretos entre os principais portos do litoral e a fronteira e tinham uma dinâmica económica reduzida, pelo que qualquer investimento ferroviário não augurava um retorno financeiro sedutor.

No ultramar, os caminhos-de-ferro eram também importantes como instrumentos de *technopolitics* (ou seja como demonstrações técnicas da legitimidade da presença política portuguesa nas colónias[4]) e *technodiplomacy* (o uso da tecnologia para atingir objetivos diplomáticos[5]), tanto ou mais até do que ferramentas de desenvolvimento económico ou de investimento capitalista[6].

Em suma, a estes caminhos-de-ferro não era augurado um tráfego muito volumoso, pelo que a sua construção tinha forçosamente que ser menos dispendiosa. Ao longo da segunda metade do século XIX, diversas soluções para a problemática das vias-férreas de construção *económica* foram aventadas, mas com o passar do tempo todas foram paulatinamente convergindo para o caminho-de-ferro de via ou bitola (distância entre faces internas dos carris) estreita ou reduzida (em oposição à medida normal de 144 cm e à medida larga/ibérica de 167 cm), uma tecnologia *económica* para a construção ferroviária.

Em Portugal, diversos engenheiros nacionais, conhecedores do debate e das práticas internacionais sobre esta temática (cujas origens remontavam à década de 1840), contribuíram para a teorização e introdução da bitola estreita no Reino (através da publicação de estudos no *Boletim do Ministério das Obras Publicas*[7],

3 David Nye, *American Technological Sublime* (Cambridge, MA: The MIT Press, 1999), 53 e ss. Tiago Saraiva, "Inventing the Technological Nation: the Example of Portugal (1851-1898)", *History and Technology* (vol. 23, n.º 3, 2007), 263-273.

4 Gabrielle Hecht, *The radiance of France. Nuclear power and national identity after World War II* (Cambridge, MA; Londres: The MIT Press, 2009).

5 Glenn E. Schweitzer, *Techno-diplomacy. US-Soviet Confrontations in Science and Technology* (Nova York, NY: Plenum, 1989), V.

6 Maria Paula Diogo, "Um olhar introspectivo: a Revista de Obras Públicas e Minas e a Engenharia Colonial" in *A outra face do Império. Ciência, tecnologia e medicina (sécs. XIX-XX)*, eds. Maria Paula Diogo e Isabel Amaral (Lisboa: Colibri, 2012), 65-82.

7 Editada pelo ministério das Obras Públicas Comércio e Indústria.

Commercio e Industria e na *Revista de Obras Publicas e Minas*[8] ou através da elaboração de relatórios nos gabinetes do ministério das Obras Públicas), nem sempre vendo, porém, as suas opiniões seguidas pelos sucessivos governos. Um desses engenheiros foi Cândido Celestino Xavier Cordeiro, cuja *Memoria acerca dos caminhos de ferro de via reduzida* reeditamos agora. O trabalho, publicado em 1879 nos números 113 a 115 da *Revista de Obras Publicas e Minas* (páginas 237-269, 289-318 e 337-365) e no ano seguinte numa monografia editada pela Imprensa Nacional, bem como a própria carreira e *expertise* de Xavier Cordeiro, revelou-se determinante, pelo seu detalhe e riqueza técnica para a introdução da bitola estreita em Portugal, como procuraremos demonstrar neste livro.

Assim, analisaremos primeiro (capítulo 2) o debate sobre a introdução de alternativas à via larga no sistema ferroviário nacional (metropolitano e ultramarino) e como os diferentes intervenientes, através de *viagens de aprendizagem* ao estrangeiro[9], reuniram informação sobre a bitola estreita, apresentando-a como a melhor solução para construir novas ferrovias de forma módica, sobretudo em regiões com poucos atrativos económico-financeiros. Determinaremos em seguida até que ponto as sugestões dos técnicos nacionais foram acatadas pelo governo e em que medida a bitola reduzida se assumiu como uma alternativa eficaz à via larga na rede férrea portuguesa.

No capítulo seguinte (capítulo 3), destacaremos o percurso de Xavier Cordeiro, o seu relevante papel no sector ferroviário luso e na promoção da via estreita em Portugal, tanto no plano teórico, como prático. Faremos uma breve análise à sua *Memoria* e de que forma ela refletia o conhecimento internacional teórico e prático sobre a mesma matéria.

No capítulo 4 trata-se das origens de questão das bitolas e apresenta-se uma abordagem de natureza mais quantitativa sobre a evolução de ferrovia de via reduzida, contrastando os ciclos de vida evidenciados nos Estados Unidos e em Portugal, desde os primórdios do movimento até aos nossos dias. Recorre-se aos relatórios anuais da empresa para ilustrar as vicissitudes da Companhia Nacional de Caminhos de Ferro ao longo de mais de meio século para mostrar as oportunidades e as limitações do negócio ferroviário em via reduzida durante esse período. Final-

---

8   Editada pela Associação dos Engenheiros Civis Portugueses.

9   Ana Simões; Ana Carneiro; Maria Paula Diogo, "Introductory Remarks", in *Travels of Learning. A Geography of Science in Europe*, eds. Ana Simões; Ana Carneiro; Maria Paula Diogo (Dordrecht; Boston, MA; Londres: Kluwer Academic Publishers, 2003), 1-14.

mente faz-se um exercício de perspetiva conceptual sobre as questões de inovação em sistemas ferroviários, recorrendo a algumas ideais da teoria da inovação, dos estudos modernos de ciência e tecnologia e da filosofia crítica da tecnologia. A história da inovação ferroviária pode ter contributos a dar para essas áreas.

A *Memória acerca dos caminhos de ferro de via reduzida por Cândido Xavier Cordeiro*, publicada em 1880 e transcrita na parte III, mantem a notação das fórmulas da obra original, mas foi reconstruída e repaginada, não sendo um *fac-simile*. Manteve-se, no entanto, a ortografia do texto original.

CAPÍTULO 2
A APLICAÇÃO DA BITOLA REDUZIDA EM PORTUGAL E NO IMPÉRIO
(1870-1910)

Hugo Silveira Pereira
Bruno J. Navarro*

2.1. O caminho-de-ferro na metrópole e nas colónias

Nas primeiras duas décadas do liberalismo português, a instabilidade que marcou a vida política nacional impediu a prossecução de um programa de obras públicas que desenvolvesse o arcaico sistema de transportes do Reino. Na década de 1840, Costa Cabral conseguiu introduzir a indispensável estabilidade política para decretar a construção do primeiro caminho-de-ferro em Portugal, entre Lisboa e Espanha (o grande objetivo de toda a política ferroviária metropolitana oitocentista), adjudicado à Companhia das Obras Públicas de Portugal[10].

Embora o empreendimento não tenha sido bem sucedido, a ideia de que era necessário investir na modernização dos transportes e comunicações em Portugal

*   Investigador. Centro Interuniversitário de História das Ciências e da Tecnologia (Universidade NOVA de Lisboa).

10   David Justino, *A formação do espaço económico nacional. Portugal 1810-1913* (Lisboa: Vega, 1988-89), 189-90. Maria Eugénia Mata; Nuno Valério, *História económica de Portugal. Uma perspectiva global* (Lisboa: Presença, 1993), 142.

persistiu entre os conjurados do golpe de Estado de 1.5.1851 que derrubaram o governo cabralino[11].

FIGURA 1
Proposta de ligações internacionais na Península Ibérica (c. 1859)
Biblioteca Nacional Digital, purl.pt/1964.

A partir de finais da década de 1870, este programa desenvolvimentista passou também a ser aplicado nas colónias, tidas como fontes perenes de riqueza e como testemunhos da grandeza nacional (mitos do *Eldorado* e da *herança sagrada*, segundo Valentim Alexandre), cuja manutenção e desenvolvimento dependiam de um forte investimento em tecnologia[12].

---

11 Maria de Fátima Bonifácio, "A guerra de todos contra todos (ensaio sobre a instabilidade política antes da Regeneração)", *Análise Social* (vol. 27, n.º 115, 1992), 91-134.

12 Alexandre e Dias, *O Império Africano...*, 39-48 e 93-97. Diogo, "Um olhar introspectivo...".

Até à crise da década de 1890, o caminho-de-ferro foi visto em Portugal (e não só) como o melhor instrumento de desenvolvimento e apropriação do território[13], sobretudo numa época em que a riqueza das diversas nações parecia crescer a par das suas redes ferroviárias[14] e em que a tecnologia passou a ser encarada como "the most objective and unassailable measures of their own civilization's past achievement and present worth"[15].

2.2. A questão da bitola

Uma vez que o principal objetivo da política ferroviária metropolitana era ligar o País à Europa, fazia todo o sentido que a bitola usada em Portugal fosse igual à dos sistemas férreos estrangeiros. Na Europa, várias bitolas vinham sido empregues desde a década de 1830, mas por volta do meio século caminhava-se para uma uniformização em torno da medida de 144 cm[16].

Em Portugal, no início da década de 1850, a medida era também apoiada pelo engenheiro e deputado Albino de Figueiredo, que aconselhava a sua implementação na rede nacional a construir[17], muito embora Espanha desde 1844 tivesse preferido uma bitola mais larga, de 167 cm, na sequência da publicação do *Informe Subercase*.

Ao contrário do que possa transparecer e do que foi entendido por alguns autores[18], a opção espanhola não foi tomada por motivos militares, mas sim por motivações técnicas e práticas. Se motivos marciais tivessem presidido à escolha castelhana, a bitola teria que ser menor que a francesa para impedir o tráfego de

---

13 Bruno José Navarro Marçal, "Um império projectado pelo «silvo da locomotiva»: O papel da engenharia portuguesa na apropriação do espaço colonial africano. Angola e Moçambique (1869-1930)" (Diss. doutoramento, Universidade NOVA de Lisboa, 2016), 272. Hugo Silveira Pereira, "A política ferroviária nacional (1845-1899)" (Diss. Doutoramento, Universidade do Porto, 2012).

14 Carlo Cipolla (ed.), *The Fontana Economic History of Europe*, (Glasgow: Fontana/Collins, vol. 4, 1976).

15 Michael Adas, *Machines as the Measure of Men. Science, Technology, and Ideologies of Western Dominance* (Ithaca, NY; London: Cornell University Press, 1989), 134.

16 Ben Mardsen; Crosbie Smith, *Engineering Empires. A Cultural History of Technology in Nineteenth-Century Britain* (Nova York, NY; Londres: Palgrave MacMillan, 2005), 156. Jesus Moreno Fernandez, *El ancho de vía en los ferrocarriles españoles: de Espartero a Alfonso XIII* (Madrid: Toral, 1996), 374.

17 *Diario da Camara dos Deputados* (18.3.1857), 157-167.

18 José Fernando de Sousa, "O estreitamento da via nos caminhos de ferro peninsulares", *Gazeta dos Caminhos de Ferro* (n.ºs 618-622, 1913), 293-347.

material circulante externo nos túneis e pontes espanhóis. Acreditava-se, sim, que para vencer o relevo de Espanha seriam necessárias locomotivas mais potentes com caldeiras maiores, o que só se obteria com um aumento da largura dos eixos e consequentemente da via. Ademais, 167 cm correspondiam exatamente a 6 pés castelhanos e ainda à média aritmética das bitolas conhecidas pelos engenheiros redatores do *Informe Subercase*. Por outro lado, os responsáveis espanhóis ao idealizar a rede ferroviária nacional sempre privilegiaram o transporte interno e não o externo, pelo que uma uniformização técnica em torno da bitola – indispensável para o fluido e eficaz funcionamento de ligações transnacionais[19] – não era uma preocupação importante.

Na altura, a decisão foi um erro técnico: por um lado, porque a via mais larga exigia curvas mais amplas que não se adaptavam ao acidentado relevo de Espanha; por outro, já há muito que se assumira que a potência das máquinas não dependia do tamanho dos eixos e da caldeira, mas sim do aumento da pressão das mesmas e da elevação do seu centro de gravidade (já para não falar que uma bitola mais larga implicava locomotivas mais pesadas, com consequências sobre a potência). Simplesmente, nenhum dos engenheiros da comissão Subercase conhecia caminhos-de-ferro estrangeiros nem se correspondia com técnicos internacionais; a sua *expertise* era meramente teórica e baseada em autores desatualizados[20].

Inicialmente, Portugal procurou impor a bitola europeia nos contratos para as linhas de Lisboa – Santarém (parte da via internacional até Espanha) e Barreiro-

---

19 Michael L. Faye; John W. McArthur; Jeffrey D. Sachs; Thomas Snow, "The challenges facing landlocked developing countries", *Journal of Human Development* (vol. 5, n.º 1, 2004), 40-43. Van der Vleuten, "Understanding Network Societies...", 286-290.

20 Sobre a questão da definição da bitola ibérica, ver: Francisco Comín Comín, et al., *150 Años de Historia de los Ferrocarriles Españoles* (Madrid: Fundación de los Ferrocarriles Españoles, vol. 1, 1998), 56-61. Ramón Cordero; Fernando Menéndez, "El sistema ferroviario español" in *Los ferrocarriles en España. 1844-1943*, ed. Miguel Artola (Madrid: Banco de España, 1978), vol. 1, 186-190. Max Daumas, "L'evolution des chemins de fer espagnoles et de leur rôle dans les transports nationaux", *Annales de Géographie* (vol. 92, n.º 509, 1983), 26. Antonio Gómez Mendoza, *Ferrocarriles y cambio económico en España* (1855-1913). *Un enfoque de nueva historia económica* (Madrid: Alianza, 1982), 27-32. Idem, *Ferrocarril, industria y mercado en la modernización de España* (Madrid: Espasa Calpe, 1989), 205-206. Diego Mateo del Peral, "Los orígenes de la política ferroviaria en España (1844-1877)" in *Los ferrocarriles en España...*, vol. 1, 61 e ss. Moreno Fernandez, *El ancho de vía...*, 374-377. Douglas Puffert, "L'Intégration Technique du Réseau Ferroviaire Européen" in *Les réseaux européens transnationaux XIXe-XXe siècles: quels enjeux?*, eds. Michèle Merger; Albert Carreras; Andrea Giuntini (Nantes: Ouest Éditions, 1995), 306-308. Javier Vidal Olivares, "Marchés nationaux ou internationaux? Les compagnies de chemins de fer en Espagne et leurs connexions internationales avec la France et le Portugal, 1850-1914" in *Les réseaux européens...*, 354-356. Francisco Wais, *Origen de los ferrocarriles españoles* (Madrid: Marsiega, 1943), 151-158. Idem, *Historia de los Ferrocarriles Españoles* (Madrid: Nacional, 1974), 49-56, 70-75 e 527-529.

Vendas Novas. Contudo, com o passar dos anos e com a extensão da rede espanhola na medida de 167 cm, os decisores nacionais viram-se obrigados a adotá-la nos caminhos-de-ferro portugueses[21]. Até finais da década de 1860, as vias-férreas já assentes foram rebitoladas e novas ferrovias (Vendas Novas – Évora/Beja, Lisboa – Porto/ Elvas, Porto – Braga/Valença/Pinhão) foram contratadas e/ou construídas em bitola ibérica[22].

FIGURA 2
A rede ibérica em 1870
Pereira, "A política ferroviária nacional...", mapa 30 13d.

---

21   Magda Pinheiro, "L'Histoire d'un Divorce: l'Integration des Chemins de Fer Portugais dans le Réseau Ibérique", in *Les réseaux européens....*

22   Alegria, *A organização...*

2.3. Alternativa à bitola larga

Aquele conjunto de linhas deixava de fora da chamada viação acelerada extensas regiões do País, onde aliás a construção não era apetecível em virtude do acidentado do seu terreno e da sua percecionada falta de dinamismo económico. O Tesouro português não podia também suportar gastos muito elevados e mesmo a implementação da mais fabulosa tecnologia do século XIX[23] tinha que se submeter a restrições orçamentais. Além disso, Portugal passou em finais da década de 1860 por uma crise financeira e por uma governação de um partido que fazia bandeira da austeridade e da contenção de despesa, o que levou à suspensão temporária do programa de investimento em obras públicas[24]. Tudo isto levou à procura de alternativas mais económicas e/ou tecnicamente viáveis para a construção de caminhos-de-ferro.

Esta situação não era exclusiva de Portugal. Já nas décadas de 1840 e 1850, os Estados Unidos da América viram-se também na necessidade de se dotar de caminhos-de-ferro, dispondo para tal de disponibilidades financeiras limitadas. A necessidade aguça o engenho, como sói dizer-se, e os americanos improvisaram linhas desviando-se dos principais obstáculos geográficos com curvas mais apertadas e a aplicação de *bogies* (conjuntos de rodas) de dois eixos. O desenvolvimento da potência das locomotivas e o uso de uma roda dentada num carril central (com travão atmosférico) permitiu depois o emprego de declives mais acentuados. As inovações americanas foram estudadas por engenheiros europeus que depois as aplicaram nos seus próprios países[25].

Em Portugal, uma das primeiras alternativas foi apresentada em 1858 pelo engenheiro Pedro de Alcântara Gomes Fontoura, que publicou no *Boletim do Ministerio das Obras Publicas* dois relatórios sobre um caminho-de-ferro em edificação entre Génova e Turim, com declives até 35 mm/m e curvas de raio tão baixo quanto 100 m (em termos de comparação, as vias-férreas contratadas até então em Portugal admitiam declives máximos de 15 mm/m e raios de curva mínimos de 300 m, valores a serem aplicados somente em circunstâncias excecionais[26]). Apesar destas

---

23   Eric Hobsbawm, *A era do capital* (1848-1875) (Lisboa: Presença, 1979), 63.

24   Hugo Silveira Pereira, "«A marcha imoderada de um falso progresso»: o reformismo, uma impossível alternativa ao fontismo?", História: *Revista da Faculdade de Letras da Universidade do Porto* (série IV, vol. 5, 2016), 251-268

25   Jim Harter, *World Railways of Nineteenth Century. A Pictorial History in Victorian Engravings* (Baltimore, MD; Londres: The Johns Hopkins University Press, 2005), 360-361.

26   Pereira, "A política ferroviária nacional...", anexo 18.

restritivas condições de tração, Gomes Fontoura assegurava que as composições puxadas por duas locomotivas atingiam velocidades de 35 km/h[27].

Em 1865, o general Sá da Bandeira evocou no Parlamento esta mesma linha, apontando-a como exemplo de um sistema que se podia adaptar aos terrenos mais acidentados[28].

Um ano antes, o oficial Carlos Barcelos Machado citava na *Revista Militar* um estudo publicado em Itália sobre o modo de atravessar montanhas de grande declive (mais precisamente os Alpes, ligando os caminhos-de-ferro de França aos do Piemonte), usando o peso do comboio descendente para içar o comboio ascendente, conjugado com o recurso ao ar comprimido[29].

Outra solução era a construção de caminhos-de-ferro assentes diretamente sobre as estradas (os chamados *tramways* ou *americanos*), sendo a tração feita por animais. Era, contudo, uma alternativa que não agradava aos políticos e engenheiros nacionais por não oferecer as vantagens económicas e políticas de um caminho-de-ferro com tração a vapor, nomeadamente em termos de velocidade e de capacidade de transporte[30]. Cumulativamente, os técnicos portugueses não tinham certeza de que tais linhas pudessem ser aplicadas às estradas nacionais, demasiado estreitas, com fortes inclinações e apertadas curvas[31].

Aliás, uma experiência realizada nos arredores de Lisboa, no início da década de 1870, com o sistema Larmanjat (via-férrea assente sobre a estrada, onde os comboios circulavam sobre um carril único, apoiando-se em duas rodas laterais que rolavam sobre duas pranchas de madeira) revelara-se um fracasso, sendo rapidamente abandonada[32].

A escolha recaía claramente sobre os caminhos-de-ferro *normais*, em leito próprio e percorridos por máquinas a vapor. Todavia, uma vez que técnica e finan-

27　Pedro de Alcântara Gomes Fontoura, "Caminho de ferro Victor Manuel. Tunnel do Monte Cenis", *Boletim do Ministerio das Obras Publicas, Commercio e Industria* (vol. 5, 1860), 457-69. Idem, "Exploração do caminho de ferro de Genova a Bussala. Linha de Genova a Turim", *Boletim do Ministerio das Obras Publicas, Commercio e Industria* (vol. 5, 1860), 469-76.

28　*Diario de Lisboa* (sessão da câmara dos pares de 11.12.1865), 2846-2847.

29　Carlos Barcelos Machado, "Novo systema de tracção para vencer as rampas ingremes, do engenheiro Agudio", *Revista Militar* (tomo 14, n.º 14, 1864), 422-427.

30　Os *tramways* foram sobretudo usados em contextos urbanos

31　Cândido Celestino Xavier Cordeiro, *Memoria acerca dos caminhos de ferro de via reduzida* (Lisboa: Imprensa Nacional, 1880). Idem, "Os caminhos de ferro vicinaes", *Gazeta dos Caminhos de Ferro de Portugal e Hespanha* (n.º 135, 1.8.1893), 225-226.

32　Jaime Fragoso de Almeida, *O incrível comboio Larmanjat* (Lisboa: Medialivros, 2004).

ceiramente era difícil levar a ferrovia com bitola de 167 cm a todo o País, os engenheiros lusos propuseram reduzir a bitola para baixar o custo do primeiro esta-belecimento e adaptar a via aos caprichos do terreno e assim levar a *viação acelerada* às regiões onde a via normal não podia chegar ou oferecer perspetivas de remuneração do investimento feito.

FIGURA 3
Um carro americano
Site da Carris (www.carris.pt).

A solução não era uma novidade e era preconizada pelo menos desde a década de 1840 – à medida que o conhecimnto técnico sobre caminhos-de-ferro se acu-mulava, os condicionamentos que impunham bitolas mais largas vinham sendo superados.

A Noruega foi um dos primeiros países a construir um caminho-de-ferro com uma bitola mais estreita que o normal (106,7 cm), ainda na década de 1840[33].

Na Bélgica, em 1843, o governo adjudicou a construção de uma linha com 115 cm entre os carris[34].

Em França, a discussão sobre o uso de vias-férreas de bitola reduzida com declives mais acentuados e curvas mais apertadas como solução para completar a

---

33   Puffert, "L'Intégration...", 306-308

34   Bart van der Herten; Michelangelo van Meerten; Greta Verbeurgt, *Le Temps du Train. 175 ans de chemins de fer en Belgique* (Lovaina: Presses Universitaires, 2001), 73.

rede sem gastar demasiados recursos remontava à década de 1850[35]. Em 1863, um comité nomeado para analisar os melhoramentos a introduzir nas linhas existentes por governo e companhias mostrou-se favorável à construção de caminhos-de-ferro de importância meramente local, bitola reduzida e condições de tração mais modestas. Dois anos depois, o assentamento deste tipo de vias-férreas continuou em larga escala após a lei de 12.7.1865 conceder às cidades e autoridades locais um vasto campo de ação para adjudicar a sua construção, apesar de ter também fomentado a especulação ferroviária[36].

Quanto à vizinha Espanha, ordenou o estudo de caminhos-de-ferro secundários de bitola reduzida em 1866. O objetivo era encontrar soluções de transporte ferroviário para as regiões onde a via larga fosse demasiado cara, não se adequasse à procura local e/ou não oferecesse perspetivas de remuneração lucrativa. A construção iniciou-se em 1870[37].

Em Inglaterra, entre 1863 e 1865, o engenheiro John Fell fez experiências com caminhos-de-ferro de bitola de 110 cm, curvas apertadas e declives até 80 mm/m, nos quais empregou um carril central (um desenvolvimento de uma ideia das décadas de 1830 e 1840), ao qual duas rodas colocadas horizontalmente na locomotiva se fixavam, aumentando o poder de tração (de 7 para 24-30 t a uma velocidade até 17 km/h). O sistema foi aplicado em França na ligação de St. Michel de Maurienne à cidade italiana de Susa (1865-1868), onde os comboios circulavam a uma velocidade média de 13 km/h. O sistema foi muito bem sucedido até a abertura do túnel ferroviário do Monte Cenis (1871) o ter tornado obsoleto. O material foi exportado para o Brasil onde foi reutilizado a partir de 1873[38].

Nas colónias africanas e asiáticas não-portuguesas várias bitolas vinham utilizadas desde o início da construção na década de 1850.

Na Índia Britânica as primeiras linhas usavam a medida praticada na Península Ibérica (167 cm), se bem que por motivações diferentes (era um valor de compro-

---

35　M. C. Arnoux, *De la nécessité d'apporter des économies dans la construction des chemins de fer et des moyens de les obtenir* (Paris: Imprimerie Administrative, 1860), 3-9. Louis Armand (ed.), *Histoire des chemins de fer en France* (Paris: Les Presses Modernes, 1963), 53-65.

36　François Caron, *Histoire des chemins de fer en France* (Paris: Fayard, vol. 1, 1997-2005), 430-440. Armand, *Histoire...*, 53-65.

37　Miguel Muñoz Rubio, "Los Ferrocarriles de Vía Estrecha: Una visión de conjunto", in *Historia de los Ferrocarriles de Vía Estrecha en España*, ed. Miguel Muñoz Rubio (Madrid: Fundación de los Ferrocarriles Españoles, 2005), vol. 1, 1-2. Wais, *Historia de los Ferrocarriles...*, 505-515.

38　Harter, *World Railways...*, 360-361 e 526.

misso entre o padrão 144 cm e os 210 cm da denominada bitola Brunel), mas com o passar dos anos a bitola métrica (100 cm) foi ganhando o seu espaço (em inícios do século XX a rede de via métrica representava 44% da extensão total da malha férrea indiana)[39].

Nos domínios europeus da África do Sul, também se tinham experimentado diversas bitolas. A primeira linha da colónia do Cabo, aberta em 1862, usara a medida de 144 cm, mas rapidamente se chegou à conclusão de que uma distância mais reduzida entre carris aplicar-se-ia mais eficazmente ao contexto africano, sendo de construção mais económica. Alguns engenheiros, como Richard Thomas Hall (que viria a envolver-se nos estudos da linha de Lourenço Marques ao Transvaal em finais da década de 1870[40]), propunham uma bitola de 76 cm enquanto outros, como Robert Fairlie, entendiam que tais caminhos-de-ferro não suportariam tráfegos volumosos no futuro, propondo bitolas mais amplas. Acabou por se chegar a um consenso na medida de 106,7 cm, que começou a ser aplicada em toda a rede da África do Sul (passando a ser conhecida como bitola africana)[41].

Ao longo da década de 1870, o interesse pela bitola reduzida recrudesceu como forma de reduzir o custo do primeiro estabelecimento e assim tornar os empreendimentos ferroviários investimentos mais apetecíveis. Segundo o engenheiro Richard Rapier, que escrevia em 1878:

> "there is a general outcry, on the one hand, for more railways; and on the other hand, that many of the lines already made do not pay their way satisfactorily [...]. It seems probable that the next stage of railway development, throughout the world, will have to depend on the intrinsic merits of the undertakings, and their prospects of being able to earn their own living rather than on any artificial support. It is therefore particularly opportune to inquire as to the practicability of introducing cheaper railways"[42].

---

39 Ian. J. Kerr, *Engines of change: the railroads that made Índia* (Westport, CT; Londres: Praeger, 2007), 10 e 19.

40 Marçal, "Um império projectado pelo «silvo da locomotiva»...", 272.

41 John R. Day, *Railways of Southern Africa* (Londres: Arthur Barker Ltd., 1963), 19-22. Colin Divall, "Railway Imperialisms, Railway Nationalisms", in *Die Internationalität der Eisenbahn* 1850-1970, eds. Monika Burri; Killian T. Elsasser; David Gugerli (Zurique: Chronos, 2009), 198. Mardsen; Smith, *Engineering Empires...*, 156. Richard C. Rapier, *Remunerative railways for new countries; with some account of the first railway in China* (Londres, E. & F. N.: 1878), 7.

42 Rapier, *Remunerative railways for new countries...*, 7.

Portugal acompanhou estes desenvolvimentos, tendo também experimentado as agruras de assentamentos de caminhos-de-ferro demasiado onerosos e operações ferroviárias pouco lucrativas, com implicações financeiras quer sobre as contas das companhias privadas, quer sobre a Fazenda pública (em virtude dos subsídios financeiros concedidos a tais empresas). Na década de 1860, a Companhia Real dos Caminhos de Ferro Portugueses (concessionária das linhas do Norte e do Leste, a quem o Estado pagara metade da construção) fora forçada a suspender o pagamento do juro das obrigações pouco depois da inauguração daquelas vias. Quanto à South Eastern of Portugal Railway Company (apoiada inicialmente com um subsídio à construção e depois com uma garantia de juro para explorar as linhas do Barreiro a Évora e Beja), não conseguiu também honrar os seus compromissos financeiros. Em ambos os casos, a solução para estes problemas passou por novos acordos que oneraram as finanças e a própria dignidade nacional[43].

Assim, Portugal, no início da década de 1870, procurou alternativas à construção tradicional de caminhos-de-ferro. Em 1872, o governo deu execução a uma lei aprovada cinco anos antes para construir por administração direta as linhas do Minho e Douro de forma *económica*[44]. O diploma determinava que o empreendimento não poderia custar mais que 30 contos/km, algo que para o deputado José de Morais "nem um engenheiro que viesse do ceo era capaz de fazer"[45]. Buscaram-se então soluções que representassem uma real redução dos custos do primeiro estabelecimento que fosse além da mera introdução de um limite abstrato no articulado de uma carta de lei. Essa solução era a bitola estreita.

Em 1870, o governo enviou Xavier Cordeiro ao estrangeiro estudar a questão[46]. A sua missão espoletaria nos anos seguintes um intenso debate, tanto no ministério das Obras Públicas como na Associação de Engenheiros Civis Portugueses.

Em 1871, a Junta Consultiva de Obras Públicas e Minas, órgão consultivo do ministério, opinava que este tipo de viação deveria servir como alimentador de tráfego das linhas de bitola larga e idealmente ser implementado sem qualquer tipo de

---

43   Hugo Silveira Pereira, "Markets, Politics and Railways: Portugal, 1852-1873" in *"Markets" and Politics. Private interests and public authority (18th-20th centuries)*, ed. Christina Agriantoni; Christina Chatziioannou; Leda Papastefanaki (Volos: Thessaly University Press, 2016), 223-239.

44   Alegria, *A organização...*

45   *Diario de Lisboa* (sessão da câmara dos deputados de 4.5.1867), 1402.

46   Cândido Celestino Xavier Cordeiro, "Estudos feitos em França e Allemanha", *Revista de Obras Públicas e Minas* (n.ºs 1-5, 1870), 3-14, 37-50, 69-84 e 127-141.

apoio por parte do Tesouro, embora reconhecesse que muito dificilmente os investidores apareceriam sem uma garantia ou subsídio por parte do Estado[47].

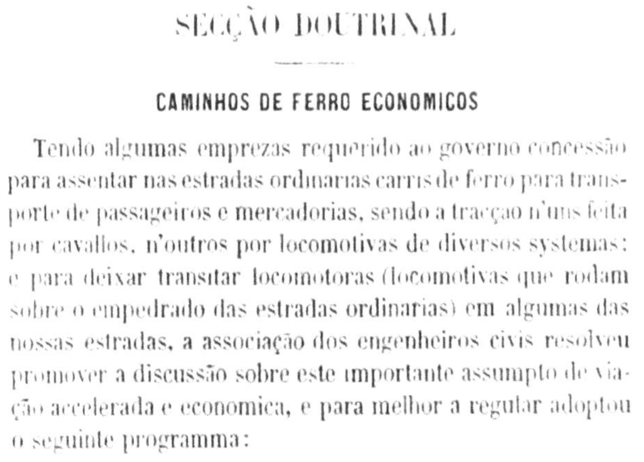

SECÇÃO DOUTRINAL

CAMINHOS DE FERRO ECONOMICOS

Tendo algumas emprezas requerido ao governo concessão para assentar nas estradas ordinarias carris de ferro para transporte de passageiros e mercadorias, sendo a tracção n'uns feita por cavallos, n'outros por locomotivas de diversos systemas; e para deixar transitar locomotoras (locomotivas que rodam sobre o empedrado das estradas ordinarias) em algumas das nossas estradas, a associação dos engenheiros civis resolveu promover a discussão sobre este importante assumpto de viação accelerada e economica, e para melhor a regular adoptou o seguinte programma:

FIGURA 4
Cabeçalho do artigo sobre caminhos-de-ferro económicos
publicado na *Revista de Obras Públicas e Minas.*

Quanto à Associação de Engenheiros Civis Portugueses, usou a *Revista de Obras Publicas e Minas* para divulgar diversos artigos e notícias sobre a temática. Entre 1871 e 1872, o engenheiro Vitorino Damásio publicou um estudo sobre os caminhos-de-ferro de via estreita, confirmando a sua exequibilidade técnica e segurança para o público e aconselhando o governo a usá-los como afluentes das linhas de bitola larga, ligando cidades importantes, portos ou rios à rede de primeira ordem. A medida da bitola em toda a rede de via estreita deveria ser de 100 cm. Estas linhas-férreas deveriam ser exclusivamente assentes por companhias privadas sem qualquer apoio do Estado, como incentivo a uma construção o mais económica possível, que permitisse uma maior rendibilidade no futuro[48].

---

47 Arquivo Histórico do Ministério das Obras Públicas, *Conselho de Obras Públicas e Minas*, lv. 32 (1871), fls. 280-299; lv. 32-A (1871), fls. 1-8v.

48 Associação de Engenheiros Civis Portugueses, "Caminhos de ferro económicos", *Revista de Obras Publicas e Minas* (n.ºs 21-22, 24 e 25, 1871-1872), 315-338, 355-365, 439-447 e 1-22.

A *Revista de Obras Publicas e Minas* dava também notícia de bons exemplos de ferrovias de via estreita fora de Portugal e dos seus benéficos efeitos, quer sobre as populações que habitavam regiões montanhosas, quer sobre os acionistas das companhias que as operavam. Em 1873, podia ler-se neste periódico que um caminho-de-ferro nas montanhas dos Estados Unidos da América circulava entre profundas ravinas e altos penhascos com declives até 30 mm/m e curvas com apenas 60 m de raio[49]. Da Suíça, chegavam dois exemplos de sucesso no uso da via estreita para ultrapassar os caprichos do terreno: o caminho-de-ferro de Appenzell e a linha entre Saint-Gallen e Rorschach, este último com curvas de raio mínimo de 90 m e inclinações até 85 mm/m[50]. Em 1875, a *Revista de Obras Publicas e Minas* calculava que em toda a Europa existiam mais de 1.000 km de caminhos-de-ferro de bitola reduzida, que se concentravam sobretudo na Noruega, Suécia e Rússia[51]. Uma enorme esperança era depositada nesta tecnologia ferroviária. Acreditava-se que ela poderia levar a viação acelerada a todas as províncias e distritos nacionais[52].

A defesa da aplicação da bitola estreita na África Portuguesa, especificamente em Angola, coube ao engenheiro Ângelo Sárrea de Sousa Prado, experiente técnico do ministério das Obras Públicas[53], que, em 1874, integrou um grupo de empreendedores que propôs ao governo a construção de uma linha-férrea entre Luanda e Ambaca. O próprio Sárrea Prado fez os estudos no terreno, em 1875, e, baseando-se nas recomendações de autoridades ferroviárias como o engenheiro francês Charles-Henri-François Couche (professor da cadeira de Construção e Caminhos de Ferro, na Escola Nacional de Minas, de Paris) ou o especialista inglês Charles Easton Spooner (engenheiro responsável da Festiniog Railway Company e da North Wales Narrow Gauge Railways Company) e em alguns exemplos internacionais (Inglaterra, França, Bélgica, Suécia, Noruega, Rússia, Estados Unidos da América, Brasil, Peru, Índia Inglesa ou Austrália, onde esse sistema de construção tinha sido implementado com resultados muito animadores), recomendou o uso da bitola estreita, como o sistema mais simples e económico de levar a viação acelerada ao sertão angolano: o custo total era orçado em 5.700 contos, o que equivalia a

---

49   *Revista de Obras Publicas e Minas* (n.º 40, 1873), 170-171.

50   Idem (n.º 88, 1877), 176.

51   Idem (n.º 63, 1875), 154-156.

52   Idem (n.º 70, 1875), 414.

53   João Alexandre Lopes Galvão, *A engenharia portuguesa na moderna obra de colonização* (Lisboa: Agência Geral das Colónias, 1949), 176.

cerca de 16 contos/km assente[54], uma considerável redução em relação aos 50 contos/km das linhas do Norte e Leste[55], aos 56 contos/km das linhas do Sul e Sueste (incluindo indemnizações pagas aos concessionários)[56] ou aos optimistas 30 contos/km em que haviam sido orçadas as linhas do Minho e Douro.

2.4. Propostas e conseguimentos

Os estudos de Xavier Cordeiro e Sárrea Prado e a ação de divulgação da Associação de Engenheiros Civis motivaram o aparecimento, ao longo da década de 1870, das primeiras propostas para a construção de caminhos-de-ferro de via estreita em Portugal e nos domínios ultramarinos de Angola, Moçambique e Índia (tabela 1). Só na primeira metade daquela década foram catorze as propostas apresentadas ao governo.

Tabela 1 – Propostas de construção de linhas de via estreita (1870-1875)[57]

1.3.1872	Estado[a]	Linha de Beja ao Algarve
28.12.1872 18.2.1875	Simão Gattai	Linha do Minho – Taipas, com ramal para Fafe e Vizela (depois, linha do Minho – Guimarães)
19.6.1873	Ellicot e Kessler	Porto – Póvoa de Varzim
26.2.1874	Luís Augusto Palmeirim	Santana – Óbidos – Caldas da Rainha – São Martinho

---

54 Ângelo Sárrea de Sousa Prado, *Caminho-de-ferro entre Luanda e Ambaca. Primeiros estudos tecnicos: Memoria Descritiva e Planta Topografica* (Lisboa: Imprensa Democrática, 1877).

55 Alegria, *A organização...*

56 Pereira, "A marcha imoderada de um falso progresso...", 264.

57 Arquivo Histórico-Diplomático, *Caminho-de-Ferro de Goa*, 3° p., arm. 20, mç. 50, proc. 146, cartas de 8.7.1875 e 27.7.1875; Arquivo Histórico Ultramarino, mç. 2589 1B, *Caminho-de-ferro de Mormugão*, cartas de 15.7.1875 e 28.7.1875. *Diario da Camara dos Deputados* (datas indicadas); *Collecção Official de Legislação Portugueza* (Lisboa: Imprensa Nacional, datas indicadas); Portugal. Ministério da Marinha e Ultramar, *Legislação e disposições regulamentares sobre caminhos de ferro ultramarinos* (Lisboa: Imprensa Nacional, vol. 1, 1908), 18-21 e 30-34; Pedro Guilherme dos Santos Dinis, Compilação de *diversos documentos relativos à Companhia dos Caminhos de Ferro Portugueses* (Lisboa: Imprensa Nacional, vol. 6, 1915-1919), 79-86

22.4.1874 29.12.1874 15.7.1875	Filipe de Carvalho	Sesimbra – Cacilhas (depois, com ramal parao Pinhal Novo)
18.6.1874	Alberto Meister	Viana do Castelo – Lindoso
6.11.1874 18.11.1874	George Pigot Moodie	Lourenço Marques – rio Umbeluzi– serra dos Libombos – fronteira com o Transvaal
9.12.1874	Augusto Garrido, Alberto Costa, Jacinto da Cruz, Ângelo Sárrea Prado, Joaquim da Câmara e Isaac Zagury	Luanda – Casengo – Ambaca
1.3.1875	Estado[a]	Régua – Vila Real – Chaves (pelo vale do Corgo)
8.7.1875	Frederick Campbell	Mormugão (Goa) – fronteira com a Índia Britânica
27.7.1875 16.2.1881	Damião António Pereira Pinto (depois, George Barchay Bruce Júnior)	Viana do Castelo – Ponte da Barca
9.9.1875	Eduardo Teixeira de Sampaio[b]	Portalegre – fronteira com Espanha
22.9.1875	Camille Mangeon e Evaristo Nunes Pinto	Coimbra – Figueira da Foz
22.9.1875	Conde de Penamacor, António Sande e Castro, Ângelo Sárrea Prado e Joaquim Ribeiro	Lisboa – Torres Vedras

Notas: [a] Propostas apresentadas ao Parlamento, mas recusadas

[b] Proposta apresentada ao governo, mas recusada

Excetuando a linha do vale do Corgo, a linha de Beja ao Algarve e as propostas de Teixeira de Sampaio e de Frederick Campbell, todas as demais ofertas foram aceites e adjudicadas por decreto (diretamente pelo governo e sem audição parlamentar), o que, à luz da lei geral dos caminhos-de-ferro de 31.12.1864, era ilegal: este diploma estipulava claramente que apenas ramais ferroviários e linhas com menos de 20 km de extensão podiam ser concessionados sem aval do Parlamento[58].

Em todo o caso, apenas uma das concessões se tornou realidade: a linha do Porto à Póvoa de Varzim (com bitola de 90 cm), inaugurada em 1875 pela Companhia do Caminho de Ferro do Porto à Póvoa de Varzim (a linha era praticamente uma grande reta, pois apenas 20% do traçado era em curva, mas em contrapartida só 24% da sua extensão era em perfil horizontal e 40% das rampas atingia declividades de 15 a 24 mm/m[59]).

As restantes eram provavelmente apenas especulações, pelas quais os promotores pretendiam arrebatar a adjudicação e depois vendê-la a quem oferecesse mais, à semelhança do que aliás acontecia pela mesma altura em Espanha[60]. Contudo, é também possível que os seus empreendedores se tenham deparado com dificuldades para angariar capitais, que não tinham nenhuma garantia de retorno financeiro por parte do Estado (foi o caso da linha de Ambaca, que não avançou pelo facto de os seus proponentes não usufruírem de nenhuma garantia de juro do Estado e assim não terem conseguido angariar os capitais necessários nem em Inglaterra nem na Bélgica[61]).

Ao contrário do que acontecia com os caminhos-de-ferro de via larga, o governo não concedeu subsídios à exploração ou à construção nem tampouco isenções fiscais ou alfandegárias a nenhum daqueles projetos, seguindo assim a sugestão de Vitorino Damásio, um dos decanos da classe dos engenheiros portugueses da época[62]. A linha da Póvoa tornou-se assim para a engenharia portuguesa o primeiro exemplo para testar uma mudança ao sistema tecnológico da via larga e verificar a sua exequibilidade técnica[63].

---

58   Pereira, "A política ferroviária nacional...", 324-334.

59   Ibidem, anexo 20.

60   Muñoz Rubio, "Los Ferrocarriles...", 13.

61   Marçal, "Um império projectado pelo «silvo da locomotiva»...", 225.

62   Jorge Fernandes Alves; José Luís Vilela, *José Vitorino Damásio e a Telegrafia Eléctrica em Portugal* (Lisboa: PT, 1995).

63   José Ribeiro da Silva, *Os comboios em Portugal: do vapor à electricidade* (Queluz: Mensagem, 2004), vol.1.

FIGURA 5
Estação de Famalicão (c. 1881), entroncamento das linhas do Minho (à direita)
e do Porto à Póvoa e Famalicão (à esquerda)
CP, *Os caminhos-de-ferro portugueses: 1856-2006* (Lisboa: CP, 2006), 26.

FIGURA 6
Estação de Santo Tirso na linha de Guimarães
Gazeta dos Caminhos de Ferro (n.º 1094, 16.7.1913), 419.

A experiência, porém, não seduziu mais capitalistas. Na segunda metade da década de 1870, o entusiasmo pela bitola reduzida entre os investidores diminuiu, se bem que a taxa de realização das propostas tenha aumentado. Apenas seis propostas foram apresentadas ao governo (que abriu ainda concurso para a construção de uma linha em Moçambique, em vão), mas duas tornaram-se realidade (tabela 2).

Tabela 2 – Propostas de construção de linhas de via estreita (1876-1880)[64]

Data(s)	Proponente(s)	Diretriz(es)
12.4.1876 20.4.1876 28.12.1876	Companhia a contratar ou Estado	Lourenço Marques – fronteira com o Transvaal
19.12.1876	Companhia do Caminho de Ferro do Porto à Póvoa de Varzim	Póvoa de Varzim – Famalicão (linha do Minho)
6.5.1878 27.8.1878	Companhia a contratar[a]	Casével – Algarve
12.10.1877 24.3.1879	Companhia do Caminho de Ferro do Porto à Póvoa e Famalicão[b]	Famalicão (linha do Minho) – Guimarães – Vila Real – Chaves – Régua
28.3.1879	Estado[a]	Casével – Algarve
16.4.1879 5.8.1880	Soares Veloso e visconde da Ermida	Bougado (linha do Minho) – Guimarães

Notas: [a] Propostas apresentadas ao Parlamento, mas recusadas
[b] Proposta apresentada ao governo, mas recusada

A Companhia do Caminho de Ferro do Porto à Póvoa pretendeu estender a sua via-férrea a Trás-os-Montes, mas teve que se contentar com um alargamento apenas até Famalicão (entroncando na linha do Minho e inaugurado em 1881). Não muito longe desta ferrovia, seria construída (e inaugurada em 1884) uma outra

---

64 Arquivo Histórico do Ministério das Obras Públicas, *Conselho de Obras Públicas e Minas*, caixa 22, parecer 8156 (24.3.1879); *Collecção Official de Legislação Portugueza, Diario da Camara dos Deputados* (datas indicadas); *Legislação e disposições regulamentares sobre caminhos de ferro ultramarinos*, vol. 1, 27-38

entre Bougado (na linha do Minho) e Guimarães, por iniciativa do visconde da Ermida e de Soares Veloso, fundadores da Companhia do Caminho de Ferro de Guimarães[65].

Apesar da proximidade à linha do Porto a Famalicão, não se optou por fazer do caminho-de-ferro de Guimarães o seu prolongamento, nem por manter a uniformidade de bitola: a nova via contava 1 m entre carris. Em termos de perfil horizontal e vertical, a linha adaptava-se ao terreno, com 45% do seu traçado em curva e 80% em declive com mais de metade das inclinações superiores a 5 mm/m[66].

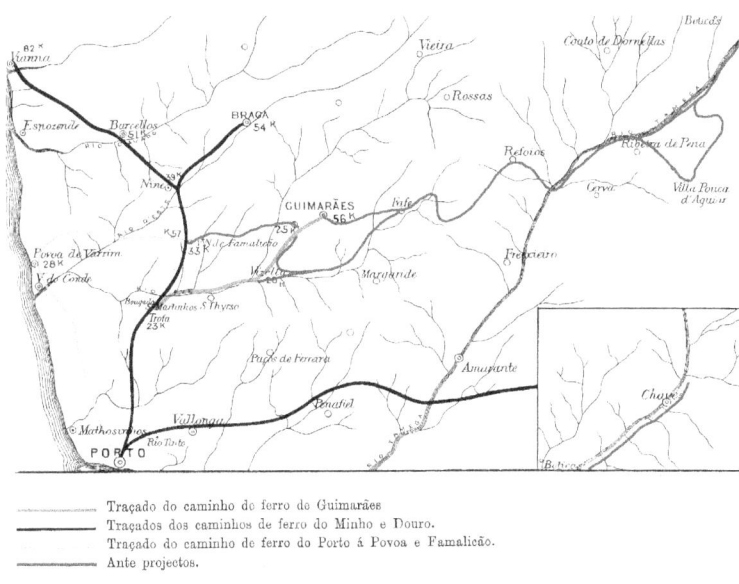

Traçado do caminho de ferro de Guimarães
Traçados dos caminhos de ferro do Minho e Douro.
Traçado do caminho de ferro do Porto á Povoa e Famalicão.
Ante projectos.

FIGURA 7
Propostas de prolongamento das linhas de Guimarães e Famalicão
Arquivo Histórico-Diplomático, *Caminhos de Ferro, ligações por intermédio de pontes*, cx. 38, mç. 8, doc. 281.

Neste lustro, os poderes públicos procuraram cativar mais intensamente o interesse de investidores neste tipo de tecnologia. No Parlamento, o engenheiro Lobo

---

65   Alegria, *A organização...*

66   Pereira, "A política ferroviária nacional...", anexo 20.

d'Ávila, um dos mais importantes promotores da agenda desenvolvimentista da Regeneração[67], louvava as vantagens da bitola reduzida (sobretudo como apoio à rede de via larga) numa tentativa de persuadir capitalistas privados a investir[68].

A Junta Consultiva de Obras Públicas e Minas apoiava a mesma ideia: os caminhos-de-ferro de via reduzida eram úteis como meio de ligação de áreas remotas à rede de bitola larga[69].

O governo procurou também atrair o interesse do capital, encomendando novos estudos aos engenheiros Xavier Cordeiro e Sousa Brandão. Em 1878, por portaria de 29 de julho, o primeiro volta a França, incumbido da missão de visitar a Exposição Mundial de Paris[70] e

> "estudar no extrangeiro o estado actual da questão dos caminhos de ferro de via reduzida, com relação ao material circulante e ás condições geraes da construcção e exploração, e bem assim á applicação do vapor á tracção sobre as estradas ordinarias, munidas ou não de carris"[71]

FIGURA 8
Cândido Celestino Xavier Cordeiro
O Occidente: Revista Illustrada de Portugal e do Estrangeiro
(n.º 940, 10.2.1905), 32.

FIGURA 9
Francisco Maria de Sousa Brandão
Bernardino Pinheiro, "Francisco Maria de Sousa Brandão" Galeria Republicana
(n.º 9, 1882), 1.

---

67 Hugo Silveira Pereira, "Joaquim Tomás Lobo d'Ávila, conde de Valbom: um homem da Regeneração", *Revista de História da Sociedade e da Cultura* (n.º 16, 2016), 293-319.

68 *Diario da Camara dos Deputados* (14.1.1876), 21.

69 Arquivo Histórico do Ministério das Obras Públicas, *Conselho de Obras Públicas e Minas*, cx. 18, parecer 6418 (7.1.1875); lv. 37-A (1876), parecer de 26.12.1876.

70 Idem, *Processos individuais*, Cândido Celestino Xavier Cordeiro. Ana Cardoso de Matos, "World Exhibitions of the Second Half of the 19th Century: a Means of Updating Engineering and Highlighting its Importance", *Quaderns d'Història de l'Enginyeria* (vol. VI, 2004), 225-235.

71 A. Luciano de Carvalho, "Elogio Historico de Candido Xavier Cordeiro", *Revista de Obras Publicas e Minas* (n.ºs 442-444, 1906), 562.

No seu retorno, Xavier Cordeiro escreveu a *Memoria acerca dos caminhos de ferro de via reduzida*[72], que confirmava as vantagens do uso da bitola estreita em Portugal[73].

Pouco depois do seu regresso, é enviado a Goa para, juntamente com os prestigiados engenheiros britânicos da firma Hawkshaw, Son & Hayter (John e John Clarke Hawkshaw, Harrison Hayter e Ernest Edward Sawyer)[74], examinar a possibilidade de aplicação da via reduzida ao caminho-de-ferro entre o porto de Mormugão e a fronteira com a Índia Britânica, acordado no tratado luso-britânico de 1878. Para chegar à fronteira, a linha teria que atravessar a imponente e acidentada cadeia montanhosa dos Ghats Ocidentais, sendo a bitola estreita encarada como uma forma de tornar a obra financeiramente exequível[75].

FIGURAS 10, 11 e 12
John Hawkshaw, John Clarke Hawkshaw e Harrison Hayter
Beaumont, *Sir John Hawkshaw...*

---

72 Editada pela Imprensa Nacional em 1980, como vimos.

73 Cândido Celestino Xavier Cordeiro, "Memoria ácerca dos caminhos de ferro de via reduzida", *Revista de Obras Publicas e Minas* (n°s 113-115, 1879), 237-269, 289-318 e 337-365. Ana Cardoso de Matos; Maria Paula Diogo, "From the *École de Ponts et Chaussées* to Portuguese railways: the transfer of technological knowledge and practices in the second half of the 19th century", in *Railway modernization: an historical perspective (19th and 20th centuries)*, ed. Magda Pinheiro (Lisboa: Centro de Estudos de História Contemporânea de Portugal, 2009), 87.

74 John Hawkshaw era um célebre e respeitado engenheiro britânico com cerca de 40 anos de experiência em construção de caminhos-de-ferro, portos, canais e diversas obras hidráulicas no contexto europeu, sul-americano e colonial. Assumia contratos na Índia desde 1855. Martin Beaumont, *Sir John Hawkshaw, 1811-1891. The Life and Work of an Eminent Victorian Engineer* (Nottingham: The Lancashire & Yorkshire Railway Society, 2015).

75 Hugo Silveira Pereira, "Fontismo na Índia Portuguesa: o caminho-de-ferro de Mormugão", *Revista Portuguesa de História* (n.º 46, 2015), 248.

Ao contrário do que vinha acontecendo até então, esta última viagem era bem menos de interesse técnico-científico e de recoleção de conhecimento novo e muito mais de relevância política e económico-financeira. O objetivo era, por um lado, elaborar um relatório que sustentasse a praticabilidade técnica e financeira do empreendimento e assim convencer os capitalistas a investir e a Índia Britânica a continuar a linha do seu lado da fronteira[76]; e, por outro, num contexto colonial, demonstrar a vontade nacional de ocupar e desenvolver efetivamente os seus territórios indianos[77], cobiçados por Inglaterra desde finais do século XVIII[78].

No seu relatório final, Xavier Cordeiro acabaria por recomendar o uso da bitola larga. O seu profundo conhecimento da matéria levou-o a fazer aquela recomendação: tal como veremos no capítulo seguinte, a aplicação da bitola estreita dependia muito das perspetivas de tráfego da linha em questão e o engenheiro português previa que o caminho-de-ferro de Mormugão teria um aturado movimento, que aconselhava o recurso à bitola normal. De qualquer modo, os governos português e britânico acabariam por optar pela bitola reduzida (1 m), por motivos eminentemente orçamentais[79].

Quanto a Sousa Brandão, visitou a Suíça e a Itália em 1879, tendo analisado os caminhos-de-ferro de Saint-Gallen – Appenzell e Righi, ambos com bitola métrica. O primeiro tinha declives até 36 mm/m e curvas de 120 m, permitindo uma velocidade média de 20 km/h; o segundo apresentava uma estonteante inclinação de 250 mm/m, que só podia ser vencida com recurso a um sistema de cremalheira desenvolvido pelo engenheiro Riggenbach (entre 1863 e 1871)[80].

O sistema de cremalheira – uma roda dentada que assentava sobre um carril central auxiliando assim a subida – tinha as suas origens teóricas no início da década de 1810. Era usado com sucesso no caminho-de-ferro do Monte Washington

---

76 Ibidem, 247-248.

77 Simões et al., "Introductory Remarks", 4.

78 Pereira, "Fontismo na Índia Portuguesa...", 241-242.

79 Arquivo Histórico-Diplomático, *Miguel Martins Dantas. Cópias de correspondência recebida e expedida por este diplomata relativa ao Tratado de Lourenço Marques, Caminho de Ferro de Mormugão, captura do brigue "Ovarense" e algumas cartas sobre outros assuntos, 1878 a 1882*, processo I, fs. 1 i), p. 1-18, 3º pis., arm. 9, mç. 6 c), N. I. A. 69, M. 485c), S131.E1G.P6/82799. Ian J. Kerr; Hugo Silveira Pereira, "India and Portugal: the Mormugão and the Tua railways compared", in *Railroads in Historical Context: construction, costs and consequences*, ed. Anne McCants; Eduardo Beira; José Manuel Lopes Cordeiro; Paulo B. Lourenço (Porto: MIT Portugal; EDP; Universidade do Minho, 2013), vol. 2, 183.

80 Harter, *World Railways...*, 362.

(com cerca de 5,6 km e um declive de 25%) desde 1869, altura em que foi consi-derado "the greatest feat of American railroad engineering" (encontrando-se ainda em exploração atualmente). A caldeira da locomotiva estava suspensa, o que ga-rantia a sua horizontalidade em todo o percurso da linha. O sistema de cremalheira foi também usado com sucesso noutras partes da Suíça, na Áustria, em França e também no Brasil[81].

O complexo de Righi recorria ao velho sistema de cremalheira de Blenkinsop (desenvolvido por este engenheiro em 1811[82]) alterado por Riggenbach em 1871, que permitia usar a roda dentada apenas quando era necessário. Era extremamente seguro sobretudo nas descidas e apto para linhas com muito tráfego (exceto movi-mento de minerais) e com inclinações até 40 mm/m, onde podia atingir velocidades até 10 milhas/h. Os custos de construção eram apenas 10% superiores em relação a uma via normal, o que era mais que compensado pela menor extensão da linha obtida[83].

FIGURAS 13 e 14
Os caminhos-de-ferro de Righi (à esquerda) e de Monte Washington (à direita)
Scientific American (n.º 19, 21.3.1885), *America Illustrated* (1882).

81   Ibidem, 361-363.

82   Thomas Seccombe, "Blenkinsop, John (1783-1831)", in *Dictionary of National Biography*, ed. Sidney Lee (London: Smith, Elder & Co., 1901), suplement, vol. 1, 217-218

83   Rapier, *Remunerative railways for new countries...*, 14-15.

Sousa Brandão não achava, porém, que fosse necessário empregar medidas tão drásticas nas montanhas portuguesas[84]. O corolário destes estudos foi a publicação de um ensaio em 1880 sobre a rede férrea de via estreita a norte do Douro, uma região muito acidentada e praticamente sem estradas[85]. A sua proposta cobriria de caminhos-de-ferro todo o Trás-os-Montes e uma grande parte do Minho. Dado o desnivelado carácter do terreno, algumas das linhas atingiam um máximo de 25 mm/m de declividades e os raios de curva desciam até aos 200 m. Os custos varia-vam conforme a ferrovia (entre um mínimo de 19 contos/km para as do Sabor e de Mirandela a Bragança e um máximo de 30 contos/km para a do Tâmega), mas no total remontavam a perto de 14.000 contos, que deviam ser investidos ou direta-mente pelo Estado ou através de apoios concedidos aos municípios[86].

FIGURA 15
A rede de via reduzida ao norte do Douro (proposta de Sousa Brandão)
Brandão, "Estudos de caminhos de ferro..."

---

84 Francisco Maria de Sousa Brandão, "Caminhos de ferro de via reduzida. Caminho ligando os cantões de Saint Gall e Apentzel", *Revista de Obras Publicas e Minas* (n.º 115, 1879), 367-369. Idem, "Caminho de ferro do Righi. Fortes rampas. Sistema de cremalheira", *Revista de Obras Publicas e Minas* (n.º 115, 1879), 369-371.096. Maria Otília Pereira Lage; Albano Viseu; Hugo Silveira Pereira, "Viajar em Portugal e no interior transmontano", in *A linha do Tua* (1851-2008), ed. Hugo Silveira Pereira (Porto: MIT Portugal; EDP; Universidade do Minho, vol. 1, 2015), 52-55.

85 Maria Otília Pereira Lage; Albano Viseu; Hugo Silveira Pereira, "Viajar em Portugal e no interior transmontano", in A linha do Tua... vol. 1, 2015), 52-55.

86 Francisco Maria de Sousa Brandão, "Estudos de caminhos de ferro de via reduzida ao Norte do Douro", *Revista de Obras Publicas e Minas* (n.º 125-126, 1880), 145-183.

No ano seguinte, o engenheiro João José Pereira Dias, um discípulo de Sousa Brandão, com quem trabalhara no reconhecimento anterior, apresentava proposta semelhante à do seu mestre, mas para a província do Minho, numa tarefa que lhe fora encomendada pela Câmara Municipal de Esposende. O conjunto de linhas proposto tinha como propósito servir zonas desprovidas de viação acelerada, aproximá-las do Porto e dar-lhes novas saídas portuárias (em Esposende e Vila do Conde), ao mesmo tempo que aumentava o tráfego e consequentemente o rendimento da linha do Minho, propriedade pública. Diferia do de Sousa Brandão na responsabilidade da construção (no valor de 7.600 contos) que deveria recair inteiramente sobre uma empresa privada[87].

Ainda em 1881, a Junta Consultiva de Obras Públicas e Minas aproveitava o ensejo para se pronunciar sobre a aplicação da bitola estreita nos territórios coloniais (numa consulta sobre uma proposta para uma via-férrea entre Luanda e o Dondo Amuturo). Embora não se mostrasse completamente convencida da capacidade da via reduzida em se instituir como alternativa vantajosa à bitola regular no ultramar, a Junta admitia que uma medida entre os 90 cm e os 110 cm era suficiente para os fins (comerciais, económicos, mas sobretudo tecnopolíticos) que os caminhos-de-ferro em África deveriam atingir[88].

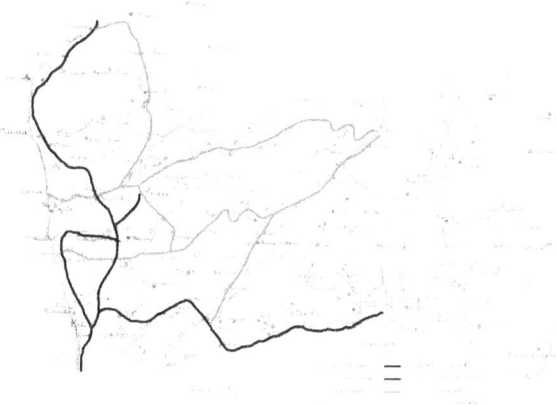

FIGURA 16
Proposta de rede de via reduzida de Pereira Dias para a província do Minho
Dias, *Memória ácerca...*

---

87   João José Pereira Dias, *Memória ácerca dos caminhos de ferro de segunda ordem no districto de Braga* (Lisboa: Imprensa Nacional, 1881).

88   Arquivo Histórico Ultramarino, *Caminho de Ferro de Ambaca*, mç. 461 1F, consulta de 21.12.1881.

Estes esforços significavam o transplante do sistema tecnológico da bitola estreita para outros contextos económicos e técnicos[89], caracterizados pela existência de constrangimentos morfológicos, em zonas acidentadas, periféricas, e com fracas expectativas de rendibilidade. A linha da Póvoa atravessava uma zona relativamente pouco acidentada e com algum dinamismo económico (entre o Douro Litoral e o Baixo Minho).

Tão importante como os estudos daqueles dois engenheiros foi a vontade demonstrada pelo governo em disponibilizar pela primeira vez recursos do Tesouro em apoio dos caminhos-de-ferro de via estreita. A estratégia começou timidamente, em 1876, quando foi proposto ao Parlamento a isenção de alguns impostos às companhias que explorassem ou viessem a explorar este tipo de ferrovia, em troca de estas prestarem gratuitamente alguns serviços ao Estado. Contudo, a câmara alta do poder legislativo limitou a isenção às companhias já existentes, ou seja, à Companhia do Caminho de Ferro do Porto à Póvoa e Famalicão. A câmara baixa aceitou a modificação e o projeto transformou-se na lei de 7.4.1877[90].

Esta foi uma medida que antecipou outras semelhantes tomadas em Espanha e França. Em França, o chamado *Plano Freycinet* de 1878 e a lei de 1880, e em Espanha, as leis de 23.11.1877 e 24.5.1878 procuraram criar melhores condições para o investimento em linhas de via estreita, fazendo-o aliás de modo muito mais aprofundado do que em Portugal[91].

Como aquele incentivo fosse, de facto, inconsequente, o governo viu-se obrigado a abrir os cordões à bolsa e atribuiu um subsídio pecuniário de 7 contos/km construído ao caminho-de-ferro de Lourenço Marques à fronteira do Transvaal[92]. O governo antecipava um orçamento limitado, admitindo a bitola métrica e condições de tração muito liberais (curvas de raio mínimo de 150 m e declives máximos de 24 mm/m)[93]. Mesmo assim, o projeto não avançou. De qualquer modo, a bitola es-

---

89 Tanto na metróple como no ultramar.

90 *Collecção Official de Legislação Portugueza* (1877), 55. *Diario da Camara dos Deputados* (24.1.1876), 111; (28.3.1876), 820-821; (19.3.1877), 701. *Diário dos Dignos Pares do Reino*, (19.3.1877), 195-196.

91 Caron, *Histoire des chemins de fer...*, vol. 1, 438-487. Comín Comín et al., *150 Años...*, vol. 1, 241-243. Gómez Mendoza, *Ferrocarril, industria...*, 45. Ana Olmedo Gaya, *"Historia legislativa de los ferrocarriles de vía estrecha"*, in Historia de los Ferrocarriles de Vía Estrecha en España, vol. 2, 744-745.

92 *Legislação e disposições regulamentares sobre caminhos de ferro ultramarinos*, vol. 1, 27-34.

93 Ibidem, vol. 1, 18-21.

colhida seria decerto um problema no futuro por ser diferente da que se vinha generalizando na África do Sul (1,067 m).

Os esforços governamentais não eram suficientes para seduzir investidores. Na memória, pesava ainda a não-realização da maioria das propostas apresentadas na década de 1870 e o frágil desempenho financeiro da Companhia do Caminho de Ferro do Porto à Póvoa e Famalicão (em 1882 dava uma taxa de retorno de apenas 1,6%)[94]. Demais, em finais do decénio de 1870, cada vez mais os apoios à construção (como a subvenção quilométrica) eram vistos como insuficientes. Os investidores preferiam garantias de rendimento, algo que o Estado ainda não estava preparado para conceder[95]. Por fim, a crise do segundo lustro da década de 1870, que infligiu um rude golpe no sistema bancário nacional, desencorajou a realização de investimentos no reino[96]. Nem os bons exemplos de caminhos-de-ferro de bitola estreita vindos da Noruega, Brasil, Estados Unidos da América ou Nova Zelândia (divulgados pela *Revista de Obras Publicas e Minas*)[97], nem o desenvolvimento que conheceram em Espanha (em consequência das leis de 1877-1878 e de baixos orçamentos de construção)[98] alteraram o panorama.

O governo percebeu que só garantindo o retorno do investimento dotaria o país de caminhos-de-ferro de via estreita, de modo que em 1880, pela lei de 17 de junho aceitou conceder uma garantia de juro à companhia que construísse e explorasse o porto e o caminho-de-ferro (de bitola métrica) de Mormugão[99]. A promessa do subsídio convenceu o grupo financeiro inglês Stafford House Committee, liderado pelo influente e milionário duque de Sutherland, a investir no projeto, tendo o acordo final assinado em 18.4.1881 fixado um juro de 5% sobre um capital inicial de 800.000 £ (3.600 contos) e de 6% sobre qualquer capital adicional (que viria a ser de 550.000 £ ou 2.475 contos). Quando a obra foi concluída em 1888 pela com-

---

94   Pereira, "A política ferroviária nacional...", anexo 21. Magda Pinheiro, "Les chemins de fer portugais: entre l'explotation privée et le rachat", *Revue d'Histoire des Chemins de Fer* (n.ºs 16-17, 1997), 160-164.

95   Luís Santos, "Politica Ferroviaria Ibérica: de principios del siglo XX a la agrupacion de los ferrocarriles (1901-1951)" (Diss. Doutoramento, Universidade Complutense de Madrid, 2011), 127-142.

96   Magda Pinheiro, "Investimentos estrangeiros, política financeira e caminhos-de-ferro em Portugal na segunda metade do século XIX", *Análise Social* (vol. 15, n.º 58, 1979), 279. Nuno Valério, *História do Sistema Bancário Português* (Lisboa: Banco de Portugal, 2006), 111-137.

97   *Revista de Obras Publicas e Minas* (n.º 157, 1883), 25; (n.º 169, 1884), 65.

98   Comín Comín et al., *150 Años...*, vol. 1, 242-243. Gómez Mendoza, *Ferrocarril, industria...*, 54-56.

99   *Legislação e disposições regulamentares sobre caminhos de ferro ultramarinos*, vol. 1, 45-46.

panhia West of India Portuguese Guaranteed Railway Company, estimava-se que cada um dos 81 km da linha custara 37 contos[100]. O uso da via estreita revelou-se muito útil na travessia da cordilheira dos Ghats, já que os declives atingiram os 25 mm/m e os raios das curvas baixaram a 243 m[101].

Em 1883, o executivo concedeu igual apoio (6% sobre um capital máximo de 23 contos/km) à companhia que construísse e explorasse a linha do Tua (Foz-Tua – Mirandela, uma das linhas sugeridas por Sousa Brandão) e o ramal de Viseu (começando em Santa Comba Dão, na linha da Beira Alta), ambos em bitola de 1 m. Depois do concurso, seria aceite a proposta de 19,99 contos/km, do marquês da Foz, que formaria mais tarde a Companhia Nacional de Caminhos de Ferro, a qual abriria ambas as linhas em 1887 e 1890, respetivamente[102].

Apesar do acidentado do terreno, os engenheiros da companhia conseguiram obter boas condições de tração, sobretudo no vale do Tua, onde quase metade da linha estava assente em plano horizontal e mais de metade do traçado era em reta. O declive máximo e o raio de curva mínimo eram usados em menos de 8% do caminho-de-ferro. Já no ramal de Viseu, os declives entre 12 e 18 mm/m foram usados em quase 60% do traçado. Já a extensão em reta (59%) era semelhante às de outras ferrovias idênticas[103].

A situação contrastava claramente com a realidade espanhola onde este tipo de viação não usufruía de apoios pecuniários estatais, malgrado as concessionárias terem passado por severas dificuldades financeiras[104].

Portugal esperava usar este modelo nos territórios africanos, onde eram admitidas condições de construção menos exigentes. E, de facto, em finais de 1883, o governo adjudicou ao americano Edward McMurdo o caminho-de-ferro de Lourenço Marques ao Transvaal, cedendo-lhe apenas a liberdade absoluta para a fixação de tarifas (contrato de 14.12.1883). Tratava-se de uma linha de bitola africana (106,7 cm) de uma extraordinária relevância geo e tecnopolítica para aquela república su--africana, um *landlocked country*[105], por lhe garantir um acesso ao mar sem passar

---

100 Pereira, "Fontismo na Índia...", 249-250.

101 Kerr e Pereira, "India and Portugal...", 187-188.

102 Luís Santos, *Tristão Guedes de Queirós Correia Castelo Branco, 1º. Marquês da Foz: um capitalista português nos finais do século XIX* (Porto: MIT Portugal; EDP; Universidade do Minho, 2014), 61-70.

103 Pereira, "A política ferroviária nacional...", anexo 20.

104 Muñoz Rubio, "Los Ferrocarriles...", 31-32.

105 Faye et al., "The Challenges...", 31-69.

por território de influência britânica[106]. McMurdo entendeu que a importância da obra, juntamente com a permissividade das condições contratuais (raios de curva até 120 m e declives até 25 mm/m[107]), era suficiente para lhe valer um bom negócio, pelo que aceitou assentar a via sem quaisquer auxílios públicos. O americano só levou a linha até a um ponto a 8 km da fronteira com o Transvaal, antes de o Estado rescindir o contrato. O governo alegou incumprimento de prazos – que de facto ocorreu – mas mais importante para a ab-rogação foi a falta de acordo de tarifas entre McMurdo e a República Sul-Africana, que impossibilitava um fluido tráfego futuro de mercadorias até Lourenço Marques e sem o qual o Transvaal recusava continuar a linha no seu território. Depois da revogação, o resto do caminho-de--ferro foi completado em 1888 pelo Estado português, que assegurou também a sua exploração até aos anos 1970[108].

FIGURA 17
O caminho-de-ferro de Mormugãona cascala de Dudhsagar Alberto C. Germano S. Correia, *Índia Portuguesa* (fisiografia e clima) (Lisboa: Papelaria e Tipografia Casa Portuguesa, 1926), 72-73.

FIGURA 18
A linha do Tua à saída do túnel das Presas. Eduardo Beira (coord.), *A Linha do Tua, 1887, e as Fotografias de E. Biel* (Porto: Universidade do Minho, EDP, MIT Portugal Program), 13.

As concessões gratuitas como a de McMurdo não se tornaram regra e em 1885, após um concurso falhado no ano anterior, o governo teve que atribuir um complemento do rendimento líquido de 6% sobre um capital quilométrico de 19,99

---

106 António José Telo, *Lourenço Marques na Política Externa Portuguesa* (Lisboa: Cosmos, 1991), 40-47.

107 *Legislação e disposições regulamentares sobre caminhos de ferro ultramarinos*, vol. 1, 109-120

108 The National Archives, *Foreign Office, Confidential Print (Numerical Series), Portugal: History, Delagoa Bay Railway Concession*, carta de 27.6.1889 da Delagoa Bay and East African Railway Company ao Foreign Office, FO 881/8053X. Marçal, "Um império projectado pelo «silvo da locomotiva»...", 299.

contos à companhia a formar por Alexandre Peres para construir e explorar a linha de Luanda a Ambaca, parte da grande via-férrea que deveria ligar Angola à contracosta (adequadamente, a companhia seria batizada Companhia Real dos Caminhos de Ferro Através de África). A necessidade de baixar os valores do orçamento levou o governo a permitir condições semelhantes às da linha de Lourenço Marques: 25 mm/m para os declives máximos e 120 m para os raios de curva mínimos[109].

Por outro lado, os resultados da Conferência de Berlim (que, embora não tenha definido princípios de ocupação efetiva do interior, abriu o sertão de África a todas as nações europeias[110]) incentivaram, decerto, o governo português a apoiar mais incisivamente este tipo de empresas em África, no sentido de reforçar a presença portuguesa em Angola e atingir o *hinterland* da colónia antes de outras potências o fazerem. Em 1888, eram inaugurados os primeiros 45 km de via até à Funda[111].

A ideia de fazer desta linha um grande transafricano, já em si de uma exequibilidade duvidosa, contava ainda com um obstáculo acrescido, tal era a diversidade de bitolas empregues: como vimos, a via-férrea de Lourenço Marques contava 106,7 cm entre carris, mas o caminho-de-ferro de Ambaca foi contratado e construído em bitola métrica, uma opção que provavelmente foi inspirada nas linhas africanas francesas e da própria escola gaulesa que muito inspirou Xavier Cordeiro, Sousa Brandão e outros engenheiros portugueses[112]. Tratou-se de uma inadvertida imprevidência, ocorrida num momento em que a construção ferroviária em África dava os seu primeiros e "titubeantes passos", quando ainda era difícil antecipar a preponderância que a engenharia colonial inglesa viria a assumir nesse continente e a generalização da bitola africana de 1,067 m[113].

---

109   *Legislação e disposições regulamentares sobre caminhos de ferro ultramarinos*, vol. 1, 129-146.

110   Thomas Pakenham, *The Scramble for Africa. White Man's Conquest of the Dark Continent From 1876 to 1912* (Nova York, NY: Perennial, 2003), 241-254.

111   Bruno J. Navarro, "The 'miracle of the locomotive' in the construction of the Third Portuguese Empire: the launch of railways in Angola", in *Railroads in Historical Context...* vol. 2, 126-127. Adelino Torres, *O Império Português entre o Real e o Imaginário* (Lisboa: Escher, 1991), 83.

112   Matos e Diogo, "From the *École de Ponts et Chaussées...*".

113   João Alexandre Lopes Galvão, "Os caminhos-de-ferro em Angola: Plano geral da rede ferroviária", *Gazeta das Colónias* (25.10.1925), 17. Idem, "Plano geral da rede de comunicações aceleradas ordinárias e aproveitamento das vias fluviais de Angola", *Boletim da Sociedade de Geografia de Lisboa* (n.ºs 7 e 9, 1926), 35-37. Idem, "O caminho-de-ferro de Luanda e o seu carácter internacional", *Boletim da Agência Geral das Colónias* (n.º 1, julho

FIGURAS 19 e 20
Viaduto do vale do Zordo na linha de Ambaca (à esquerda)
e ponte de Chicongere ao quilómetro 62 da linha de Lourenço Marques (à direita)
Companhia Real dos Caminhos de Ferro Atravez de Africa, *Memoria Explicativa e Justificativa dos Actos
e da Situação da Companhia* (Porto: Oficinas do Comércio do Porto, 1909), 232-233.
Edward McMurdo, *Views of Lourenço Marques* (Delagoa Bay)
and Transvaal Railway (S. l.: C. S. Fowler, 1887), 44.

As esperanças do Tesouro em dotar o território sob administração portugue-sa com este tipo de via-férrea sem custos goraram-se e a tecnologia acabou por perder em parte o seu carácter económico, mesmo no ultramar, onde, em prin-cípio, as exigências da construção eram menores. Aliás, os caminhos-de-ferro de Mormugão e de Ambaca envolveriam as finanças e a diplomacia portuguesas em complicadas tramas negociais, que só se resolveriam em meados do século XX[114].

Deste modo, nos anos anteriores à bancarrota parcial de 1892, verificou-se um misto de propostas, abertura de concursos e adjudicações com e sem auxí-lios públicos, tanto no continente, como nos domínios ultramarinos (tabela 3).

de 1925), 40-41.

114   Kerr e Pereira, "India and Portugal...", 195-196. Marçal, "Um império projectado pelo «silvo da locomotiva»...",
      244-269.

Tabela 3 – Propostas de construção de linhas de via estreita (1885-1892)[115]

Data(s)	Proponente(s)	Diretriz(es)
9.6.1885	Companhia a contratar[a]	Régua – Vila Real – Vila Pouca de Aguiar – Chaves
20.3.1886	Companhia a contratar[a]	Guimarães – Chaves – Vila Real – Régua
9.6.1886	António Pedro de Aragão Morais & Companhia[b]	Estação de Santarém – Santarém
1.9.1887	Fonseca, Santos & Viana[c]	Famalicão (linha do Minho) – Guimarães – Vila Real – Chaves – Régua
22.9.1887 17.12.1888	Eduardo da Costa Leite[b c]	Santarém – Vendas Novas
2.12.1887 30.3.1891	Joseph William Henry Black e Companhia Portuguesa dos Caminhos de Ferro do Sul[b c]	Lagos – Vila Real de Santo António
1.6.1888 23.7.1890	Companhia a contratar[a]	Linhas a norte do Mondego
2.8.1888 21.8.1888	Salomon Bensaúde	Benguela – Dombe Grande
29.9.1888	Joaquim Pires de Sousa Gomes e Afonso de Morais Sarmento	Quelimane – Chamo – Mopeia – Mutacataca
20.3.1886	Companhia a contratar[a]	Guimarães – Chaves – Vila Real – Régua
10.6.1889 12.9.1889	Desiré Braga[a]	Benguela – Catumbela

---

115 *Collecção Official de Legislação Portugueza, Legislação e disposições regulamentares sobre caminhos de ferro ultramarinos*, vol. 1 (datas indicadas), Alfredo Pereira de Lima, *História dos Caminhos de Ferro de Moçambique* (Lourenço Marques: Administração dos Portos, Caminhos de Ferro e Transportes de Moçambique, vol. 2, 1971), 190.

7.11.1889 24.12.1889 4.2.1891 30.7.1891 8.10.1891 12.9.1891 13.10.1891 28.12.1891 3.3.1892	Companhia de Moçambique[b d e]	Beira – Macequece – fronteira de Moçambique
12.8.1890	Companhia a contratar[a]	Moçâmedes – alto da serra da Chela
20.12.1890	Charles Edward Austin Antonieski	Mogorrumba – Mopeia
2.4.1891 9.5.1891 17.8.1891 4.8.1892	Companhia do Caminho de Ferro de Guimarães	Guimarães – Fafe
30.7.1891[b d]	Max Stone e José Maria Greenfield de Melo	Inhambane/rio Limpopo – fronteira do Transvaal
26.9.1891[b d] 13.11.1891	Companhia do Niassa	Costa – Lago Niassa

Notas: Não se incluem linhas de serviço a minas
   [a] Proposta à qual foi atribuída garantia de rendimento
   [b] Proposta na qual a bitola não estava originalmente definida
   [c] Proposta na qual a bitola seria alterada para a medida normal
   [d] Concessão via companhia majestática
   [e] Caminho-de-ferro decauville (bitola de 60 cm)

Destaque-se, pela sua envergadura, o projeto da autoria política do ministro das Obras Públicas, Emídio Navarro, gizado a partir de 1886, de completar a rede a norte do Mondego com um conjunto de linhas desembocando na linha do Douro. Naquele ano, os estudos no terreno foram encomendados a um conjunto de engenheiros experimentados (Perfeito de Magalhães, Justino Teixeira, Afonso de Espregueira e Pereira Dias), coadjuvados por técnicos de segunda geração (José Beça, Costa Serrão e Miranda Montenegro, entre outros)[116].

Em 1888, era apresentado o relatório final, propondo a construção em bitola estreita das linhas de Mirandela a Bragança, do Tâmega até Chaves, de Braga a Cavez, de Mangualde a Recarei e de Vidago a Vila Franca das Naves (por Peso da Régua e Lamego). O caminho-de-ferro de Miranda do Douro ao Pocinho era também proposto, mas em via larga, para evitar a baldeação nesta última estação e assim facilitar a extração e o transporte do minério das minas do Reboredo (Torre de Moncorvo). Para as ferrovias de bitola estreita foram elaborados relatórios tecnoeconómicos detalhados, com os interesses a servir em cada região, as diretrizes, principais dificuldades e estimativas de custo, rendimento bruto, despesas de exploração e encargo para o Estado, caso este optasse por conceder uma garantia de juro de 5,5%[117].

A 1.6.1888, Emídio Navarro apresentou a proposta às cortes, propondo a construção das linhas em via reduzida mediante a atribuição de uma garantia de rendimento de 5,5%[118]. Todavia, a proposta nunca seria posta à discussão parlamentar. Em 1890, seria retraída às câmaras, pelo novo ministro das Obras Públicas, Eduardo José Coelho, mas com igual sorte[119].

Aliás este seria o desfecho de quase todas as propostas constantes da tabela 3. O mau exemplo das companhias garantidas de linhas de via estreita, advindo do otimismo despropositado dos seus orçamentos iniciais e do fraco desempenho da operação ferroviária, desincentivou o investimento.

No caso das linhas da Companhia Nacional e do caminho-de-ferro de Ambaca, o custo da sua construção ultrapassou largamente os 19,99 contos/km sobre os quais era calculado a garantia de juro. Por outras palavras, o rendimento garantido, que nominalmente era de 6%, em termos reais era muito inferior, com consequências óbvias sobre o desempenho financeiro daquelas sociedades. Ademais, durante alguns anos, as receitas dos caminhos-de-ferro da Companhia Nacional não chega-

---

116 Pereira, "A política ferroviária nacional...", 141-142. Hugo Silveira Pereira, *Os Beças, João da Cruz e Costa Serrão: protagonistas da linha de Bragança* (Porto: MIT Portugal; EDP; Universidade do Minho, 2014), 51, 188 e 256.

117 Augusto Pinto de Miranda Montenegro, "A rede complementar dos caminhos de ferro ao norte do Mondego", *Revista de Obras Publicas e Minas* (n.ºs 237-238, 1889), 315-341.

118 *Diario da Camara dos Deputados* (1.6.1888), 1813-1819.

119 Pereira, "A política ferroviária nacional...", 142.

vam sequer para cobrir as despesas, correndo o défice inteiramente por conta da empresa. No caso de Ambaca, a Fazenda comprometera-se a cobrir também essa diferença, mas, por outro lado, o pagamento da garantia de rendimento era feita em moeda nacional ao passo que o pagamento do juro das obrigações da companhia era feita em libras. Com a desvalorização cambial após a bancarrota, a companhia de Ambaca viu-se em dificuldades para pagar aos seus credores e o Estado teve que a auxiliar para evitar um diferendo diplomático com os obrigacionistas britânicos e até mesmo a perda da posse do caminho--de-ferro[120].

Mesmo na linha de Mormugão, que tinha a totalidade do capital garantido pelo Estado, o panorama não era mais animador. Em virtude de combinações de tarifas entre os caminhos-de-ferro que circundavam Goa, o tráfego era muito reduzido e a companhia que operava a linha e o porto não conseguia cobrir as despesas com as receitas que angariava, acumulando assim prejuízos que não eram cobertos pelo Tesouro[121].

Assim, só o caminho-de-ferro da Beira (em Moçambique), adjudicado em 1891 a Henry Theodore Van Laun e depois trespassado à Beira Railway Company Limited, foi construído neste período (inaugurado na sua totalidade em 1898). O empreendimento resultava de uma imposição de Inglaterra a Portugal, na sequência do tratado de 11.6.1892, que regulava as relações entre os dois países após o Ultimato de 1890. Tratava-se assim de um projeto mais tecnodiplomático do que económico-financeiro, que servia sobretudo os interesses de Cecil Rhodes e da sua British South African Company, administradora dos territórios da Rodésia (atual Zimbabwe) e principal acionista da Beira Railway Company. A construção, aliás, foi simplicíssima e recorreu inicialmente ao sistema Decauville (bitola de 60 cm), sem indicação de declives máximos e raios de curva mínimos, que, normalmente, era aplicado como apoio à construção ferroviária. A partir de 1899, a linha foi rebitolada para a medida padrão em África de 106,7 cm.[122]

---

120 Marçal, "Um império projectado pelo «silvo da locomotiva»...", 245-269. Navarro, "The 'miracle of the locomotive'...", 132. Hugo Silveira Pereira, *Debates parlamentares sobre a linha do Tua (1851-1906)* (Porto: Universidade do Minho; EDP; MIT Portugal Program, 2012), XXXVI-XXXVII. Santos, *Tristão Guedes...* 61-70.

121 Pereira, "Fontismo na Índia...", 253-258.

122 Lima, *História dos Caminhos de Ferro...*, vol. 2, 116. Marçal, "Um império projectado pelo «silvo da locomotiva»...", 327-341.

FIGURA 21
O caminho-de-ferro da Beira no cruzamento das Amatongas
Antony Baxter, *The Two Foot Gauge Enigma. Beira Railway,* 1890-1900 (Norwich: Plateway Press, 1998), 25.

FIGURA 22
Aspeto dos trabalhos de alargamento da bitola
Anthony H. Croxton, *Railways of Zimbabwe. The Story of the Beira,
Mashonaland and Rhodesia* Railways (Londres: David & Charles, 1982).

A bancarrota parcial de 1892 não impediu o aparecimento de mais propostas para construir caminhos-de-ferro de via estreita (sobretudo no ultramar), mas impediu a concessão de subsídios públicos e dificultou a angariação dos capitais necessários às obras. Não espanta pois que os tentames até final do século (tabela 4) conhecessem o mesmo insucesso do octénio anterior (o único acrescento à rede de via estreita foi o arrendamento em 1893 do ramal de São Gens/Leixões, originalmente destinado ao transporte de pedra para a construção do porto de Leixões, à Companhia do Caminho de Ferro do Porto à Póvoa e Famalicão, que o dedicou ao transporte de passageiros[123]).

Tabela 4 – Propostas de construção de linhas de via estreita (1892-1900)[124]

Data(s)	Proponente(s)	Diretriz(es)
27.4.1893	Max Stone e José Maria Greenfield de Melo[a][b]	Inhambane/rio Limpopo – fronteira do Transvaal
9.3.1893	Companhia do Caminho de ferro do Niassa[a][b]	Costa de Moçambique – Lago Niassa
8.4.1893	Joaquim Pires de Sousa Gomes e Afonso de Morais Sarmento	Quelimane – Chamo – Mopeia – Mutacatacae
12.7.1894 30.7.1894	Ângelo de Sárrea Prado	Noqui – Madimba – Macumbe-Njimbo – Finde – Matamba – Alto Kwango
19.4.1894	Henrique de Lima e Cunha e Brás Faustino da Mota[a]	Lobito – Caconda; Moçâmedes – planalto da Chela
16.9.1895 25.9.1896 7.7.1898 8.8.1898	Companhia dos Caminhos de Ferro da Zambézia[b][d]	Quelimane – Ruo – fronteira inglesa; Beira – Cabora Bassa
16.12.1895	Companhia a contratar[a]	Km 7,945 da linha de Lourenço Marques – foz do Tembe
30.6.1896 1.11.1897	Leopold Auguste Henri Porcheron	Beira – Zambeze
1897	Estado[c]	Moiene – Chibuto

---

123   Pereira, "A política ferroviária nacional...", 257.

124   *Collecção Official de Legislação Portugueza, Legislação e disposições regulamentares sobre caminhos de ferro ultramarinos*, vol. 1 (datas indicadas), Lima, *História dos Caminhos de Ferro...*, vol. 2, 26 e 169.

11.3.1897 13.9.1897	Companhia Real dos Caminhos de Ferro Através de África	Ambaca – Malange
1.4.1897 14.7.1898	Alberto da Cunha Leão e António Júlio Pereira Cabral	Régua – Vila Real – Vila Pouca de Aguiar – Pedras Salgadas – Vidago – Chaves – fronteira
2.6.1898 14.7.1898	Companhia do Caminho de Ferro de Guimarães	Guimarães – Fafe
14.8.1899	Companhia a contratar[b]	Porto Alexandre/Baía dos Tigres – Humbe
117.8.1899	Estado	Benguela/Lobito – fronteira leste de Angola

Notas: Não se incluem linhas de serviço a minas
    [a] Proposta na qual a bitola não estava originalmente definida
    [b] Concessão via companhia majestática
    [c] O material foi comprado, mas a linha não foi construída
    [d] Proposta à qual foi atribuída garantia de rendimento

No final do século, houve uma tentativa de relançar a construção ferroviária em Portugal, na qual a via estreita desempenhava um importante papel. Tratava-se da lei de 14.7.1899 do ministro das Obras Públicas, Elvino de Brito, que pretendia alargar a extensão da malha através da criação de um fundo financeiro especial, constituído por receitas do sector ferroviário e a ele exclusivamente destinado[125]. Decretos de 15.2.1900, 27.11.1902 e 19.8.1907 fixaram a rede a construir[126].

Os efeitos práticos deste diploma sobre a rede de bitola estreita fizeram-se sentir no século XX. O primeiro resultado foi a extensão do caminho-de-ferro do Tua, de Mirandela a Bragança, adjudicada à Companhia Nacional, à qual o fundo especial garantiu um juro de 5%. A linha foi construída por João Lopes da Cruz, um empreiteiro local, sendo inaugurada em 1906[127].

---

125 Magda Pinheiro; Nuno Miguel Lima; Joana Paulino, "Espaço, tempo e preço dos transportes: a utilização da rede ferroviária em finais do século XIX", *Ler História* (n.º 61, 2011), 39-64.

126 Santos, "Política Ferroviaria Ibérica...", 159.

127 Pereira, *Os Beças, João da Cruz e Costa Serrão...*, 322. Idem, "João Lopes da Cruz, system builder da linha de Bragança", *População e Sociedade* (26, 2016), 133-153.

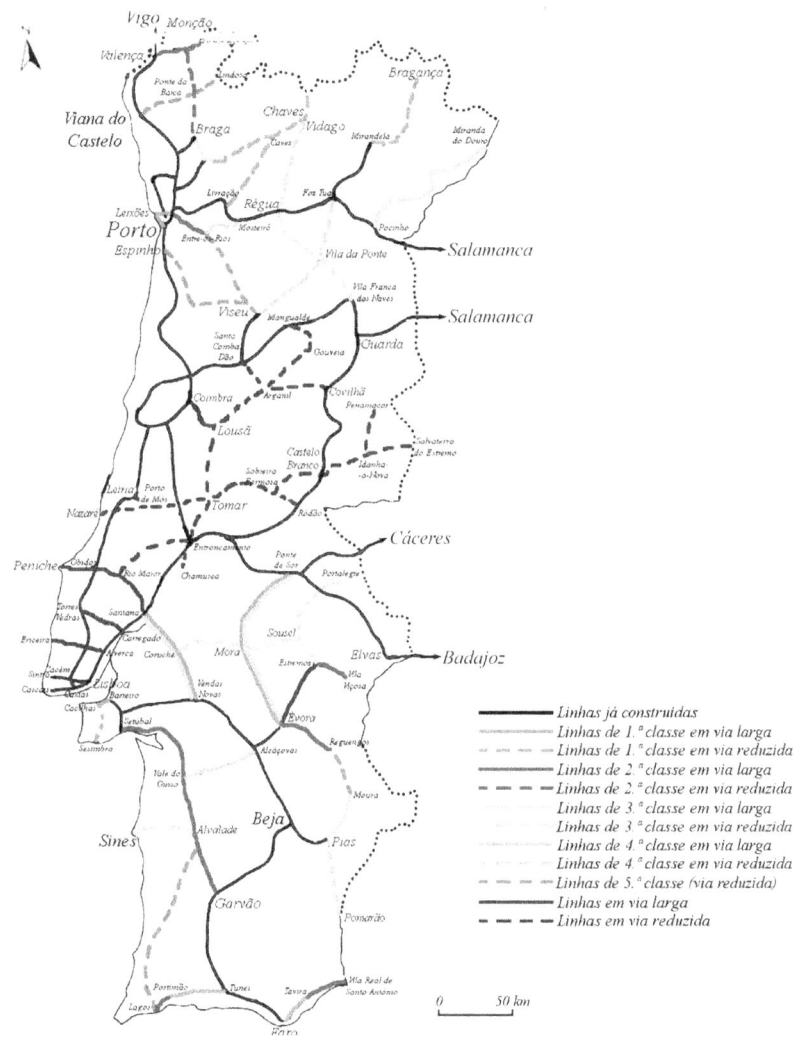

FIGURA 23
A proposta de rede de Elvino de Brito
Pereira, "A política ferroviária nacional...", mapa 30 30m.

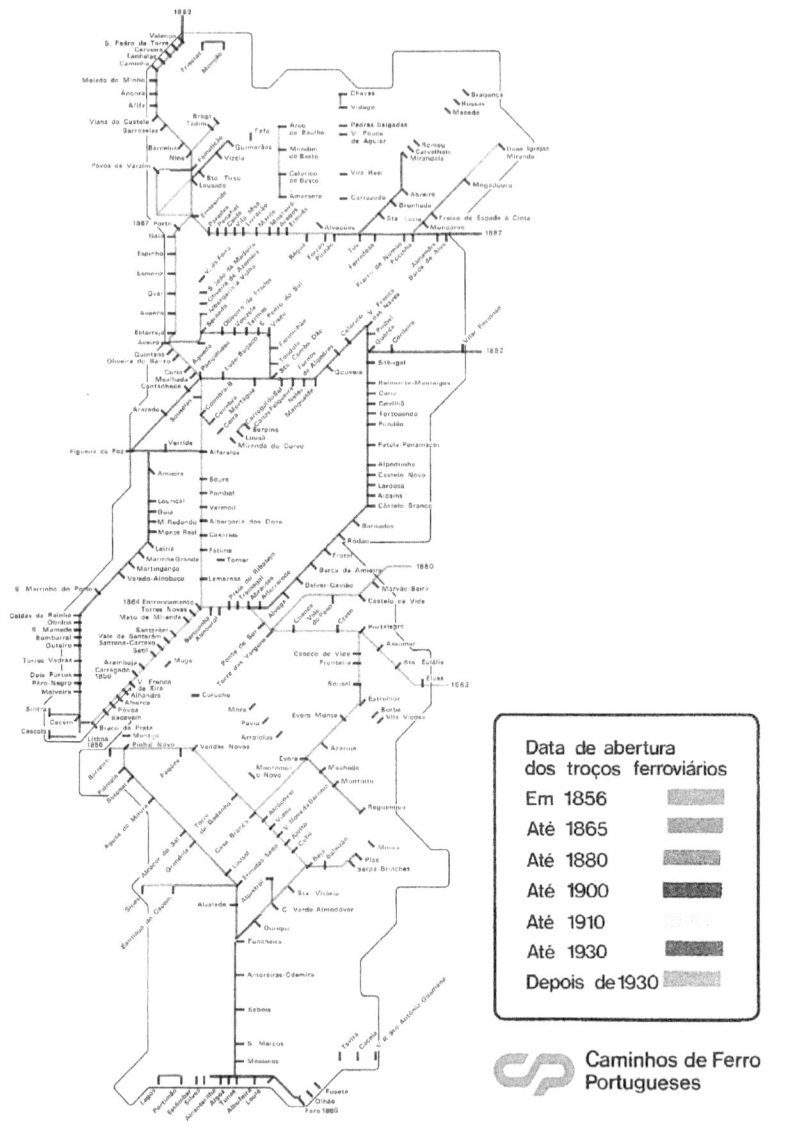

FIGURA 24
A rede férrea nacional em meados do século XX,
com indicaçãodas datas de abertura das diferentes linhas
Arquivo Histórico do Ministério das Obras Públicas, *Mapas e desenhos*, C1-50-A.

Nas décadas seguintes, o fundo especial contribuiu para a construção de novas vias-férreas em bitola métrica por administração direta do Estado. Foi assim que foram sucessivamente inaugurados diversos troços das linhas do Corgo (Régua – Chaves, aberta na sua totalidade em 1921), do Sabor (Pocinho – Miranda, 1938) e do Tâmega (Livração – Arco de Baúlhe, 1949). Já a exploração dessas linhas seria em 1927 passada à iniciativa privada, à Companhia dos Caminhos de Ferro Portugueses (antecessora da CP). Esta, porém, alegou falta de vocação para a operação de malhas de via estreita e subarrendou as concessões. A Companhia Nacional ficou com as linhas do Sabor e do Corgo (e ainda com a responsabilidade de assentar os carris entre a Régua e Lamego, tarefa que foi suspensa na década de 1930[128]) e a recém-formada Sociedade de Construção e Exploração de Caminhos de Ferro do Norte de Portugal (resultado da fusão das companhias que exploravam as linhas do Porto a Famalicão e de Bougado a Guimarães)[129] responsabilizou-se pela operação da ferrovia do Tâmega[130].

A iniciativa particular contribuiu também neste período para a ampliação da rede de via estreita. Em 1907, a Companhia do Caminho de Ferro de Guimarães estendeu a sua linha até Fafe, não beneficiando de qualquer apoio público[131]. Sete anos depois, a recém-formada Companhia dos Caminhos de Ferro do Vale do Vouga (uma subsidiária da Compagnie Française pour la Construction et Exploitation des Chemins de Fer à l'Étranger), usufruindo de uma garantia de rendimento por parte do Estado, ligava Aveiro a Espinho e Viseu (com bifurcação em Sernada do Vouga) com uma ferrovia de bitola de 1 m[132]. Na década de 1920, a Sociedade de Construção e Exploração de Caminhos de Ferro do Norte de Portugal asseguraria a rebitolagem da linha do Porto a Famalicão para a distância de 1 m e ainda a ligação direta de Guimarães ao Porto, através da variante entre a Senhora da Hora e a Trofa (1932), cujo rendimento da exploração foi também garantido pelo erário público. Seis anos

128   Tiago A. M. Ferreira, *O caminho de ferro na região do Douro e o Turismo* (Lisboa: CP, 1999).

129   Arquivo Histórico da CP, *Estatutos da Sociedade de Construção e Exploração de Caminhos de Ferro do Norte de Portugal*.

130   Santos, "Política Ferroviaria Ibérica...", 160 e ss. Carlos Manitto Torres, *Caminhos de ferro* (Lisboa: [s.n.], 1936).

131   Casimiro Silva; Samuel Silva, *Memórias do comboio de Guimarães. A História, o Património e a Linha* (Guimarães: Ideal Artes Gráficas, 2004).

132   Maria Andrade; Ana Sousa (coords.), *A linha do Vale do Vouga na Gazeta dos Caminhos de Ferro* (Lisboa: CP, 2008).

depois, a companhia estendia o ramal de Leixões até Ermesinde e Contumil, ligando assim o porto artificial à rede férrea nacional, se bem que a quebra de bitola (1 m nas linhas da Companhia do Norte e 1,67 m na linha do Minho) levantasse um problema à fluida ligação entre as duas infraestruturas de transporte[133].

FIGURA 25
Inauguração da linha de Bragança em 1906
CP, *Os caminhos-de-ferro portugueses...*, 51.

FIGURA 26
Chegada do comboio a Fafe em 1907
Illustração Portugueza (sér. 2, n.º 76, 5.8.1907), 168.

FIGURA 27
Vista geral da estação de Espinho, na linha do Vouga (1909)
Illustração Portugueza (sér. 2, n.º 150, 4.1.1909), 836.

---

133   Torres, *Caminhos de ferro*.

FIGURAS 28 e 29
Estação de Vila Pouca de Aguiar na linha do Corgo (à esquerda)
e de Castelo da Maia, na linha entre Senhora da Hora e Trofa (à direita)
Jorge Branco, *Estações Ferroviárias Portuguesas em postais ilustrados antigos*
(Lisboa: Livros Horizonte, 2006), 44. CP, *Os caminhos-de-ferro portugueses...*, 91.

FIGURAS 30 e 31
Estação de Vilar de Rei na linha do Sabor (à esquerda) e
abertura do último troço da linha do Tâmega 1949 (à direita)
CP, *Os caminhos-de-ferro portugueses...*, 83 e 89.

Em África, ainda durante a vigência da monarquia, quatro novas ferrovias seriam adicionadas à rede colonial, três em Angola e uma em Moçambique, três construídas por administração direta do Estado e uma por uma companhia privada

Assim, em 1907, engenheiros do governo davam por inaugurada a linha de Malange, a continuação do caminho-de-ferro de Ambaca. A obra tinha sido adjudicada originalmente à Companhia Real dos Caminhos de Ferro Através de África, mas esta sociedade não conseguiu concretizar o contrato, que acabou por regressar ao

Estado. A bitola empregue (1 m, igual ao troço entre Luanda e Ambaca) constituiu um sério obstáculo sempre que se falava em prolongar a via até ao Congo (à região do Katanga Norte) e eventualmente até entroncar na projetada e ambiciosa linha do Cabo ao Cairo, de bitola africana, uma vez que para efetivar uma ligação transnacional seria necessário rebitolar toda a via até Luanda[134].

No centro da costa de Angola, um caminho-de-ferro deste o porto do Lobito (província de Benguela) até à fronteira com o Congo foi adjudicado em 1902 ao escocês Robert Williams. Ao contrário da linha de Ambaca, a bitola escolhida foi a africana, de 106,7 cm, antecipando assim a sua ligação às minas de cobre do Katanga Sul (no Congo). A necessidade de manter os orçamentos de construção baixos determinou a escolha do useiro limite de 25 mm/m para os declives, mas a opção por um limite mais baixo que o usado até então para os raios de curva: 100 m[135]. A introdução de uma cremalheira do tipo Riggenbach foi também uma necessidade (entre os quilómetros 50 e 54). Apesar da controvérsia que a concessão causou em Portugal (por se ter entregue o caminho-de-ferro a um estrangeiro) e das dificuldades que o concessionário enfrentou em angariar o financiamento, a construção avançou e em 1908 eram inaugurados os primeiros 197 km até à estação do Cubal[136].

Mais a sul, na região de Moçâmedes, uma terceira linha, usando uma terceira medida entre carris (60 cm), foi aberta em sucessivos troços por administração direta do Estado até chegar em 1913 a Vila Arriaga (atual Bibala) na serra da Chela. A sua construção (iniciada em 1905) foi apressada pela necessidade de combater a sublevação das tribos locais e assim reafirmar a soberania nacional naquela região, igualmente cobiçada pelos colonos alemães da Damaralândia. Daí que os declives máximos e raios de curva mínimos não tivessem sido fixados no decreto governamental, ficando dependentes de decisões in loco dos engenheiros construtores. Contudo, a morosidade da construção acabou por baldar o objetivo militar da obra e o caminho-de-ferro acabou por ser assente sobretudo para servir e desenvolver o hinterland de Moçâmedes e aí firmar a colonização nacional. Depois da guerra, a

---

134 Aquivo Histórico Ultramarino, *Memória sobre a construcção do caminho de ferro de Luanda*, mç. 497 1F, relatório de 5.3.1911 de João Baptista de Almeida Arez. Direcção dos Caminhos de Ferro de Luanda, *Monographia do caminho de ferro de Malange* (Luanda: Imprensa Nacional, 1909).

135 *Legislação e disposições regulamentares sobre caminhos de ferro ultramarinos*, vol. 2, 1313-1338.

136 Arquivo Histórico Ultramarino, *Miscelânea*, mç. 2673 1B; *Miscelânea*, mç. 2756 1B. Marçal, "Um império projectado pelo «silvo da locomotiva»...", 404-432.

linha continuaria a servir como instrumento de legitimação da presença portuguesa no Sul de Angola, contrariando as ambições germânicas sobre a região. Seria
ampliada até Sá da Bandeira (atual Lubango) em 1923 e até Vila João de Almeida
(Chibia) em 1949[137].

Na contracosta, em 1908, o engenheiro Lisboa de Lima, ao serviço do Estado, levava os carris até 8 km da fronteira com o Transvaal em direção à região
da Suazilândia. A linha, que entroncava no caminho-de-ferro de Lourenço Marques (e portanto tinha a mesma bitola: 106,7 cm) deveria funcionar como segundo
escoadouro do movimento daquela região sul-africana. No entanto, Portugal não
conseguiu convencer o governo britânico (que controlava o Transvaal desde o fim
da Segunda Guerra dos Boers) a continuar a linha no seu território, uma vez que o
projeto acentuaria a concorrência que Lourenço Marques fazia aos portos sul-afri-
canos de Durban, Port Elizabeth, East London e até ao Cabo. Só na década de 1960
o caminho-de-ferro ultrapassaria a fronteira[138].

A república deu um novo ânimo e um novo direcionamento à construção ferroviária colonial, privilegiando os caminhos-de-ferro de interesse regional (ao
invés da monarquia, que sempre preferiu as ligações transnacionais). Foi assim
que foram inaugurados os caminhos-de-ferro de Inhambane a Inharrime (1913),
Xinavane (1914), Quelimane (1914), Xai-Xai a Chicomo (1915), Lourenço Marques a Marracuene (1918), Beira ao Zambeze e Tete (1919 e 1949), Amboim (1925
e 1941), Lourenço Marques ao Limpopo (1929) e da Ilha de Moçambique a Vila
Cabral (1969). A construção da linha de Benguela também prosseguiu, tendo atingido a fronteira em 1928[139].

---

137 Marçal, "Um império projectado pelo «silvo da locomotiva»...", 385-403.

138 Alan C. G. Best, *The Swaziland Railway: A Study in Politico-Economic Geography* (East Lansing, MI: Michigan State University Press, 1966). Felizardo Bouene; Maciel Santos, "O modus vivendi entre Moçambique e o Transval (1901-1909). Um caso de «imperialismo ferroviário»", *Africana Studia* (n.º 9, 2006), 239-269. Marçal, "Um império projectado pelo «silvo da locomotiva»...", 316-326

139 Ilídio Amaral, *Ensaio de um estudo geográfico da rede urbana de Angola* (Lisboa: Junta de Investigações do Ultramar, 1962), 30-31. Lima, *História dos Caminhos de Ferro...*, vol. 1, 281, 292-293 e 299; vol. 2, 7-8, 26, 34, 56, 169 e 209. Marçal, "Um império projectado pelo «silvo da locomotiva»...", 316-326 e 365-451. Torres, *O Império...*, 83.

FIGURA 32
Ponte de Caririmbe da linha de Malange (c. 1907)
Direcção dos Caminhos de Ferro de Luanda, *Monographia...*

FIGURA 33
Abertura de trincheira na linha da Suazilândia (c. 1906)
Arquivo Histórico Ultramarino, *Caminhos de Ferro de Lourenço Marques e da Swazilandia*, mç. 2698 1B.

FIGURA 34
Linha de Benguela nas imediações do viaduto do Lengue (1906)
The John Rylands Library, *Tanks Group Archive, Benguela Railway (Angola, Portuguese West Africa) views showing progress of work from November 1904 to June 1906.*

FIGURA 35
Toma de água ao quilómetro 74 da linha de Moçâmedes (1907)
Arquivo Histórico Ultramarino, *Caminho de Ferro de Moçâmedes*, mç. 275 1H.

FIGURA 36
Ponte provisória na linha de Inhambane
Lima, *História dos Caminhos de Ferro...*, vol. 2, 1.

FIGURA 37
Inauguração da linha do Xai-Xai
Ibidem, vol. 2, 54.

FIGURA 38
A cremalheira Riggenbach da linha de Benguela.
The Railway Times (a. 91, n.º 13, 30.3.1907), 329-332.

FIGURA 39
Tração dupla na rampa de São Pedro, uma das secções de mais difícil construção da linha.
The Lobito route. A history of the Benguela railway (Manchester:
Northwestern Museum of Science and History, 1984).

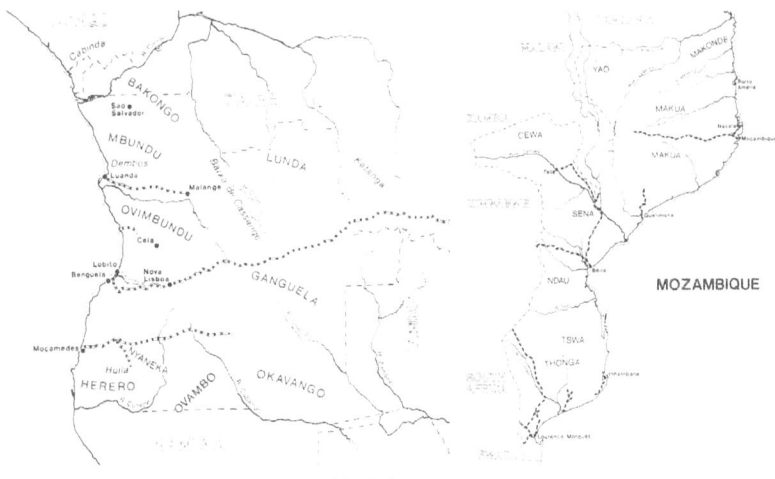

FIGURAS 40 e 41
Os sistemas ferroviários angolano e moçambicano
Malyn Newitt, *Portugal in Africa. The Last Hundred Years* (Londres: C. Hurst & Co., 1981), IX e X.

2.5. Nota final

No final do século XIX, Portugal dispunha apenas de quatro pequenas ferrovias de bitola estreita no território metropolitano (Póvoa, Guimarães, Viseu e Tua), que perfaziam um total de 220 km, um valor muito baixo quando comparado com a quantidade de estudos de propostas e estudos apresentados. A via estreita nunca assumiu assim o papel de verdadeiro auxiliar dos caminhos-de-ferro de via larga (cuja rede em 1900 se estendia por 2.126 km[140]), muito à semelhança aliás do que se verificou em Espanha[141].

O atraso na resolução do problema de ligar Portugal à Europa (depois de duas soluções pouco satisfatórias – as linhas do Leste e de Cáceres, inauguradas em 1863 e 1880 – só em 1882 seria aberta a linha da Beira Alta, considerada a verdadeira via internacional[142]), o fraco desempenho financeiro das companhias conces-

---

140   Nuno Valério, *Estatísticas Históricas Portuguesas* (Lisboa: Instituto Nacional de Estatística, 2001), 372-373.

141   Aníbal Casares Alonso, *Estudio historico-economico de las construcciones ferroviarias españolas en el siglo XIX* (Madrid: Escuela Nacional de Administración Pública, 1973) 208-212. Gómez Mendoza, *Ferrocarril, industria...*, 54-56. Muñoz Rubio, "Los Ferrocarriles...", 4 e 30.

142   Alegria, *A organização...*

sionárias de caminhos-de-ferro de via estreita e a falta de recursos económicos para financiar em larga escala este tipo de construção são razões que explicam aquele facto, malgrado a continuada divulgação pela Revista de Obras Publicas e Minas de bons exemplos de aplicação da via estreita noutros países europeus[143].

No final do século, as linhas de primeira ordem estavam já assentes e em operação, restando então apertar a malha com caminhos-de-ferro secundários que serviam zonas com interesses económicos menores. O plano do ministro Elvino de Brito denota exatamente esta vontade. Uma vez que se tratavam de ferrovias das quais não se esperava um grande rendimento, a bitola estreita desempenharia um papel importante, sobretudo no Norte do País, mais acidentado que o Sul (onde aliás a rede cresceu em via larga). Na sua máxima extensão a malha de bitola estreita atingiu perto de 750 km ou cerca de 20% da rede férrea total[144].

Durante uma grande parte do século XX, antes da generalização do automóvel e das autoestradas, estas linhas de via estreita contribuíram para aproximar a periferia nacional do centro, o interior do litoral, prestando também relevantes serviços no Grande Porto[145]. Ao longo das décadas fizeram-se alguns investimentos sobretudo em material circulante, sendo o investimento na instalação fixa descurado, sobretudo nas vias-férreas do interior do País. Juntamente com o desenvolvimento da camionagem e da autoestrada, estes caminhos-de-ferro foram perdendo competitividade e começaram a ser encerrados a partir de finais da década de 1980[146]. Atualmente só as linhas do Vouga e de Guimarães (esta última rebitolada para a medida ibérica) subsistem, estando em preparação um projeto para o aproveitamento turístico (comboio histórico) de parte da linha do Tua entre Abreiro e Mirandela[147]. Aos caminhos-de-ferro descontinuados foram dados diferentes usos, desde a conversão em ciclovia (caso do Tâmega e parte do Corgo), a rebitolagem para um metro ligeiro de superfície (partes da linha do Porto à Póvoa) ou o simples abandono (Sabor).

---

143 *Revista de Obras Publicas e Minas* (n.ºs 299-300, 1894), 608.

144 Valério, *Estatísticas Históricas...*, 376.

145 W. J. K. Davies, *Narrow Gauge Railways of Portugal* (Londres: Plateway Press, 1998). José Ribeiro da Silva, *Os comboios em Portugal...*, vol. 1 e 2.

146 Santos, "Politica Ferroviaria Ibérica...", 563-566

147 Luísa Pinto, "Desclassificação da linha do Tua faz avançar projeto turístico", *Público* (30.8.2016), disponível em www.publico.pt.

Muito se poderá ainda fazer, à semelhança das novas utilizações dadas a ferrovias abandonadas em diversos países europeus[148].

Já no ultramar, a bitola estreita (ou melhor, as bitolas estreitas, pois várias foram as medidas aplicadas em África e na Índia) revelou-se fundamental para ligar os sertões coloniais aos portos do litoral. De facto, só o caminho-de-ferro de Benguela estendia-se por mais de 1.000 km, mais do que o total das linhas assentes em Portugal Continental. No século XIX, só a linha de Ambaca, com 363 km, superava em extensão toda a rede de bitola estreita metropolitana.

Como vimos, nesta linha foi aplicada a bitola métrica, mas nas construções que se lhe seguiram acabaria por vingar o predomínio da bitola africana de 106,7 cm, que a Inglaterra disseminou pelos seus domínios coloniais. Foi essa a opção nas principais linhas ferroviárias, de ligação transfronteiriça, nomeadamente a de Lourenço Marques ao Transvaal, Transzambeziano e Benguela. E foi também esse o caso dos caminhos-de-ferro que, apesar de terem permanecido durante muitos anos circunscritos ao território colonial português, tiveram, na sua génese, em projeto, uma vocação internacional, como sucedeu com as linhas de Quelimane, Inhambane, e Moçambique.

Noutras circunstâncias, prevaleceu a preferência por larguras de via reduzida mais estreitas, de 60 cm – por muitos chamadas linhas de crianças ou toy railways. Estas bitolas, por um lado, favoreciam uma construção mais rápida e económica, adaptada às irregularidades do terreno, constituindo o caminho mais curto para as regiões do hinterland que pretendiam submeter e servir; por outro, estabeleciam-se como linhas de comunicação provisória, que dispensavam boa parte dos procedimentos técnicos de projeção e construção, até que a dinamização do tráfego comercial e a fixação populacional justificassem a sua conversão, com as necessárias retificações e variantes, em vias de bitola africana.

Em Angola, o maior exemplo da aplicação dessa solução foi a construção da linha de Moçâmedes, iniciada em 1905. Mas só em 1955, depois de várias hesitações quanto ao seu prolongamento, viria a ser convertida em via normal, de 106,7 cm. Em Moçambique, a via de 60 cm foi utilizada na construção da linha da Beira. Os seus 346 km até Umtali foram abertos à exploração em 1897. Em 1899, depois de concluído o troço em território inglês, de Umtali a Salisbury, na bitola de 106,7 cm, iniciou-se a conversão da via portuguesa, de modo a permitir a unificação e o

---

148   Anne McCants; Eduardo Beira; José Manuel Lopes Cordeiro; Paulo B. Lourenço; Hugo Silveira Pereira, eds., *New Uses for Old Railways* (Porto: iniciativaTUA; IN+; Universidade do Minho; MIT Portugal Program).

incremento da exploração que se adivinhava muito remuneradora. Também a linha de Mormugão foi rebitolada (tal como aliás grande parte da rede de via métrica indiana), mas só depois da passagem dos territórios para a soberania da União Indiana.

O carácter errático da política colonial portuguesa em África pode ser bem ilustrado com a proliferação desordenada de bitolas das linhas férreas nas províncias ultramarinas de Angola e Moçambique, construídas isoladamente, sem planificação de conjunto, ao sabor das necessidades e oportunidades do momento, resultantes dos vários choques de interesses internacionais, nacionais e locais. No entanto, a proliferação e generalização da bitola estreita acabou por lhe dar um carácter diferente do que lhe era dado na metrópole, de característica própria de caminhos-de-ferro económicos.

A 22.6.1925, os engenheiros portugueses Francisco dos Santos Pinto Teixeira e Fernando de Sousa tomaram assento no X Congresso Internacional de Caminhos-de-ferro, reunido em Londres, para assinalar o centenário da inauguração da primeira ferrovia do mundo, entre Stockton e Darlington. Da ordem de trabalhos constava uma sessão subordinada ao tema: Linhas económicas e coloniais. Modo de estabelecimento ou de penetração nos países novos. Modos de tracção, cujo debate foi atribuído à quinta secção do congresso, onde pontificava Pinto Teixeira na qualidade de vice-presidente. Os contributos da delegação portuguesa, baseados na experiência das suas colónias africanas, terão suscitado um amplo consenso entre os especialistas europeus ali presentes. Pinto Teixeira conseguiu fazer valer a tese de que não fazia sentido estabelecer uma relação direta entre linhas económicas e linhas coloniais, fixada pelo critério da largura de via.

> "Na Europa, a via normal, isto é, aquela que não deve ser condenada como linha económica, é a de 1,435 m, pouco mais ou menos. Em África [...], a bitola normal dos caminhos-de-ferro é de 1 metro ou 1,067. Ora tais vias não devem ser consideradas como económicas, mas sim normais, porque as velocidades acima de 40 quilómetros à hora são correntes, o peso do material fixo e circulante, o tráfego e as comodidades oferecidas aos passageiros são frequentemente maiores do que em muitos caminhos-de-ferro da Europa"[149].

---

149 Francisco dos Santos Pinto Teixeira, "X Congresso de Caminhos-de-ferro", *Boletim da Agência Geral das Colónias* (n.º 6, 1925), 150.

Em alternativa, propunha que se considerassem, na classificação das vias-férre-as, os fatores da velocidade, do peso dos carris e material circulante, e dos objetivos que cada uma prosseguia. Se, na Europa, a bitola métrica era maioritariamente utilizada nos caminhos-de-ferro de interesse local, destinados a desenvolver pequenos núcleos populacionais, que se pretendiam ligar às grandes redes ferroviárias; nas colónias, essa mesma largura de via obedecia a propósitos muito distintos.

> "Nas colónias, as linhas de 1 metro de bitola e por vezes também as de 60 centímetros procuram objectivos afastados. [...] Tendem a criar núcleos de população e de comércio nos lugares mais ricos e mais saudáveis. Procuram abreviar o mais possível a distância do interior à costa, porque nas colónias trata-se sempre do tráfego de exportação. Por tais razões algumas vezes a construção tem de ser ligeira, a balastragem de terra para que se consolide, durante os primeiros anos de exploração. Mais tarde fazem-se retificações e variantes ao traçado. Nunca, na Europa, numa linha por mais económica que fosse, se modificou o traçado primitivamente adoptado. Precisamente porque se trata de caminhos--de-ferro nas colónias, onde o objetivo é começar-se o mais cedo possível a transportar para a costa os produtos do interior, é que se traça uma linha tão reta, quanto o terreno o permite, com as condições estipuladas de perfis e de curvas, atravessando muitas vezes terrenos inundados durante a época das chuvas e que interceptam, então, as comunicações. Torna-se necessário, de futuro, mudar o traçado primitivo. Foi o que se fez ultimamente no caminho-de-ferro de Luanda, em Angola, onde se substituíram os primeiros 364 quilómetros de via por três variantes ficando diminuído o traçado total em 85 quilómetros. No caminho-de-ferro de Benguela, também em Angola, pensa-se em substituir--se uma parte do seu traçado, onde trabalha uma cremalheira, por uma variante que reduz o percurso em 65 quilómetros. Cortar-se-á, assim, a estrutura atual do traçado e acabar-se-á com uma prejudicial dificuldade de exploração"[150].

Consequentemente, pretendia ver consignada a teoria de que também nas colónias havia grandes linhas e linhas económicas. As primeiras tenderiam a adotar a bitola sul-africana de 106,7 cm; as segundas ficariam confinadas à largura de 60 cm. Atendendo, porém, à fraca intensidade de tráfego e densidade populacional daqueles territórios ultramarinos, defendia que ali não fossem observadas as medidas de segu-

---

150   Idem, "X Congresso de Caminhos-de-ferro", *Boletim da Agência Geral das Colónias* (n.º 7, 1926), 152-153.

rança exigidas nas grandes linhas europeias, nomeadamente em matéria de sinalização, passagens de nível e vedações. Tratava-se de emprestar tardiamente alguma racionalidade aos sinuosos processos de construção ferroviária naquele continente[151].

---

151 Marçal, "Um império projectado pelo «silvo da locomotiva»...", 476-477.

Hugo Silveira Pereira
Bruno J. Navarro

3.1. Formação e carreira inicial

Cândido Celestino Xavier Cordeiro foi um engenheiro português que contribuiu em grande medida para o desenvolvimento da rede férrea nacional entre 1870 e o final do século. Foi também um dos primeiros técnicos nacionais encarregados de levar a política de obras públicas do fontismo ao ultramar.

Nasceu em Torres Novas em 16.4.1842, filho de Cândido Joaquim Xavier Cordeiro e de Maria do Rosário Cordeiro e irmão mais velho de António Xavier de Sousa Cordeiro[152], sendo portanto uma criança quando em 1851 se iniciou o período da Regeneração que implementou praticamente até ao fim do século uma política de fomento e melhoramentos materiais, baseada em grandes obras públicas.

Foi criado no seio de uma família de algumas posses, com alguma influência política a nível local e muita ilustração cultural. O seu pai, nascido em 1807, era

---

152 *O Occidente: Revista Illustrada de Portugal e do Estrangeiro* (n.º 940, 10.2.1905), 31-32. Carvalho, "Elogio Historico...", 523-592. Esteves Pereira; Guilherme Rodrigues, *Portugal. Dicionário Histórico, Corográfico, Heráldico, Biográfico, Bibliográfico, Numismático e Artístico* (Lisboa: João Romano Torres Editor, 1904-1915), vol. VII, 708. Artur Gonçalves,*Torrejanos ilustres em Letras, Ciências, Armas e Religião* (Torres Novas: Câmara Municipal de Torres Novas, 1933), 199-201.

um farmacêutico diplomado em 1829 pela Escola Médico-Cirúrgica de Lisboa. Era filho de Joaquim Nicolau Rodrigues Cordeiro, zelador municipal da Câmara local e de Maria José Xavier da Natividade Cordeiro. Cândido Joaquim era um acérrimo liberal e setembrista, o que lhe valeu a perseguição pelos apoiantes de Costa Cabral durante a década de 1840. Em 1847, mudou-se com a sua família para Leiria para assumir a posição de farmacêutico do hospital da Misericórdia local. Era um cargo mais bem remunerado, que lhe permitiria prover mais facilmente à educação dos seus dois filhos. Em 1852, tomou novo posto, como diretor do dispensatório farmacêutico da Universidade de Coimbra, o que colocou também a sua progénie próxima de uma das máximas instituições de ensino em Portugal na época. Ali escreveu a obra *Elementos de Pharmacia Teorica e Pratica* (vulgarmente conhecida como *Farmacopeia Portuguesa do Cordeiro*), que foi editada pela imprensa da Universidade em 1860-1861 e chegou a ser usada como manual universitário. Mais tarde, foi nomeado sócio honorário da Sociedade Farmacêutica Lusitana. Simultaneamente, manteve a sua ligação a Torres Novas, onde assumiu vários cargos públicos, como vereador, mesário da Misericórdia, presidente da comissão de armamento e contador e distribuidor da comarca. Faleceu em 1881[153].

Cândido Celestino era ainda sobrinho de Maria da Piedade Moreira Freire Manuel de Aboim e de António Xavier Rodrigues Cordeiro, conhecido político e poeta ultrarromântico de meados do século XIX. Beneficiando de uma lauta herança, que lhe fora legada pelo seu tio, António Xavier Rodrigues Cordeiro rumou a Coimbra, onde concluiu os estudos em Direito. Era, como o seu irmão, um incisivo opositor de Costa Cabral. Derrubado o cabralismo, continuou a sua carreira política como administrador do concelho de Leiria e benemérito local, como deputado da nação eleito para as legislaturas de 1851-52 e 1857-58 e como jornalista político. Simultaneamente, foi-se destacando como relevante personagem no campo literário, designadamente na poesia ultrarromântica. Quer como articulista político, quer como literato fundou e participou em várias publicações: o *Novo Almanaque de Lembranças Luso-Brasileiro*, o *Leiriense*, o *Estrela do Norte*, o *Observador*, *O Trovador*, a *Revista Académica de Coimbra*, o *Panorama* e o *Arquivo Universal*[154].

---

153 Carvalho, "Elogio Historico...", 528. Gonçalves,*Torrejanos ilustres...*, 197-199.

154 Carvalho, "Elogio Historico...", 529-530. Maria José Marinho, "Antonio Xavier Rodrigues Cordeiro (1819-1896)", in *Dicionário Biográfico Parlamentar*, ed. Maria Filomena Mónica (Lisboa: Instituto de Ciências Sociais, 2005-2006), 816-817.

Cândido Celestino Xavier Cordeiro usufruiu assim de um ambiente familiar culto e informado e com posses suficientes para lhe permitir uma educação de qualidade e reservada apenas a uma elite. O mesmo aconteceu aliás com o seu irmão mais novo, António Xavier de Sousa Cordeiro, que seguiu as pisadas do seu tio, não apenas no nome, mas também na carreira. Nascido em 1844, concluiu o curso de Direito na Universidade de Coimbra em 1870. Até morrer em 1904 desempenhou cargos judiciais um pouco por todo o país, desde Mirandela (onde casou com Claudina Garcia Cordeiro, de quem teve dois filhos, Jorge e Adriano Xavier Cordeiro) até Lisboa, passando ainda por comarcas do Minho, Beira e Açores. Como magistrado, assinou diversos trabalhos jurídicos em vários jornais e revistas. Desenvolveu igualmente uma veia poética e literária. Publicou *Horas Vagas, rimas dum curioso*, traduziu diversas peças teatrais e sucedeu ao seu homónimo tio na direção do *Almanaque de Lembranças*[155].

Quanto a Cândido Celestino, preferiu enveredar por uma carreira ligada às ciências, principalmente às ciências matemáticas. Foi assim que se inscreveu nas Faculdades de Matemática e Filosofia da Universidade de Coimbra. Segundo o Arquivo da Universidade, a inscrição data de 1855, quando Cândido Celestino contava apenas 13 anos, uma situação que, embora pouco frequente, não era completamente incomum[156].

Durante a sua frequência universitária, viveu com o pai no edifício do museu dentro da Universidade, o que decerto lhe forneceu uma forte base emocional para enfrentar os estudos. Foi um excelente aluno, tendo vencido, no segundo ano de Matemática, o prémio pecuniário no valor de 50.000 réis. Privou ainda com alunos que viriam a tornar-se figuras ilustres da segunda metade do século XIX, como o engenheiro Pedro Inácio Lopes (famoso pela sua participação na construção da ponte D. Maria Pia) ou os oradores José Falcão, Jaime Moniz ou Mendonça Cortês[157].

Completou os cursos de Matemática e de Filosofia em 1861 e em seguida matriculou-se no curso de Engenharia da Escola do Exército, ao mesmo que tempo que frequentava as cadeiras de Botânica e Economia Política na Escola Politécnica de Lisboa. Foi acolhido na casa dos tios, Rodrigues Cordeiro e Maria da Piedade,

---

155 Gonçalves,*Torrejanos ilustres...*, 173-175.

156 Arquivo da Universidade de Coimbra, *Índice de alunos*, letra C, doc. 9372, PT/AUC/ELU/UC-AUC/B/001-001/C/009372. Carvalho, "Elogio Historico...", 530.

157 Carvalho, "Elogio Historico...", 531-532.

"como filho que elles em vão sempre haviam almejado ter, [continuando] a gosaros carinhos da familia". Além do apoio familiar, Xavier Cordeiro usufruiu do contexto e relações intelectuais que o seu tio mantinha na capital com diversos poetas, jurisconsultos e engenheiros[158].

FIGURAS 42 e 43
Anfiteatro da Escola do Exército (à esquerda) e fachada da École des Ponts et Chaussées (à direita)
Marta Macedo, "Projectar e construir a Nação. Engenheiros e território em Portugal (1837-1893)"
(Diss. doutoramento, Universidade de Coimbra, 2009), 98.
Margaret Bradley, "Pierre-Simon Girard, un des premiers ingénieurs des Ponts et Chaussées: du Nil à l'Ourcq",
in bibnum. Textes fondateurs de la science analyses par les scientifiques d'aujourd'hui,
disponível em www.bibnum.education.fr.

Completou as cadeiras do curso sem dificuldade e em 1863 obteve o seu diploma. Contudo, uma vez que era *paisano* (não pertencia aos quadros do Exército, nem dispunha de qualquer patente militar), foi forçado nos termos da lei a um *estágio* por dois anos como condutor de Obras Públicas (apesar de o próprio Conselho Superior de Obras Públicas recomendar a sua contratação como engenheiro, em virtude da falta de mão-de-obra habilitada). Estacionou primeiro em Castelo Branco e depois, a pedido do seu pai e por influência do engenheiro António Quinhones, em Coimbra, onde trabalhou nos estudos do lanço de estrada de Condeixa a Penela. Cordeiro nunca concordou com esta situação, que distinguia injustamente oficiais do Exército de civis sem atender às respetivas habilitações académicas, citando o caso em que o governo mandou para "dirigir a construcção d'um caes um individuo [militar] que no ultimo anno lectivo soffreo reprovação na cadeira

---

158   Ibidem, 534.

de Hydraulica"[159]. As suas reclamações (apoiadas pela Escola do Exército e pelo próprio ministério da Guerra) foram ouvidas e em 1864, ainda antes de terminar o período como condutor, foi elevado a chefe de secção e depois a engenheiro[160].

De acordo com Esteves Pereira e Guilherme Rodrigues, em 1864 foi-lhe oferecida a posição de lente na Universidade de Coimbra, mas Xavier Cordeiro preferiu rumar a Paris, à École des Ponts et Chaussées[161]. O seu biógrafo, Luciano de Carvalho, refere a este ponto que Cândido Celestino se candidatou ao concurso para frequentar a academia parisiense a expensas do Estado, tendo ficado em primeiro lugar, à frente do próprio Augusto Luciano Simões de Carvalho e de João Veríssimo Mendes Guerreiro, os restantes dois beneficiários do apoio público[162].

FIGURA 44
Cândido Celestino Xavier Cordeiro (década de 1860)
Carvalho, "Elogio Historico...", 522.

---

159   Arquivo Histórico do Ministério das Obras Públicas, *Processos individuais*, Cândido Celestino Xavier Cordeiro.

160   Ibidem. Carvalho, "Elogio Historico...", 538-539.

161   Pereira e Rodrigues, *Portugal. Dicionário Histórico...*, vol. VII, 708. Gonçalves,*Torrejanos ilustres...* 199-201. Matos e Diogo, "From the *École des Ponts et Chaussées*...".

162   Carvalho, "Elogio Historico...", 539-540. Arquivo Histórico do Ministério das Obras Públicas, *Processos individuais*, Cândido Celestino Xavier Cordeiro. Pereira e Rodrigues, *Portugal. Dicionário Histórico...*, vol. VII, 708. Gonçalves, *Torrejanos ilustres...* 199-201. Matos e Diogo, "From the *École des Ponts et Chaussées*...". Jorge Paulino Pereira, "As infraestruturas ferroviárias em Portugal: o século XIX", *Pedra & Cal* (n.º 16, 2002), 19-23.

Na segunda metade do século XIX, as escolas portuguesas eram incapazes de formar engenheiros em suficiente número para suprir as necessidades do País. Por esta razão, os sucessivos governos ofereceram bolsas para estudos nas mais prestigiadas academias técnicas europeias, com especial destaque para a École des Ponts et Chaussées[163].

Todos partiram para França no dia 14.9.1864, "no «Extramadure», bello vapor das *Messageries Maritimes*, installados no beliche n.º 59"[164]. Em Paris, acomodaram-se no Bairro Latino, onde foram recebidos pela comunidade académica portuguesa (na qual se inseria o agrónomo Diogo de Macedo ou os engenheiros Pedro Vítor da Costa Sequeira e Ressano Garcia, futuros ministros da Coroa). Uma vez na École, Xavier Cordeiro rapidamente chamou a atenção de professores e colegas pela sua aptidão para o Cálculo e para a Mecânica[165].

A frequência desta academia era reservada a uma elite. Ali, os futuros engenheiros não só aprofundavam os seus conhecimentos técnicos, mas também contactavam com os ideais saint-simonianos do progresso. Os graduados daquela instituição não se limitavam a assimilar os princípios da sua arte, mas habilitavam--se igualmente a planificar, a um nível mais elevado, a introdução dos diversos melhoramentos materiais num país ou região[166]. Tinham naturalmente a oportunidade de aprofundar os seus conhecimentos práticos, pois a École encorajava os seus alunos a contactar mais proximamente com as principais obras públicas de França[167]. Xavier Cordeiro absorveu bem estas lições. Segundo o seu camarada Luciano de Carvalho, não era um homem "que, exclusivamente preoccupado pelo objecto da sua missão, fosse indiferente a tudo o mais"[168]. Era também um homem do terreno, que não se limitava aos gabinetes de trabalho e que

---

163 Ana Cardoso de Matos, "Asserting the Portuguese Civil Engineering Identity: the Role Played by the École des Ponts et Chaussées", *Jogos de Identidade Profissional: os Engenheiros entre a Formação e a Acção*, eds. Ana Cardoso de Matos; Maria Paula Diogo; Irina Gouzévitch; André Grelon (Lisboa: Colibri, 2009), 177-208. Matos e Diogo, "From the *École des Ponts et Chaussées...*".

164 Carvalho, "Elogio Historico...", 540.

165 Ibidem, 540-544.

166 Macedo, "Projectar e construir a Nação...", parte 1.

167 Matos, "Asserting the Portuguese Civil Engineering Identity...". Matos e Diogo, "From the *École des Ponts et Chaussées...*"

168 Carvalho, "Elogio Historico...", 524.

"á frequencia das bibliothecas preferia a dos estaleiros e de todos os sitios, ao ar livre, d'onde se desfructasse a belleza das paisagens, o contraste dos panoramas, e sobretudo a orographia das regiões"[169].

Assim, ao longo dos três anos do curso, Xavier Cordeiro foi à Sabóia, onde assistiu aos trabalhos de estaleiro do túnel ferroviário do Monte Cenis; visitou as oficinas de Bercy do caminho-de-ferro Paris-Lyon-Méditerranée; as minas de Creil e Epone, numa visita geológica; as fundições de Montataire; Auteil, onde examinou os trabalhos do caminho-de-ferro em torno da cidade e o estaleiro de construção da ponte no Point du Jour; e Marselha, onde estudou o porto local[170].

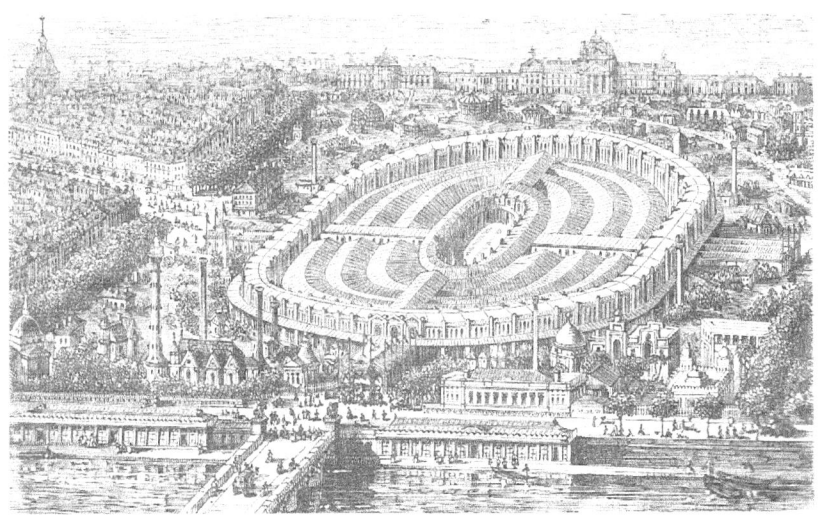

FIGURA 45
Vista da Exposição Universal de Paris de 1867
Alfred Joanne, *Paris-Diamant. Collection des guides Joanne* (Paris: Hachette, 1867).

---

169 Ibidem, 525.

170 Matos, "Asserting the Portuguese Civil Engineering Identity…". Matos, "World Exhibitions…". Matos e Diogo, "From the *École des Ponts et Chaussées…*".

Em Paris, frequentou ainda assiduamente o estaleiro permanente do Champ de Mars, onde se preparava a Exposição Universal de Paris de 1867. Aliás, neste mesmo ano, o governo português, por portaria de 6 de agosto (que o promoveu a engenheiro subalterno de segunda classe), encarregou-o de recolher informação sobre o estado da arte da construção de faróis e do material fixo e circulante do caminho-de-ferro presente naquele evento[171]. O envio de técnicos nacionais a exposições internacionais para se informarem sobre as tecnologias em exposição era algo que se vinha instituindo como prática comum desde a década de 1850[172].

Xavier Cordeiro deveria ter regressado em outubro de 1867, mas o ministério optou por autorizar a sua estadia no estrangeiro até julho do ano seguinte[173]. O engenheiro aproveitou assim para realizar mais visitas de estudo a Estrasburgo e às cidades e caminhos-de-ferro da Bretanha, Alemanha, Bélgica, Itália, Áustria--Hungria e Sérvia[174].

Terminada a sua frequência da École des Ponts et Chaussées, Xavier Cordeiro, um dos melhores alunos da escola naquele ano, somente batido pelo austríaco Skrochowski, regressou a Portugal, esperando poder aplicar os seus conhecimentos ao desenvolvimento material do Reino[175].

Contudo, em 1868, como já referimos anteriormente, chegou ao governo o Partido Reformista, que fazia bandeira da austeridade e do equilíbrio orçamental, que suspendeu a política de fomento do fontismo e extinguiu o corpo de Engenharia Civil do ministério das Obras Públicas[176]. Xavier Cordeiro requereu a colocação no corpo de Engenharia Militar do ministério da Guerra, mas, uma vez que não tinha patente nem formação marcial, teve que se contentar com o cargo de engenheiro distrital. Por motivos de conveniência pessoal e familiar, escolheu a direção de Obras Públicas de Coimbra[177]. Aqui estudou a problemática do abastecimento de

---

171 Arquivo Histórico do Ministério das Obras Públicas, *Processos individuais*, Cândido Celestino Xavier Cordeiro.

172 Matos, "Asserting the Portuguese Civil Engineering Identity…". Matos, "World Exhibitions…". Matos e Diogo, "From the *École des Ponts et Chaussées*…".

173 Arquivo Histórico do Ministério das Obras Públicas, *Processos individuais*, Cândido Celestino Xavier Cordeiro.

174 Carvalho, "Elogio Historico…", 545.

175 Ibidem, 550-551

176 Pereira, "«A marcha imoderada de um falso progresso…»".

177 Arquivo Histórico do Ministério das Obras Públicas, *Processos individuais*, Cândido Celestino Xavier Cordeiro. Carvalho, "Elogio Historico…", 554.

água à cidade, tendo-se inclusivamente associado a António Augusto da Costa Simões para assinar dois contratos com a Câmara local para aquele efeito (27.1.1872 e 13.8.1873)[178].

A classe engenheira uniu-se contra a política restritiva dos reformistas e formou em 1869 a Associação de Engenheiros Civis Portugueses. Xavier Cordeiro foi um dos 103 membros fundadores[179]. Nos anos seguintes, frequentou assiduamente o grémio, como assiduamente contribuiu com estudos para a *Revista de Obras Publicas e Minas*, tendo chegado à cadeira da presidência da associação em 1901[180].

O *lobbying* da classe e os desenvolvimentos políticos coevos acabaram por o chamar de novo para tarefas mais altaneiras. Ejetados os reformistas do poder, e regressado Fontes Pereira de Melo ao governo, as obras públicas não tardaram em ser reiniciadas. Em 1872, o ministro das Obras Públicas, Cardoso Avelino, decretou a construção dos caminhos-de-ferro do Minho e Douro, prometidos desde 1867[181]. O segundo foi entregue a Lourenço António de Carvalho; o primeiro, foi colocado sob alçada de João Joaquim de Matos, que convidou para seus coadjutores os engenheiros da classe de 1867 da École des Ponts et Chaussées: Luciano de Carvalho, Mendes Guerreiro e Xavier Cordeiro, incumbidos, respetivamente, da primeira secção entre Campanhã e a margem direita do Ave, da construção das oficinas gerais da estação do Porto e do troço entre a margem esquerda do Ave e o ponto inicial do ramal de Braga em Nine[182].

Xavier Cordeiro colocava-se finalmente ao serviço de um verdadeiro esforço de fomento, tal como acontecera, aliás, com outros camaradas seus que haviam feito o mesmo percurso nas décadas de 1850 e 1860. Ao longo do século XIX, estes homens desempenharam um importante papel como *experts* técnicos, como líderes da modernização técnica nacional e como gestores do projeto de progresso proposto pelo fontismo, agindo como veículos da transferência de conhecimento e libertando parcialmente o País da dependência de engenheiros estrangeiros[183].

---

178   Arquivo Histórico Municipal de Coimbra, *Escrituras*, nº 23, 1863-1873, fls. 39 e 57.

179   Maria Paula Diogo, "A construção de uma identidade profissional. A Associação dos Engenheiros Civis Portugueses (1869-1937)" (Diss. doutoramento, Universidade NOVA de Lisboa, 1994), 135.

180   Carvalho, "Elogio Historico...", 586.

181   Pereira, "A política ferroviária nacional...", 119-122.

182   Carvalho, "Elogio Historico...", 554. Matos e Diogo, "From the *École des Ponts et Chaussées*...".

183   Matos e Diogo, "From the *École des Ponts et Chaussées*...".

No Minho, Xavier Cordeiro e os seus camaradas tiveram que se debater com um problema comum a outras linhas e a outras épocas, a falta de material e de pessoal idóneo[184], já que

"rareavam os bons condutores; não estavam os do quadro para grandes fadigas, e os auxiliares, considerados jornaleiros, apenas tinham direito a... seiscentos réis por dia. Os empreiteiros que se offereciam, não passavam de miseros tarefeiros, sem a minima noção dos estaleiros de grande terraplanagem, nem do valor do tempo"[185].

Os trabalhos, desde Campanhã até Braga, duraram três anos, tendo a inauguração oficial das obras ocorrido a 20.5.1875[186]. Depois, Xavier Cordeiro manteve-se no Minho, ainda ao serviço de João Joaquim de Matos, na fixação da diretriz da linha de Nine a Viana pela portela de Tamel. A sua *expertise* levou-o em seguida ao Douro, onde projetou o incontornável túnel da Tapada de D. Luís, com mais de 1 km de extensão, perto de Caíde. Voltou em seguida ao Minho para dirigir a construção da secção entre Tamel e Viana do Castelo, onde constavam os desafios das obras de arte do túnel de Tamel, do viaduto de Durães e da ponte sobre o rio Lima (adjudicada à casa Eiffel)[187]. Foi por sua iniciativa que Emílio Biel aportou à região para fotografar para a posteridade a evolução das obras, num projeto que se estendeu mais tarde a outras construções ferroviárias[188].

A sua experiência com pontes e com a casa Eiffel levou o governo a nomeá-lo, por portaria de 20.10.1877, para a comissão encarregada de proceder às provas da

---

184 Macedo, "Projectar e construir a Nação...", 193-230. Marçal, "Um império projectado pelo «silvo da locomotiva»...".

185 Carvalho, "Elogio Historico...", 555.

186 Joaquim da Silva Gomes, *Braga e os caminhos-de-ferro* (Braga: Parque de Exposições, 2002).

187 A. Luciano de Carvalho, "Candido Celestino Xavier Cordeiro", *Gazeta dos Caminhos de Ferro* (n.º 1611, 1955), 440. Carvalho, "Elogio Historico...", 555-559. Matos e Diogo, "From the *École des Ponts et Chaussées*...". Pereira, "As infraestruturas ferroviárias...". Sobre o viaduto de Durães ver: Chiara Magnani, "From masonry to reinforced concrete arch bridges: load capability and seismic analysis" (Diss. Mestrado, Università degli Studi di Padova, 2015), 47.

188 José Manuel Lopes Cordeiro, "Emílio Biel: o empresário que fotografava obras de engenharia", in *A Linha do Tua, 1887, e as Fotografias de E. Biel*, coord. Eduardo Beira (Porto: EDP; Universidade do Minho; MIT Portugal Program, 2013), 40.

ponte Maria Pia (composta ainda por João Crisóstomo de Abreu e Sousa e João Joaquim de Matos). A responsabilidade era grande, pelo arrojo da obra, pela sua importância (ligava finalmente por caminho-de-ferro as duas margens do Douro e assim o Porto a Lisboa) e pela pressão imposta ao governo para inaugurar a obra o mais rapidamente possível[189]. O parecer final foi positivo[190] e a ponte foi inaugurada a 4.11.1877[191].

FIGURA 46
A ponte sobre o Lima, em Viana do Castelo (fotografia de Emílio Biel)
CP, *Os caminhos-de-ferro portugueses...*,238.

FIGURA 47
A ponte Maria Pia, no Porto (1877)
Diario Illustrado (a. 6, n.º 1692, 3.11.1877), 1.

189 Carvalho, "Candido Celestino...", 440. Carvalho, "Elogio Historico...", 560-562.

190 João Crisóstomo de Abreu e Sousa; João Joaquim de Matos; Cândido Xavier Cordeiro, "Relatorio ácerca das experiencias feitas na ponte do Douro e nas passagens inferiores com tabuleiro metallico da 5.ª secção", *Revista de Obras Publicas e Minas* (n.ºs 105-106, 1878), 361-418.

191 Frederico de Quadros Abragão, "A inauguração da Ponte «Maria Pia» sobre o Rio Douro", *Gazeta dos Caminhos de Ferro* (n.º 1566, 16.3.1953), 7-11.

3.2. Os estudos sobre a via estreita

Como já vimos no capítulo anterior, em 1870, Xavier Cordeiro foi incumbido pelo governo de se dirigir a França, Alemanha e Áustria examinar a questão dos caminhos-de-ferro de bitola reduzida em regiões montanhosas. No final daquela década, aproveitando a celebração novamente em Paris da Exposição Universal de 1878, o engenheiro foi uma vez mais enviado a França para estudar aquela tecnologia. O executivo procurava alternativas mais económicas de construção que permitissem estender a rede férrea nacional às regiões acidentadas e periféricas do País.

Apesar de o uso de bitolas mais estreitas ser algo que já vinha sendo debatido e aplicado na Europa desde há alguns anos àquela parte e de já ter inclusive merecido as análises da Junta Consultiva de Obras Públicas e Minas (em pareceres redigidos em 1871 e 1875) e da Associação de Engenheiros Civis Portugueses (em 1871-1872), a que Xavier Cordeiro teve decerto acesso, o engenheiro sentiu dificuldades em encontrar bibliografia de suporte à sua missão. Segundo Luciano de Carvalho, que o acompanhou na viagem a Paris,

> "com que desconsolo elle encarava os livros recentes de que se tinha rodeado para desempenho da sua commissão! Com raras excepções, auctores obscuros e de nomes extravagantes, opiniões baldas de auctoridade, arrazoados superficiaes, factos sem consequencia, eis o que mais deparava n'esses livros"[192].

Com efeito, não havia uma prática geral e uma teoria estabelecida sobre este método de construção e operação ferroviária, o que permitia várias interpretações sobre a relevância do seu uso. Por exemplo, quando Sárrea Prado estudou no terreno a linha de Luanda – Ambaca, defendeu o recurso à bitola estreita por se tratar do primeiro caminho-de-ferro angolano, sem qualquer ligação a outra ferrovia.

> "A maior parte das objecções, que mais vulgarmente se apresentam contra o emprego da via reduzida, não tem cabimento a respeito do caminho-de-ferro em questão, porque, como ainda nenhum outro, de qualquer tipo, se acha instalado em Angola, originará a linha de Ambaca um primeiro tronco independente, que só mais tarde terá ramificações, não estabelecendo portanto diferenças de largura de via, resultantes de comunicação com outras linhas de via larga, já existentes"[193].

---

192 Carvalho, "Elogio Historico...", 562.

193 Prado, *Caminho-de-ferro entre Luanda e Ambaca...*, 38-43.

Voltando a Xavier Cordeiro e à sua missão em França, para colmatar a falta de informação fidedigna sobre a bitola reduzida, viu-se forçado a visitar as estações e oficinas da Exposição, ali privar com engenheiros e industriais e assistir a experiências várias. O enviado português não se limitou ao espaço da Exposição, tendo ainda visitado a rede de linhas secundárias do Norte de França, espantando-se com a pobreza das instalações[194].

3.3. A teoria da bitola estreita

De facto, a singeleza do material fixo testemunhada por Cordeiro era uma condição inata dos caminhos-de-ferro de bitola estreita europeus, indispensável para atingir o objetivo de reduzir o custo do primeiro estabelecimento, sobretudo em territórios onde o tráfego esperado não era muito volumoso.

O já citado engenheiro britânico Richard Rapier – que se notabilizara anos antes por ter construído um caminho-de-ferro na China, como prenda de aniversário oferecida ao Imperador[195] – acreditava que, através de uma construção menos extravagante e mais simples, era possível baixar o custo de construção das 39.000 £ (175 contos)/milha das linhas britânicas ou das 16.000 £ (72 contos)/milha das ferrovias garantidas da Índia para valores entre as 4.000 £ (18 contos) e as 10.000 £ (45 contos)/milha[196].

A redução de custos ocorria sobretudo ao nível do assentamento da linha, que, ao permitir curvas mais apertadas, poderia evitar as terras de expropriação mais dispendiosa e os principais obstáculos geográficos (e portanto as necessárias obras de arte, como pontes e túneis). Não advinha assim tanto da redução da bitola propriamente dita, embora esta tivesse consequências ao nível da quantidade de madeira para travessas, volume dos movimentos de terra para trincheiras e dimensões das obras de arte[197].

---

194 Carvalho, "Elogio Historico...", 564

195 Rapier, *Remunerative railways for new countries...*, 93-114.

196 Ibidem, 7-11.

197 Arquivo Histórico do Ministério das Obras Públicas, *Conselho de Obras Públicas e Minas*, lv. 32 (1871), fs. 280-299; lv. 32-A (1871), fs. 1-8v. The National Archives, *Foreign Office*, Confidential Print (Numerical Series), Portugal, Reports, Delagoa Bay Railway, Mr. R. T. Hall, FO 881/3942. *Revista de Obras Publicas e Minas* (n.º 63, 1875), 154-156. Associação de Engenheiros..., "Caminhos de ferro...". Brandão, "Caminhos de ferro de via reduzida...", 367-369. Machado, "Novo systema...". Auguste Perdonnet, *Traité Élémentaire des chemins de fer* (Paris: Garnier Fréres, 1865), 2. Rapier, *Remunerative railways for new countries...*, 7-11. Armand, *Histoire...*,

Segundo entendiam os engenheiros da Junta Consultiva de Obras Públicas em 1875, esta maior adaptabilidade ao terreno não afetaria o poder de tração das locomotivas, pois

"curvas de 300 metros de raio para a largura de via de 1,68 [sic] podem considerar-se equivalentes ás curvas de 260 metros de raio para largura de via de 1,45 [sic] ou ás curvas de ainda menos de 180 metros de raio, para os caminhos de ferro de via reduzida"[198].

Por outro lado, o material circulante podia (e devia) ser mais pequeno e ligeiro e, consequentemente, a infraestrutura podia ser mais simples, com carris mais leves, leito menos profundo e declives mais acentuados[199].

De tudo isto resultavam evidentes vantagens ao nível dos orçamentos, daí estes caminhos-de-ferro serem frequentemente apelidados de económicos.

O trabalho de Xavier Cordeiro ia ao encontro destas teorizações. Segundo o técnico luso, os custos da construção de linhas de via estreita seriam tanto menores quanto maior fosse a sua flexibilidade no terreno – a poupança era estimada em uma média de 36% em relação ao custo de assentamento de um caminho-de-ferro de bitola larga, valor que podia ser ainda maior em casos de terrenos muito desnivelados. As despesas de exploração podiam também ser inferiores em relação às linhas de via larga, graças ao menor peso das composições e à diminuição do peso-morto puxado pelas locomotivas. Para obter estas vantagens, a medida da bitola deveria ser inferior a 1 m, mas superior a 90 cm[200].

A opinião de Cordeiro parece revelar algum desconhecimento em relação à experiência colonial, que tinha vindo a demonstrar a exequibilidade de bitolas ligeiramente mais largas que 1 m, mas também mais reduzidas[201]. Rapier, por seu lado,

---

62-65. Casares Alonso, *Estudio historico-economico...* 208-10. Carlos Nárdiz Ortiz, "Desarrollo histórico de la red ferroviaria del noroeste de España", in *El ferrocarril en el noroeste de España*, eds. Miguel Rodríguez Bugarín; Carlos Nárdiz Ortiz (Corunha: Universidade da Corunha, 1996), 69-70. Puffert, "L'Intégration...", 306-308. RENFE, *Les chemins de fer en Espagne* (Madrid: RENFE, 1958), 108.

198   Arquivo Histórico do Ministério das Obras Públicas, *Conselho de Obras Públicas e Minas*, cx. 18, parecer 6418 (7.1.1875), f. 26.

199   Rapier, *Remunerative railways for new countries...*, 13-14 e 23.

200   Cordeiro, "Memoria..."

201   The National Archives, *Foreign Office*, Confidential Print (Numerical Series), Portugal, Reports, Delagoa Bay Railway, Mr. R. T. Hall, FO 881/3942.

citava inclusivamente – embora não o recomendasse – a possibilidade de usar bi-tolas de 51-61 cm (1' 8"-2') para explorações industriais ou 75 cm (2' 6") nas colónias ("países novos"), onde as máquinas circulavam a uma média de apenas 16 milhas/h. Por outro lado, a opinião de Cordeiro aproximava-se da do britânico, quando este aconselhava o recurso à bitola de 90 cm (3') como medida padrão[202].

Voltando às conclusões de Xavier Cordeiro, em relação às condições de tração, os raios de curva não deveriam ser menores que 120 m e as inclinações não deve-riam superar os 30 mm/m, caso contrário corria-se o risco de diminuir a potência das locomotivas ao ponto de tornar o investimento injustificável[203]. Neste ponto, Cordeiro mostrava-se mais ambicioso que Rapier para quem as inclinações máxi-mas não deveriam superar os 25 mm/m (sendo preferível aumentar a extensão da linha 10%, ao invés de forçar as locomotivas a rampas tão acentuadas)[204].

Detalhes ligados ao balastro, às travessas, tipologia do carril, cruzamentos, ro-tundas, pontes-báscula, tomas de água, sinalização, telégrafo, estações e oficinas eram também tratados por ambos os autores, ambos prescrevendo sempre a máxima simplicidade, mas sem menosprezo do uso de materiais de qualidade suficiente[205].

A contrapartida destas soluções com declives mais pronunciados e curvas mais fechadas era o aumento e aceleração do desgaste da via. As locomotivas, mais leves e mais pequenas, eram também menos potentes, praticando assim velocidades mais baixas do que na via larga. O esforço das máquinas seria também mais elevado, com consequências negativas para o seu desgaste e consumo de combustível (em-bora tudo isto dependesse também da frequência dos comboios)[206].

A questão a responder era saber se a economia no primeiro estabelecimento proporcionada por esta tecnologia de construção não viria a prejudicar a operação no futuro, pois a ferrovia daquele modo construída permitiria velocidades e capa-cidade de transporte menores em relação às composições de via larga. Tudo depen-dia das necessidades de transporte da região servida.

---

202   Rapier, *Remunerative railways for new countries...*, 12 e 22-23.

203   Cordeiro, "Memoria...".

204   Rapier, *Remunerative railways for new countries...*, 13.

205   Cordeiro, "Memoria...". Rapier, *Remunerative railways for new countries...*, 32-54.

206   Cordeiro, "Memoria...". Rapier, *Remunerative railways for new countries...*, 10-11 e 56-60.

Segundo Rapier, se se procurassem velocidades médias na ordem das 50 milhas (80 km)/h, então o recurso à bitola normal de 1,44 m (4' 8") e a carris mais pesados (80 libras/jarda) era inevitável, pois as locomotivas tinham que ser maiores com rodas mais amplas (7' ou 2,13 m de diâmetro); se se pudesse admitir velocidades médias de 22-24 milhas (35-38 km)/h, então uma via de bitola métrica com carris de 40 libras e locomotivas com rodas de 3' 6" (1,07 m) eram admissíveis. Estimar com precisão o rendimento líquido do primeiro ano era fulcral, pois a partir daí poder-se-ia calcular o custo admissível de construção para obter um determinado dividendo e assim decidir em conformidade sobre o sistema de construção. Em suma, "if the expected traffic and the estimated cost of works will admit a full-sized railway, by all means let the full gauge be adopted". Perante as preocupações sobre um futuro em que o tráfego crescesse, o mesmo Rapier respondia que "one of the greatest blunders has been making railways with too great a regard for the future, and not sufficient consideration of the immediate present". Construir um caminho-de-ferro com capital excessivo correspondia a adiar a época em que ele se tornava remunerativo. Era mais prudente construir de forma simples no presente e, em caso de necessidade futura, alargar a bitola, aumentar o peso dos carris ou duplicar, triplicar ou quadruplicar a via[207]. Estes eram conselhos e preocupações que Xavier Cordeiro teve também presente na sua obra[208].

Inevitável era o recurso a operações de transbordo nos entroncamentos com as linhas da rede principal e importantíssima era a análise desta questão para aquilatar a pertinência do recurso à bitola estreita.

Rapier considerava-a o principal inconveniente, sobretudo no que respeitava ao transporte de mercadorias, especialmente nos casos de tráfegos volumosos ou inconstantes[209]. Outro engenheiro britânico, John Hawkshaw (que viria a colaborar com o governo português na linha de Mormugão, como vimos), era um claríssimo opositor à quebra de bitola entre caminhos-de-ferro. Quando questionado pelo governo britânico em 1870 sobre o uso de diferentes bitolas na Índia, respondeu que

> "the evils of break of gauge are now well understood by those who have had any sufficient experience of railways in this country. They are of so serious a nature as would, I apprehend, deter any Government from encountering them, except in some

---

207 Rapier, *Remunerative railways for new countries...*, 7-12, 22-24 e 31.

208 Cordeiro, "Memoria...".

209 Rapier, *Remunerative railways for new countries...*, 10-11.

cases of absolute necessity [...]. I venture to prophesy [sic], the time will come when the Indian Government will be called upon to expend more money to remedy the evil than they can ever save by introducing it"[210].

Esta era uma opinião defendida também por W. P. Andrew, diretor da Sind, Punjab & Delhi Railway Company, que, no prestigiado *The Railway Times*, argumentava que "a break of gauge anywhere must be a mistake – a mistake and an injury"; e introduzir propositadamente uma quebra numa linha contínua era erro ainda maior[211].

De acordo com outro periódico da especialidade, *The Railway Sheet & Official Gazette*, igual opinião era partilhada pelos que protestavam contra o uso da bitola métrica na contratação da nova linha-férrea indiana do Western Rajputana, que alegavam que os atrasos provocados pela quebra de bitola impediam o caminho-de-ferro de competir com rotas preexistentes. Os defensores da bitola estreita contra-argumentavam com o menor custo de construção[212].

Todos concordavam que a poupança realizada durante a construção de uma via reduzida seria mais que contrabalançada pelo custo e inconveniência da quebra de bitola (que desde logo obrigava à compra de um novo jogo de material circulante) e pela dificuldade em fazer transportar fluidamente mercadorias, passageiros e material de guerra. Se realmente o objetivo fosse poupar na construção, seria mais conveniente apostar numa infraestrutura mais leve do que reduzir a distância entre carris[213].

Todos estes fatores refletir-se-iam depois nas tarifas, em princípio mais onerosas para o público do que as praticadas nas linhas de bitola mais larga[214].

Havia assim um *trade-off* entre os dois tipos de via (estreita e larga), dependendo a escolha final das características do terreno a atravessar e daquilo que se esperava obter do caminho-de-ferro a construir (em termos de velocidade e expectativas de tráfego).

---

210 Apud Beaumont, *Sir John Hawkshaw...*, 74.

211 *The Railway Times* (a. 42, n.º 2159, 3.5.1879), 381.

212 *The Railway Sheet & Official Gazette* (n.º 110, 15.5.1879), 72

213 Apud Beaumont, *Sir John Hawkshaw...*, 73-75.

214 Cordeiro, "Memoria...". Ver também, para outros contextos, Muñoz Rubio, "Los Ferrocarriles...", 1-2. Puffert, "L'Intégration...", 306-308.

FIGURA 48
Ilustração das dificuldades de baldeação entre linhas de bitola diferente
*Railways Illustrated. A Weekly Journal for Railwaymen of all grades,
and for all interested in Railways* (vol. 1, n.º 17, 1.5.1908), 1.

Em teoria, a bitola reduzida devia ser usada em linhas desligadas das redes principais ou que só se lhes ligassem por uma das suas extremidades; em terrenos demasiadamente montanhosos; quando altas velocidades não fossem uma prioridade; em situações em que as expectativas de tráfego de mercadorias não fossem muito elevadas (e o seu transbordo não fosse demasiado custoso); e/ou em regiões onde se esperasse um maior tráfego de passageiros do que de bens. Este era, porém, um mero conjunto de regras que podiam ser quebradas caso as condições específicas do caso em concreto o recomendassem. Apenas uma análise elaborada de um determinado caminho-de-ferro e da área onde devia ser construído poderia esclarecer todas as dúvidas. De acordo com Xavier Cordeiro, a realização de estudos era a melhor solução para poupar dinheiro na construção de caminhos-de-ferro[215].

O seu trabalho foi de longe o mais completo publicado em Portugal. Nos anos seguintes, vários camaradas seus, a título individual ou no seio da Junta Consultiva de Obras Públicas e Minas, redigiriam e publicariam estudos semelhantes, mas sempre dirigidos a contextos geográficos e com objetivos específicos. O trabalho de Xavier Cordeiro era neste sentido muito mais abstrato, pretendendo servir de ponto de partida para o estudo particular de redes férreas de bitola estreita.

---

215   Cordeiro, "Memoria...". Rapier, *Remunerative railways for new countries...*, 11.

Só fazendo um pouco de especulação se pode afirmar que a influência da *Memoria* foi determinante na elaboração de estudos posteriores, muito embora se possa tomar como garantido que o trabalho foi amplamente divulgado entre a classe dos engenheiros, tendo em conta o papel da Associação de Engenheiros Civis Portugueses e da sua *Revista de Obras Publicas* como agentes de transferência e divulgação de conhecimento[216]. Contudo, parece inegável que esses relatórios e consultas seguiram as recomendações de Xavier Cordeiro, em termos de respeito pelas condições de construção e tração (raios de curva mínimos e declives máximos) e sobretudo pelo conselho de estudar minuciosamente o contexto onde a nova tecnologia deveria ser inserida.

Assim o fizeram, como vimos, os engenheiros Sousa Brandão, Pereira Dias e Miranda Montenegro, quando analisaram as redes férreas de via estreita em Trás-os-Montes, Minho e Norte do Mondego, respetivamente. Igualmente o fizeram as comissões encarregadas pela lei de 14.7.1899 de propor a rede a construir. Os diversos engenheiros encarregados da tarefa contactaram os municípios locais e associações do sector, informando-se acerca das dificuldades de viação das regiões, antes de elaborar a proposta final e indicar quais linhas deveriam ser feitas em bitola estreita[217].

Mesmo a consulta de 1881 sobre a aplicação da via estreita nos domínios africanos parece beber também das conclusões de Xavier Cordeiro. A Junta Consultiva de Obras Públicas e Minas, ao ser encarregada de se pronunciar sobre uma proposta concreta de concessão para a construção e exploração da linha de Luanda a Dondo Amuturo, estabeleceria algumas orientações norteadoras da definição da rede de caminhos-de-ferro nas colónias portuguesas. Reconhecia que a bitola estreita só deveria ser preconizada para linhas de segunda ordem e interesse restrito, "puramente local ou industrial"[218], onde a exploração se adivinhava menos lucrativa e a construção se deparava com maiores dificuldades na definição das respectivas diretrizes, decorrentes dos pronunciados acidentes orográficos das regiões que iriam servir. Mencionava ainda algumas orientações consensualizadas na Alemanha e sugeridas por Xavier Cordeiro, estabelecendo que os caminhos-de-ferro de via reduzida não deveriam consignar mais do que duas bitolas: de 90 cm a 1 m, quando

---

216 Diogo, "A construção de uma identidade professional...". Idem, "Um olhar introspectivo...".

217 Pinheiro et al., "Espaço, tempo e preço dos transportes...". Santos, "Politica Ferroviaria Ibérica...", 159.

218 Arquivo Histórico Ultramarino, *Caminho de Ferro de Ambaca*, mç. 461 1F.

a linha se destinasse ao transporte de mercadorias e passageiros; de 75 cm, quando a sua vocação fosse meramente industrial[219].

Assim, para o primeiro caminho-de-ferro em Angola, destinado a ser o principal meio de comunicação entre Luanda e o interior do território, a Junta Consultiva desaconselhava a adoção de uma bitola inferior a 1 m, dada a importância do mesmo.

> "O caminho-de-ferro de Luanda não é pois um caminho-de-ferro de interesse comercial limitado a uma pequena zona de terreno; é sobretudo uma questão capital, e de interesse geral, não só da colónia como da metrópole, não só do presente como de futuro; é finalmente um instrumento eficaz de governo, de defesa, e de força militar e administrativa daquela província e de desenvolvimento rápido da civilização e prosperidade dela.
>
> É indispensável portanto que a principal linha férrea de Angola tenha as condições técnicas que a sua importância e os seus fins reclamam sem cair em exagerações em qualquer sentido. Assim como não seria muito razoável irmos construir caminhos-de-ferro de via normal de 1,44m ou de 1,67m, quando os de via de 1m ou de 0,90 podem satisfazer as necessidade de tráfego provável por muitos anos, e ainda a todos os mais fins que cumpre ter em vista, também não devemos cair na exageração oposta de construir um caminho-de-ferro de via apenas de 0,60m"[220].

3.4. Regresso a Portugal e missão na Índia

Ainda durante a sua estadia em França, Xavier Cordeiro recolheu informação sobre projetos que poderiam ser replicados em Portugal, nomeadamente as penitenciárias de Paris e Lovaina, as obras do porto de Antuérpia, as obras hidráulicas no Mosa e as oficinas ferroviárias de Cockerill em Seraing. Na capital francesa, foi convidado pelo empreiteiro Bartissol para dirigir a construção da linha da Beira Alta, adjudicada em 1878 à Societé Financière de Paris, mas preferiu enveredar por uma carreira no sector público, que, embora não lhe granjeasse rendimentos mais altos, lhe garantia uma maior estabilidade profissional[221].

---

219   Ibidem.

220   Ibidem.

221   Carvalho, "Elogio Historico...", 564.

Ironicamente, assim que regressou do centro da Europa, foi colocado pelo ministério na fiscalização da linha da Beira Alta. Por portaria de 11.7.1879, devia, juntamente com João Joaquim de Matos, verificar se a construção da ponte do Trezói seguia de acordo com os projetos aprovados pelo governo[222].

Pouco depois, portaria de 28.7.1879 nomeava-o vogal da Junta Consultiva de Obras Públicas e Minas (onde ficou até 1880)[223]. A Junta, órgão consultivo do ministério, reunia a elite da engenharia nacional, que era ali ouvida sobre tudo o que dizia respeito a obras públicas, incluindo aspetos técnicos, económico-financeiros e administrativos[224]. A nomeação era o reconhecimento das competências de Xavier Cordeiro.

FIGURA 49
A ponte de Trezói na linha da Beira Alta
O Occidente: Revista Illustrada de Portugal e do Estrangeiro (n.º 134, 11.9.1882), 204.

---

222   Ibidem, 565.

223   Arquivo Histórico do Ministério das Obras Públicas, *Processos individuais*, Cândido Celestino Xavier Cordeiro. Carvalho, "Elogio Historico...", 565. Pereira, "A política ferroviária nacional...", anexo 6.

224   Hugo Silveira Pereira, "Instituições e caminhos-de-ferro: ministério das obras públicas, parlamento e associação de engenheiros civis portugueses (1852-1899)", *CEM Cultura, Espaço & Memória* (vol. 5, 2014), 291-309.

Nos meses seguintes, seria nomeado sucessivamente para diversas comissões de serviço, encarregadas de várias funções, o que atestava bem o prestígio que granjeara até então: inspeção dos serviços distritais de Obras Públicas (com os engenheiros Matos e Gilberto Rola, portaria de 13.8.1879), provas da ponte sobre o Tejo em Santarém (Matos e Almeida de Eça, portaria de 27.9.1879[225]) e avaliação das propostas para construção da ponte rodoviária sobre o Douro (Matos, Agnelo Moreira, João Anastácio de Carvalho e Luciano de Carvalho, portaria de 10.11.1880). Nesta última, Xavier Cordeiro foi nomeado relator do parecer que recomendava a adjudicação da obra a Théophile Seyrig pelo preço de 369 contos[226].

A sua evolução como engenheiro levou o ministério a nomeá-lo chefe da repartição de Obras Públicas (decreto de 17.3.1881), cargo que, contudo, praticamente não exerceu por ter sido encarregado da inspeção das obras do porto e caminho-de--ferro de Mormugão à fronteira com a Índia Britânica[227].

Cordeiro estava envolvido nesta obra desde 1879, quando foi colocado ao serviço do ministério da Marinha e Ultramar, incumbido de se reunir com os engenheiros consultores do Stafford House Committee (Hawkshaw, Hayter e Sawyer) contratados para estudar o melhor plano de ação para a construção da linha de Mormugão a Nova Hubli, no coração do país do Mahratta Sul na Índia (contrato de 12.11.1879)[228]. A escolha ter-se-á decerto devido à sua experiência no sector ferroviário e sobretudo aos seus conhecimentos no que respeitava à bitola estreita, mas também à amizade de António Augusto de Aguiar, ao tempo comissário régio na Índia encarregado de aplicar o tratado luso-britânico de 1878 (no qual se acordara a construção do caminho-de-ferro)[229].

Nos seus estudos, Xavier Cordeiro analisou quatro grandes variáveis: o tipo de via (simples ou dupla), o peso dos carris, a forma de atravessar a cordilheira dos Ghats Ocidentais e sobretudo o tipo de bitola a empregar (métrica ou indiana/ibérica de 1,67 m)[230].

---

225 Arquivo Histórico do Ministério das Obras Públicas, *Processos individuais*, Cândido Celestino Xavier Cordeiro. *O Occidente*: *Revista Illustrada de Portugal e do Estrangeiro* (n.º 940, 10.2.1905), 31-32. Pereira e Rodrigues, Portugal. *Dicionário Histórico...* Gonçalves,*Torrejanos ilustres...*, 199-201.

226 Carvalho, "Candido Celestino...", 440. Carvalho, "Elogio Historico...", 565-569.

227 Arquivo Histórico do Ministério das Obras Públicas, *Processos individuais*, Cândido Celestino Xavier Cordeiro. Carvalho, "Elogio Historico...", 569.

228 Kerr e Pereira, "India and Portugal...", 180.

229 Carvalho, "Elogio Historico...", 572.

230 Pereira, "Fontismo na Índia Portuguesa...", 248.

Era a oportunidade para Xavier Cordeiro poder empregar praticamente os conhecimentos que adquirira e as teorizações que construíra durante as suas viagens de estudo aos caminhos-de-ferro de montanha da Europa. Os Ghats não eram uma cadeia montanhosa muito elevada (em Goa a altitude máxima não ultrapassava os 900 m); as principais dificuldades residiam no facto de se elevarem muito abruptamente, numa paisagem densamente florestada, atingida anualmente pelas monções e com poucos desfiladeiros por onde pudessem ser atravessados[231].

O engenheiro, num rápido, mas consubstanciado exercício, desempenhou-se das suas tarefas em meados de 1880 e, em 27.9.1880 e 28.10.1880, apresentava os seus relatórios ao ministro da Marinha e Ultramar. Fazendo uso da sua formação em Paris e da frequência da cadeira de Economia Política em Lisboa, não se limitou a analisar os aspetos técnicos da empreitada, divagando também sobre o potencial económico da zona a atravessar.

Assim, comparou as áreas, populações, produções, preços de transporte, volumes de exportação e consumo de Goa e de outras regiões da Índia, extrapolando as consequência do caminho-de-ferro em território português, através dos dados que coligiu da operação ferroviária na Índia Britânica, para concluir que "não é preciso ser propheta para asseverar, que elle está destinado a tornar-se uma das principais linhas ferreas de toda a India".

Recomendou pois que se mantivessem durante a sua construção as condições de tração usadas por norma na Índia (declives máximos de 10 mm/m fora dos Ghats e de 25 mm/m naquelas montanhas; raios de curva mínimos de 365 m e 245 m nos mesmos contextos, respetivamente) e que se recorresse à via larga (com linha dupla na cordilheira). Para Cordeiro, a via estreita não devia ser usada naquele contexto específico pois: o excesso da despesa da exploração absorveria toda a economia conseguida na construção; as rampas mais inclinadas nos Ghats tolheriam a capacidade de transporte das locomotivas; em termos tarifários, o preço de cada tonelada seria o dobro[232].

Pode parecer paradoxal que Xavier Cordeiro, que tão profundamente estudara a problemática da bitola estreita, reportasse então contra ela. No entanto, ele não

---

231 Kerr e Pereira, "India and Portugal...", 177.

232 Arquivo Histórico-Diplomático, *Miguel Martins Dantas. Cópias de correspondência recebida e expedida por este diplomata relativa ao Tratado de Lourenço Marques, Caminho de Ferro de Mormugão, captura do brigue "Ovarense" e algumas cartas sobre outros assuntos, 1878 a 1882*, processo I, fs. 1 i), p. 1-18, 3º pis., arm. 9, mç. 6 c), N. I. A. 69, M. 485c), S131.E1G.P6/82799.

fizera mais do que aplicar os princípios que defendera anteriormente de analisar previamente o contexto onde a linha devia ser assente e depois decidir em conformidade. Cordeiro analisara a atividade económica de Goa, comparara-a com da Índia Britânica, onde estudara ainda algumas linhas de bitola métrica, e, perante este manancial de informação, optou por aconselhar o recurso à bitola larga.

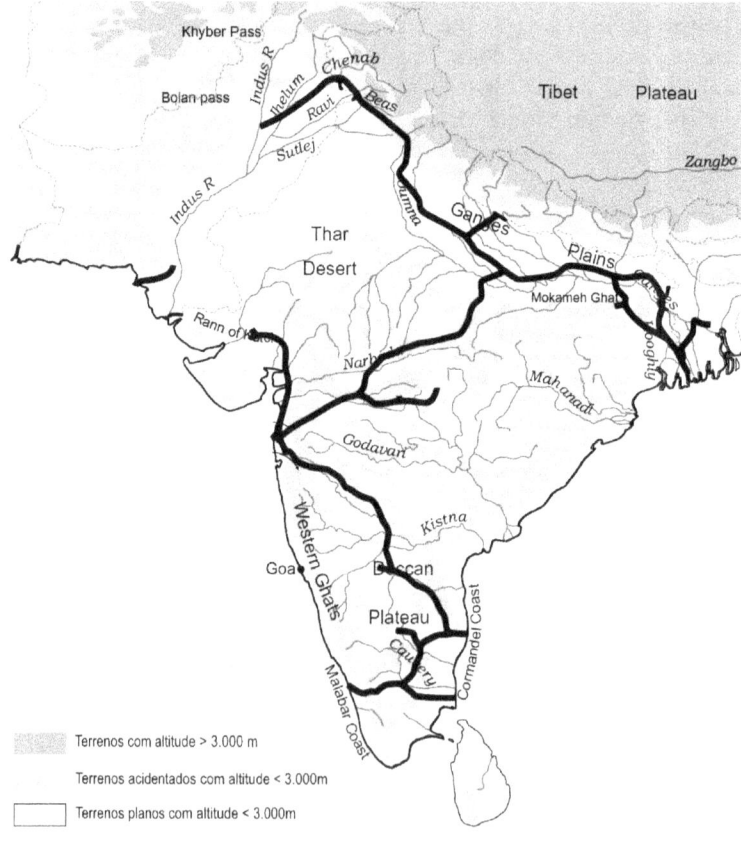

FIGURA 50
Mapa orográfico da Índia com indicação da rede-férrea indo-britânica
e da posição de Goa no início da década de 1870
Kerr, *Engines of change...*, 4 e 21 (adaptado).

Procedeu em seguida à orçamentação dos custos (relatório de 28.10.1880), computando-os em mais de 1.600.000 £ (7.250 contos) para toda a linha desde Mormugão a Nova Hubli, que deveria ser construída pelo governo português, se possível. Se a opção fosse dividir a construção pelas duas nações, ficando cada uma com a responsabilidade sobre o seu território, só em Goa os custos eram estimados entre 670.000 £ (3.050 contos) e 767.000 £ (3.500 contos), conforme se optasse pela via singela ou dupla. Só a secção dos Ghats absorveria cerca de metade do orçamento, apesar de em extensão representar menos de 30% do traçado. Eram valores elevados, que exigiriam um forte investimento do Estado, que se preparava para garantir um juro ao capital investido pelo Stafford House Committee.

De qualquer modo, tudo dependia das perspetivas de rendimento, que Xavier Cordeiro também antecipou no seu relatório, comparando com os valores recolhidos de outras explorações ferroviárias indianas. No final concluiu que a receita líquida anual do caminho-de-ferro representaria no primeiro ano 3,78% ou 4,16% do capital investido, conforme se optasse pela duplicação ou não da via. Na parte portuguesa esses valores desciam para 3,04% e 3,51%, respetivamente[233].

Para início de exploração eram valores muito lisonjeiros, tendo em conta apenas a realidade nacional, onde os primeiros anos da operação das linhas do Norte e Leste, Sul e Sueste e Minho e Douro não retornavam mais do que 2,6%[234]. Cordeiro partiu do correto pressuposto que haveria uma fluida passagem de passageiros e mercadorias pela fronteira (princípio tão caro à escola saint-simonista que frequentara), uma vez que todo o empreendimento resultava de um tratado entre Portugal e Inglaterra que criava uma união aduaneira na Índia. Contudo, o engenheiro não teve em conta uma eventual concorrência movida pelas companhias que faziam a rota para Bombaim (ver figura 50), que realmente se veio a fazer sentir após a abertura do caminho-de-ferro[235].

A sua ação técnica na Índia não se ficou por aqui. Num outro relatório assinado a 3.10.1880, Cordeiro refutou a opinião do engenheiro britânico Buyers que afirmava que o porto de Karwar (cerca de 100 km a sul de Goa) era melhor que o de Mormugão e que, como tal, o caminho-de-ferro devia dirigir-se até lá e não até à colónia portuguesa. Usando o mesmo método, o engenheiro português demonstrou

---

233   Ibidem. Ver também Kerr e Pereira, "India and Portugal...", 181.

234   Pereira, "A política ferroviária nacional...", anexo 21.

235   Idem, "Fontismo na Índia Portuguesa...", 242-247 e 251-261.

que não só a construção seria mais difícil, como seria também mais cara; e que o porto de Karwar, em termos de profundidade de águas, área abrigada e terreno para construção de infraestruturas não era superior ao de Mormugão[236].

No final, o governo português acabaria por não acatar a sua recomendação e, pressionado pelo seu congénere britânico, acabaria por se decidir pela bitola estreita. O mesmo aconteceu em relação à via dupla nos Ghats, que não foi assente, muito embora as obras de arte tenham sido construídas para receber um segundo par de carris no futuro[237]. A construção da linha inteiramente por portugueses foi também rejeitada. Era, em todo o caso, uma solução completamente utópica, que passava por instalar em território estrangeiro uma tecnologia extremamente invasiva, mas que, de facto, ia ao encontro ao carácter utópico do próprio credo saint-simonista que Xavier Cordeiro professava.

No entanto, os seus relatórios e a sua boa relação com os engenheiros ingleses do Stafford House Committee foram determinantes para a decisão positiva de construir o caminho-de-ferro (e o seu complemento natural, o porto) e presidiram também à própria redação do contrato (de 18.4.1881) de concessão da linha à recém-formada West of India Portuguese Guaranteed Railway Company, que previa, tal como aconselhado por Cordeiro, uma garantia de juro dupla de 5% sobre um capital inicial de 800.000 £ e de 6% sobre qualquer outro capital acima daquele valor[238].

Tendo em conta o domínio do assunto em questão e a sua relação com os engenheiros concessionários, foi sem surpresa que Xavier Cordeiro foi convidado para fiscalizar as obras de construção da linha. Segundo Luciano de Carvalho, ainda tentou eximir-se da tarefa. O pai havia falecido pouco tempo antes e provavelmente Cordeiro preferia ficar em Portugal. Acabou, porém, por aceitar, sendo nomeado oficialmente por portaria de 1.9.1881. Quatro semanas depois, a sua tarefa foi alargada para o estudo das estradas a construir em apoio à via-férrea (portaria de 29.9.1881). Contou, na sua comissão, com o auxílio de Correia Mendes e Simões dos Reis, dois condutores que já o seguiam desde a construção da linha do Minho[239]. Ao longo de quatro anos, Cordeiro

---

236 Arquivo Histórico-Diplomático, Miguel Martins Dantas. Cópias de correspondência recebida e expedida por este diplomata relativa ao Tratado de Lourenço Marques, Caminho de Ferro de Mormugão, captura do brigue "Ovarense" e algumas cartas sobre outros assuntos, 1878 a 1882, processo I, fs. 1 i), p. 1-18, 3º pis., arm. 9, mç. 6 c), N. I. A. 69, M. 485c), S131.E1G.P6/82799.

237 Arquivo Histórico Ultramarino, *Caminho de Ferro de Mormugão, obras no porto e melhoramentos*, mç. 2622, relatório de 10.10.1881.

238 Pereira, "Fontismo na Índia Portuguesa...", 249.

239 Carvalho, "Elogio Historico...", 572-574.

permaneceu na Índia, inspecionando a obra, presidindo ao concurso para a escolha do empreiteiro Dixon, Bailey, Bulkly & Thorne, fiscalizando os processos de expropriação e avaliando os orçamentos retificativos apresentados pela West of India[240]. Pelos seus esforços, foi agraciado com a Ordem de Cristo por decreto de 1.2.1883[241].

Mas pouco depois do início das obras, começaram a registar-se graves desinteligências entre a concessionária e os seus empreiteiros. O trabalho, já de si emperrado pelas dificuldades de acesso, insalubridade do território, falta de material, dificuldade em angariar pessoal e morosidade das expropriações, afrouxou ainda mais com a rescisão do contrato de empreitada em 1884[242].

Xavier Cordeiro não conseguiu impedir esta redução do ritmo de trabalho, o que lhe valeu algum criticismo do então ministro da Marinha e Ultramar, Pinheiro Chagas, em julho de 1885. O engenheiro ressentiu-se e pediu exoneração do seu cargo, que lhe foi concedida por decreto de 15.7.1885, assim terminando a sua carreira na Índia[243]. Foi substituído por Fernando Luís Mouzinho de Albuquerque, que fiscalizou a obra até à sua conclusão e abertura em 1888, não sem muitos atritos com os engenheiros da West of India[244].

3.5. Ao serviço da Companhia Real e do País

Um mês depois de deixar a Índia, a 13.8.1885, Xavier Cordeiro foi contratado como engenheiro-chefe de construção da Companhia Real dos Caminhos de Ferro Portugueses[245], o principal operador ferroviário português, que, na época, construía mais seis linhas para adicionar à sua concessão (Beira Baixa, Oeste, Sintra, Cascais, urbana e cintura de Lisboa, somando perto de 400 km de novas ferrovias)[246].

---

240 Arquivo Histórico Ultramarino, *Caminho de Ferro de Mormugão, obras no porto e melhoramentos*, mç. 2622, relatórios de 20.6.1881, 3.9.1881, 23.11.1881 e 12.12.1881; *Caminho de Ferro de Mormugão, obras de construção e exploração*, mç. 2614, relatório de 19.11.1884.

241 *O Occidente: Revista Illustrada de Portugal e do Estrangeiro* (n.º 940, 10.2.1905), 31-32. Carvalho, "Candido Celestino...", 440. Carvalho, "Elogio Historico...", 575. Pereira e Rodrigues, Portugal. *Dicionário Histórico...* Gonçalves,T*orrejanos ilustres...*, 199-201.

242 Kerr e Pereira, "India and Portugal...", 183-187.

243 Arquivo Histórico Ultramarino, *Caminho de Ferro de Mormugão*, mç. 2770, ofício de 2.7.1885.

244 Kerr e Pereira, "India and Portugal...", 185-189.

245 Arquivo Histórico do Ministério das Obras Públicas, *Processos Individuais*, Cândido Celestino Xavier Cordeiro. Carvalho, "Elogio Historico...", 575-576. Matos e Diogo, "From the *École des Ponts et Chaussées*...".

246 Pereira, "A política ferroviária nacional...", 135-144.

Xavier Cordeiro esteve envolvido em todas elas, exceto na de cintura de Lisboa (con-
tornando a capital e ligando a linha do Norte em Braço de Prata a Alcântara), destacando-
-se sobretudo na obra do túnel do Rossio, cujo projeto elaborou juntamente com Vascon-
celos Porto, tarefa que lhe valeu a inscrição do seu nome numa placa colocada na entrada
do túnel[247]. A 8.4.1889, o túnel estava perfurado, sendo toda a obra, incluindo a nova
estação do Rossio, inaugurada em 11.6.1890[248].

Pouco depois de concluído o túnel, Xavier Cordeiro passou a engenheiro-chefe de
via e obras na hierarquia da Companhia Real. Nesta função, coube-lhe a realização
de melhoramentos nas linhas da companhia, nomeadamente a substituição dos tabu-
leiros metálicos originais, a duplicação de via no troço comum das linhas do Norte e
Leste (Lisboa – Entroncamento), diversos alinhamentos em planta e perfil, aplicação de um novo sistema de agulhas e instalação de iluminação elétrica nas estações[249].
Os afazeres na Companhia Real não o impediram de continuar a colaborar com os poderes
públicos (nem as promoções na carreira do ministério das Obras Públicas a engenheiro
de primeira classe e a engenheiro-chefe de primeira classe/inspetor graduado, por porta-
rias de 28.10.1886 e 1.12.1892, respetivamente[250]). Com efeito, o ministério aproveitou
os seus conhecimentos em várias comissões. Em 5.1.1895, foi chamado para integrar a
comissão encarregada de elaborar o novo regulamento de provas às pontes metálicas. Três
anos depois, a 6.10.1898, foi nomeado vogal da comissão para o estudo do plano de viação acelerada ao Sul do Tejo, pedido na sequência da lei de 14.7.1898 de Elvino de Brito
(ver figura 23). Em 15.5.1899, assinava o respetivo relatório[251]. Ainda no século XIX,
foi consultado sobre duas espinhosas questões ligadas a caminhos-de-ferro coloniais:
novamente o de Mormugão e também o de Ambaca (ver capítulo anterior)[252].

---

247 *O Occidente: Revista Illustrada de Portugal e do Estrangeiro* (n.º 940, 10.2.1905), 31-32. Carvalho, "Candido
Celestino...", 440. Carvalho, "Elogio Historico...", 576-577. Gonçalves,*Torrejanos ilustres...*, 199-201. Matos e
Diogo, "From the *École des Ponts et Chaussées...*". Pereira e Rodrigues, *Portugal. Dicionário Histórico...*

248 Vasco Calixto, "A «Estação Central» e o «Túnel da Avenida» inauguraram-se há 75 anos", *Boletim da CP* (a. 37,
n.º 434, 1965), 26-27. Cândido Celestino Xavier Cordeiro, "O túnel", *Gazeta dos Caminhos de Ferro de Portugal
e Hespanha* (n.º 60, 11.6.1890), 183-184. Leonildo de Mendonça e Costa "A historia da iniciativa", *Gazeta dos
Caminhos de Ferro de Portugal e Hespanha* (n.º 60, 11.6.1890), 186-187.

249 Carvalho, "Elogio Historico...", 577-578.

250 Arquivo Histórico do Ministério das Obras Públicas, *Processos Individuais*, Cândido Celestino Xavier Cordeiro.

251 Ibidem. Ministério das Obras Públicas, Comércio e Indústria, *Relatório da commissão encarregada de estudar
o plano da rede ferro-viaria ao sul do Tejo pelo decreto de 6 de Outubro de 1898* (Lisboa: Imprensa Nacional,
1899).

252 Carvalho, "Elogio Historico...", 583.

FIGURAS 51, 52, 53, 54 e 55
Aspetos do túnel e da estação do Rossio e reprodução da placa inserida no tímpano do túnel
O Occidente: Revista Illustrada de Portugal e do Estrangeiro
(n.º 321, 21.11.1887), 261.(n.º 343, 1.7.1888), 149, (n.º 414, 21.6.1890), 141.
Carvalho, "Elogio Histórico...", 611.

De igual modo, colaborou com outros empreendimentos da iniciativa privada, desde o aproveitamento agrícola dos terrenos marginais da Ria Formosa (sob a responsabilidade da Companhia Exploradora dos Terrenos Salgados do Algarve), ao projeto de melhoramento do porto de Lisboa (do chamado *grupo português*[253], que pretendia apresentar candidatura ao concurso público então aberto), à avaliação das propostas para a construção do Coliseu dos Recreios ou à iniciativa não-realizada da construção de dois canais entre o Tejo, o Sado e o Guadiana[254].

Destacamos de entre as suas colaborações com o sector privado o projeto do caminho-de-ferro do Vouga, pelo qual se interessou "com amor quasi filial"[255] desde 1889, quando se iniciou na imprensa da especialidade (a *Gazeta dos Caminhos de Ferro*, onde aliás foi assíduo colaborador) e numa monografia avulso, um esforço em prol daquele empreendimento[256].

A linha (de Viseu a Espinho e Aveiro) tinha sido adjudicada, sem qualquer apoio do Estado, a Frederico Palha, por alvará de 11.7.1889. A elaboração do projeto foi entregue a Xavier Cordeiro, que inovou ao adotar curvas de 90 m de raio. Quanto aos declives, manteve-os abaixo dos 25 mm/m por considerar o respeito por tal limite indispensável ao êxito da obra. Uma outra inovação sugerida pelo técnico era o recurso à *hulha branca* (energia hidroelétrica) para a tração na linha, tal como se fazia no caminho-de-ferro francês de Saint-Georges-de-Commiers a la Mure (perto de Grenoble).

A diretriz era parcialmente paralela à linha do Norte, o que fez levantar a oposição da Companhia Real, ao tempo ainda a entidade patronal de Xavier Cordeiro. Apesar disto, o engenheiro não esmoreceu no seu apoio, demonstrando nas páginas da *Gazeta* a utilidade e exequibilidade (administrativa, técnica e financeira) da nova ferrovia.

---

253   Ana Filipa da Conceição Prata, "Atlas Portuário Nacional: contributos metodológicos para a sua elaboração" (Diss. Mestrado, Universidade NOVA de Lisboa, 2012), 51.

254   Carvalho, "Elogio Historico...", 584-585. Matos e Diogo, "From the *École des Ponts et Chaussées*...".

255   Carvalho, "Elogio Historico...", 585. Ver também *O Occidente: Revista Illustrada de Portugal e do Estrangeiro* (n.º 940, 10.2.1905), 31-32. Carvalho, "Candido Celestino...", 440. Pereira e Rodrigues, *Portugal. Dicionário Histórico...* Gonçalves,*Torrejanos ilustres...*, 199-201.

256   Cândido Celestino Xavier Cordeiro, "Linha do valle do Vouga", *Gazeta dos Caminhos de Ferro de Portugal e Hespanha* (n.º 36, 21.7.1889), 177. Idem, "Caminho de ferro de Valle do Vouga", *Gazeta dos Caminhos de Ferro de Portugal e Hespanha* (n.º 140, 16.10.1893), 305-306. Idem, "Caminho de ferro do Valle do Vouga", *Gazeta dos Caminhos de Ferro de Portugal e Hespanha* (n.º 153, 1.5.1894), 137-138. Idem, *Le chemin de fer du Vouga* (Lisboa: Tipografia do Comércio de Portugal, 1894). Idem, "O caminho de ferro do Valle do Vouga", *Gazeta dos Caminhos de Ferro de Portugal e Hespanha* (n.º 180, 16.6.1895), 137-138.

O governo interveio, oferecendo à Companhia Real a linha de Vendas Novas a Setil (cuja ponte sobre o Tejo foi erigida por um discípulo de Xavier Cordeiro, usando um método por si desenvolvido) em troca da desistência de qualquer reclamação em relação à linha do Vouga. Mais tarde, foram concedidas isenções fiscais e, já depois do falecimento de Xavier Cordeiro, foi garantido um juro à exploração, o que acabou por permitir a realização do projeto pela Companhia dos Caminhos de Ferro do Vale do Vouga, não com tração elétrica com recurso ao convencional carvão[257].

3.6. Últimos anos

Em 1902, Xavier Cordeiro deixou os quadros permanentes da Companhia Real, que passou a contar com a sua perícia pontualmente, como engenheiro consultor. O experiente técnico, que contava na altura 60 anos, pôde assim regressar ao serviço ativo do ministério das Obras Públicas: como inspetor-geral (decreto de 14.5.1903); vogal da comissão de pontes e construções metálicas (portaria de 19.5.1903); vogal do Conselho Superior de Obras Públicas e Minas (nova designação dada à Junta Consultiva; decreto de 20.5.1903); inspetor dos edifícios públicos (e por inerência vogal do conselho dos monumentos nacionais[258]; portaria de 29.7.1903); e vogal da comissão incumbida dos estudos de um porto em Buarcos (portaria de 17.10.1904)[259].

O seu vasto currículo e produção técnica sobre caminhos-de-ferro e Mecânica Aplicada valeram-lhe a medalha de ouro e o diploma de honra da Associação de Engenheiros Civis Portugueses e a admissão, a 15.1.1904, como sócio correspondente da Academia Real das Ciências. Com estudos sobre esta temática participou também nos congressos ferroviários de inícios do século XX e na Exposição Universal de Paris de 1900[260].

---

257 *O Occidente: Revista Illustrada de Portugal e do Estrangeiro* (n.º 940, 10.2.1905), 31-32. Carvalho, "Candido Celestino...", 440. Carvalho, "Elogio Historico...", 585-587. Pereira e Rodrigues, Portugal. *Dicionário Histórico...* Gonçalves,*Torrejanos ilustres...*, 199-201. José Fernando de Sousa, "As Linhas do Vale do Vouga. O seu congresso ferroviário", *Gazeta dos Caminhos de Ferro* (n.º 1104, 16.12.1933), 643-646.

258 Alice Nogueira Alves, "Ramalho Ortigão e o culto dos monumentos nacionais no século XIX" (Diss. Doutoramento, Universidade de Lisboa, 2009), 184.

259 Arquivo Histórico do Ministério das Obras Públicas, *Processos Individuais*, Cândido Celestino Xavier Cordeiro. *O Occidente: Revista Illustrada de Portugal e do Estrangeiro* (n.º 940, 10.2.1905), 31-32. Carvalho, "Candido Celestino...", 440. Carvalho, "Elogio Historico...", 588-590. Pereira e Rodrigues, Portugal. *Dicionário Histórico...* Gonçalves,*Torrejanos ilustres...*, 199-201.

260 *O Occidente: Revista Illustrada de Portugal e do Estrangeiro* (n.º 940, 10.2.1905), 31-32. Carvalho, "Candido

A partir de 1904, começou a afastar-se da vida pública, provavelmente devido à morte prematura do irmão nesse ano. Pouco menos de um ano depois, a 20.1.1905, morria, inesperadamente, de diabetes[261]. Na *Gazeta dos Caminhos de Ferro*, Luciano de Carvalho decretava

> "de lucto os caminhos de ferro portuguezes. Lucto do crepe mais negro e mais fechado, tendo-se perdido para sempre n'este ramo um engenheiro singularmente sabio ao mesmo tempo e em subido ponto analysta e constructor"[262].

Homem de fraca compleição física, tímido, pouco expansivo – "dir-se-ia um monge na sua cella, mas nunca um asceta"[263] – Cândido Celestino Xavier Cordeiro foi um importante membro da classe dos engenheiros portugueses da segunda metade do século XIX. Usufruindo de uma formação reservada a uma elite, Xavier Cordeiro foi um dos principais contribuidores para o desenvolvimento da rede de caminho-de-ferro em Portugal, aplicando os seus conhecimentos tanto no sector privado (sobretudo na Companhia Real), como no sector público (em várias comissões de serviço no ministério das Obras Públicas). Os seus trabalhos e reflexões sobre a via estreita revelaram-se extremamente importantes para a formação de uma massa crítica sobre este assunto, que permitiu a ampliação da rede férrea nacional às periferias acidentadas do País, onde o caminho-de-ferro de bitola larga teria dificuldades em chegar.

Celestino...", 440. Carvalho, "Elogio Historico...", 588-590. Pereira e Rodrigues, Portugal. *Dicionário Histórico...* Gonçalves,*Torrejanos ilustres...*, 199-201.

261 *O Occidente: Revista Illustrada de Portugal e do Estrangeiro* (n.º 940, 10.2.1905), 31-32. Carvalho, "Elogio Historico...", 588-590. Pereira e Rodrigues, Portugal. *Dicionário Histórico...* Gonçalves,*Torrejanos ilustres...*, 199-201.

262 Carvalho, "Candido Celestino...".

263 Idem, "Elogio Historico...", 524.

FONTES

Arquivos e bibliotecas

Arquivo da Universidade de Coimbra.

Arquivo Histórico da CP (Lisboa).

Arquivo Histórico-Diplomático (Lisboa).

Arquivo Histórico do Ministério das Obras Públicas (Lisboa).

Arquivo Histórico Municipal de Coimbra.

Arquivo Histórico Ultramarino (Lisboa).

Biblioteca Nacional Digital (Lisboa).

The John Rylands Library (Manchester).

The National Archives (Londres).

Períodicos

America Illustrated.

Collecção Official de Legislação Portugueza.

Diario da Camara dos Deputados.

Diario de Lisboa.

Diario dos Dignos Pares do Reino.

Diario Illustrado.

Gazeta dos Caminhos de Ferro.

Illustração Portugueza.

O Occidente: Revista Illustrada de Portugal e do Estrangeiro.

Railways Illustrated. A Weekly Journal for Railwaymen of all grades, and for all interested in Railways.

Revista de Obras Publicas e Minas.

Scientific American.

The Railway Sheet & Official Gazette.

The Railway Times.

Monografias

Arnoux, M. C., *De la necessité d'apporter des économies dans la construction des chemins de fer et des moyens de les obtenir* (Paris: Imprimerie Administrative, 1860), 3-9.

Associação de Engenheiros Civis Portugueses, "Caminhos de ferro económicos", *Revista de Obras Publicas e Minas* (n.ºs 21-22, 24 e 25, 1871-1872), 315-338, 355-365, 439-447 e 1-22.

Brandão, Francisco Maria de Sousa, "Caminho de ferro do Righi. Fortes rampas. Systema de cremalheira", *Revista de Obras Publicas e Minas* (n.º 115, 1879), 369-371.

Brandão, Francisco Maria de Sousa, "Caminhos de ferro de via reduzida. Caminho ligando os cantões de Saint Gall e Apentzel", *Revista de Obras Publicas e Minas* (n.º 115, 1879), 367-369.

Brandão, Francisco Maria de Sousa, "Estudos de caminhos de ferro de via reduzida ao Norte do Douro", *Revista de Obras Publicas e Minas* (n.ºs 125-126, 1880), 145-183.

Carvalho, A. Luciano de, "Candido Celestino Xavier Cordeiro", *Gazeta dos Caminhos de Ferro* (n.º 1611, 1955), 440.

Carvalho, A. Luciano de, "Elogio Historico de Candido Xavier Cordeiro", *Revista de Obras Publicas e Minas* (n.ºs 442-444, 1906), 523-592.

Companhia Real dos Caminhos de Ferro Atravez de Africa, *Memoria Explicativa e Justificativa dos Actos e da Situação da Companhia* (Porto: Oficinas do Comércio do Porto, 1909).

Cordeiro, Cândido Celestino Xavier, "Caminho de ferro de Valle do Vouga", *Gazeta dos Caminhos de Ferro de Portugal e Hespanha* (n.º 140, 16.10.1893), 305-306.

Cordeiro, Cândido Celestino Xavier, "Caminho de ferro do Valle do Vouga", *Gazeta dos Caminhos de Ferro de Portugal e Hespanha* (n.º 153, 1.5.1894), 137-138.

Cordeiro, Cândido Celestino Xavier, "Estudos feitos em França e Allemanha", Revista de Obras Públicas e Minas (n.ºs 1-5, 1870), 3-14, 37-50, 69-84 e 127-141.

Cordeiro, Cândido Celestino Xavier, "Linha do valle do Vouga", *Gazeta dos Caminhos de Ferro de Portugal e Hespanha* (n.º 36, 21.7.1889), 177.

Cordeiro, Cândido Celestino Xavier, "O caminho de ferro do Valle do Vouga", *Gazeta dos Caminhos de Ferro de Portugal e Hespanha* (n.º 180, 16.6.1895), 137-138.

Cordeiro, Cândido Celestino Xavier, "O túnel", *Gazeta dos Caminhos de Ferro de Portugal e Hespanha* (n.º 60, 11.6.1890), 183-184.

Cordeiro, Cândido Celestino Xavier, "Os caminhos de ferro vicinaes", *Gazeta dos Caminhos de Ferro de Portugal e Hespanha* (n.º 135, 1.8.1893), 225-226.

Cordeiro, Cândido Celestino Xavier, *Le chemin de fer du Vouga* (Lisboa: Tipografia do Comércio de Portugal, 1894).

Cordeiro, Cândido Celestino Xavier, "Memoria ácerca dos caminhos de ferro de via reduzida", *Revista de Obras Publicas e Minas* (nºs 113-115, 1879), 237-269, 289-318 e 337-365.

Cordeiro, Cândido Celestino Xavier, *Memoria acerca dos caminhos de ferro de via reduzida* (Lisboa: Imprensa Nacional, 1880).

Costa, Leonildo de Mendonça e, "A historia da iniciativa", *Gazeta dos Caminhos de Ferro de Portugal e Hespanha* (n.º 60, 11.6.1890), 186-187.

Dias, João José Pereira, *Memória ácerca dos caminhos de ferro de segunda ordem no districto de Braga* (Lisboa: Imprensa Nacional, 1881).

Direcção dos Caminhos de Ferro de Luanda, *Monographia do caminho de ferro de Malange* (Luanda: Imprensa Nacional, 1909).

Fontoura, Pedro de Alcântara Gomes, "Caminho de ferro Victor Manuel. Tunnel do Monte Cenis", *Boletim do Ministerio das Obras Publicas, Commercio e Industria* (vol. 5, 1860), 457-69.

Fontoura, Pedro de Alcântara Gomes, "Exploração do caminho de ferro de Genova a Bus-sala. Linha de Genova a Turim", *Boletim do Ministerio das Obras Publicas, Commercio e Industria* (vol. 5, 1860), 469-76.

Joanne, Alfred, *Paris-Diamant. Collection des guides Joanne* (Paris: Hachette, 1867).

Machado, Carlos Barcelos, "Novo systema de tracção para vencer as rampas ingremes, do engenheiro Agudio", *Revista Militar* (tomo 14, n.º 14, 1864), 422-427.

McMurdo, Edward, *Views of Lourenço Marques* (Delagoa Bay) and Transvaal Railway (S. l.: C. S. Fowler, 1887).

Ministério das Obras Públicas, Comércio e Indústria, *Relatório da commissão encarregada de estudar o plano da rede ferro-viaria ao sul do Tejo pelo decreto de 6 de Outubro de 1898* (Lisboa: Imprensa Nacional, 1899).

Montenegro, Augusto Pinto de Miranda, "A rede complementar dos caminhos de ferro ao norte do Mondego", *Revista de Obras Publicas e Minas* (n.ºs 237-238, 1889), 315-341.

Perdonnet, Auguste, *Traité Élémentaire des chemins de fer* (Paris: Garnier Fréres, 1865)

Pinheiro, Bernardino, "Francisco Maria de Sousa Brandão" *Galeria Republicana* (n.º 9, 1882), 1-4.

Prado, Ângelo Sárrea de Sousa, *Caminho-de-ferro entre Luanda e Ambaca. Primeiros estudos tecnicos: Memoria Descritiva e Planta Topografica* (Lisboa: Imprensa Democrática, 1877).

Rapier, Richard C., *Remunerative railways for new countries; with some account of the first railway in China* (Londres, E. & F. N.: 1878).

Sousa, João Crisóstomo de Abreu e; João Joaquim de Matos; Cândido Xavier Cordeiro, "Relatorio ácerca das experiencias feitas na ponte do Douro e nas passagens inferiores com taboleiro metallico da 5.ª secção", *Revista de Obras Públicas e Minas* (n.ºs 105-106, 1878), 361-418.

Teixeira, Francisco dos Santos Pinto, "X Congresso de Caminhos-de-ferro", *Boletim da Agência Geral das Colónias* (n.º 6, 1925).

Teixeira, Francisco dos Santos Pinto, "X Congresso de Caminhos-de-ferro", *Boletim da Agência Geral das Colónias* (n.º 7, 1926), 152-153.

BIBLIOGRAFIA

Abragão, Frederico de Quadros, "A inauguração da Ponte «Maria Pia» sobre o Rio Douro", *Gazeta dos Caminhos de Ferro* (n.º 1566, 16.3.1953), 7-11.

Adas, Michael, *Machines as the Measure of Men. Science, Technology, and Ideologies of Western Dominance* (Ithaca, NY; London: Cornell University Press, 1989).

Alegria, Maria Fernanda, *A organização dos transportes em Portugal (1850-1910): as vias e o tráfego* (Lisboa: Centro de Estudos Geográficos, 1990).

Alexandre, Valentim; Jill Dias, eds., *O Império Africano 1825-1890* (Lisboa: Estampa, 1998).

Almeida, Jaime Fragoso de, *O incrível comboio Larmanjat* (Lisboa: Medialivros, 2004).

Alves, Alice Nogueira, "Ramalho Ortigão e o culto dos monumentos nacionais no século XIX" (Diss. Doutoramento, Universidade de Lisboa, 2009).

Alves, Jorge Fernandes; José Luís Vilela, *José Vitorino Damásio e a Telegrafia Eléctrica em Portugal* (Lisboa: PT, 1995).

Amaral, Ilídio, *Ensaio de um estudo geográfico da rede urbana de Angola* (Lisboa: Junta de Investigações do Ultramar, 1962).

Andrade, Maria; Ana Sousa (coords.), *A linha do Vale do Vouga na Gazeta dos Caminhos de Ferro* (Lisboa: CP, 2008).

Armand, Louis (ed.), *Histoire des chemins de fer en France* (Paris: Les Presses Modernes, 1963).

Baxter, Antony, *The Two Foot Gauge Enigma*. Beira Railway, 1890-1900 (Norwich: Plateway Press, 1998).

Beaumont, Martin, Sir John Hawkshaw, 1811-1891. *The Life and Work of an Eminent Victorian Engineer* (Nottingham: The Lancashire & Yorkshire Railway Society, 2015).

Beira, Eduardo (coord.), *A Linha do Tua, 1887, e as Fotografias de E. Biel* (Porto: Universidade do Minho, EDP, MIT Portugal Program).

Best, Alan C. G., *The Swaziland Railway: A Study in Politico-Economic Geography* (East Lansing, MI: Michigan State University Press, 1966).

Bonifácio, Maria de Fátima, "A guerra de todos contra todos (ensaio sobre a instabilidade política antes da Regeneração)", *Análise Social* (vol. 27, n.º 115, 1992), 91-134.

Bouene, Felizardo; Maciel Santos, "O modus vivendi entre Moçambique e o Transval (1901-1909). Um caso de «imperialismo ferroviário»", *Africana Studia* (n.º 9, 2006), 239-269.

Bradley, Margaret, "Pierre-Simon Girard, un des premiers ingénieurs des Ponts et Chaussées: du Nil à l'Ourcq", *in bibnum. Textes foundateurs de la science analyses par les scientifiques d'aujourd'hui*, disponível em www.bibnum.education.fr.

Branco, Jorge, *Estações Ferroviárias Portuguesas em postais ilustrados antigos* (Lisboa: Livros Horizonte, 2006).

Calixto, Vasco, "A «Estação Central» e o «Túnel da Avenida» inauguraram-se há 75 anos", *Boletim da CP* (a. 37, n.º 434, 1965), 26-27.

Caron, François, *Histoire des chemins de fer en France* (Paris: Fayard, 1997-2005), 2 vols.

Casares Alonso, Aníbal, *Estudio historico-economico de las construcciones ferroviarias españolas en el siglo XIX* (Madrid: Escuela Nacional de Administración Pública, 1973).

Cipolla, Carlo (ed.), *The Fontana Economic History of Europe*, (Glasgow: Fontana/Collins, vol. 4, 1976).

Comín Comín, Francisco et al., *150 Años de Historia de los Ferrocarriles Españoles* (Madrid: Fundación de los Ferrocarriles Españoles, 1998), 2 vols.

Cordeiro, José Manuel Lopes, "Emílio Biel: o empresário que fotografava obras de engenharia", in *A Linha do Tua, 1887, e as Fotografias de E. Biel*, coord. Eduardo Beira (Porto: EDP; Universidade do Minho; MIT Portugal Program, 2013), 37-44.

Cordero, Ramón; Fernando Menéndez, "El sistema ferroviario español" in *Los ferrocarriles en España. 1844-1943*, ed. Miguel Artola (Madrid: Banco de España, 1978), vol. 1, 163-339.

Correia, Alberto C. Germano S., *Índia Portuguesa (fisiografia e clima)* (Lisboa: Papelaria e Tipografia Casa Portuguesa, 1926).

CP, *Os caminhos-de-ferro portugueses: 1856-2006* (Lisboa: CP, 2006).

Croxton, Anthony H., *Railways of Zimbabwe. The Story of the Beira, Mashonaland and Rhodesia Railways* (Londres: David & Charles, 1982).

Daumas, Max, "L'evolution des chemins de fer espagnoles et de leur rôle dans les transports nationaux", *Annales de Géographie* (vol. 92, n.º 509, 1983), 19-34.

Davies, W. J. K., *Narrow Gauge Railways of Portugal* (Londres: Plateway Press, 1998).

Day, John R., *Railways of Southern Africa* (Londres: Arthur Barker Ltd., 1963)

Diogo, Maria Paula, "A construção de uma identidade profissional. A Associação dos Engenheiros Civis Portugueses (1869-1937)" (Diss. doutoramento, Universidade NOVA de Lisboa, 1994).

Diogo, Maria Paula, "Um olhar introspectivo: a Revista de Obras Públicas e Minas e a Engenharia Colonial" in *A outra face do Império. Ciência, tecnologia e medicina (sécs. XIX-XX)*, eds. Maria Paula Diogo e Isabel Amaral (Lisboa: Colibri, 2012).

Divall, Colin, "Railway Imperialisms, Railway Nationalisms", in *Die Internationalität der Eisenbahn 1850-1970*, eds. Monika Burri; Killian T. Elsasser; David Gugerli (Zurique: Chronos, 2009), 195-209.

Faye, Michael L.; John W. McArthur; Jeffrey D. Sachs; Thomas Snow, "The challenges facing landlocked developing countries", *Journal of Human Development* (vol. 5, n.º 1, 2004), 31-69.

Ferreira, Tiago A. M., *O caminho de ferro na região do Douro e o Turismo* (Lisboa: CP, 1999).

Galvão, João Alexandre Lopes, "O caminho-de-ferro de Luanda e o seu carácter internacional", *Boletim da Agência Geral das Colónias* (n.º 1, julho de 1925), 40-41.

Galvão, João Alexandre Lopes, "Os caminhos-de-ferro em Angola: Plano geral da rede ferroviária", *Gazeta das Colónias* (25.10.1925).

Galvão, João Alexandre Lopes, "Plano geral da rede de comunicações aceleradas ordinárias e aproveitamento das vias fluviais de Angola", *Boletim da Sociedade de Geografia de Lisboa* (n.ºs 7 e 9, 1926), 35-37.

Galvão, João Alexandre Lopes, *A engenharia portuguesa na moderna obra de colonização* (Lisboa: Agência Geral das Colónias, 1949).

Gomes, Joaquim da Silva, *Braga e os caminhos-de-ferro* (Braga: Parque de Exposições, 2002).

Gómez Mendoza, Antonio, *Ferrocarril, industria y mercado en la modernización de España* (Madrid: Espasa Calpe, 1989).

Gómez Mendoza, Antonio, *Ferrocarriles y cambio económico en España* (1855-1913). Un enfoque de nueva historia económica (Madrid: Alianza, 1982).

Gonçalves, Artur, *Torrejanos ilustres em Letras, Ciências, Armas e Religião* (Torres Novas: Câmara Municipal de Torres Novas, 1933).

Harter, Jim, *World Railways of Nineteenth Century. A Pictorial History in Victorian Engravings* (Baltimore, MD; Londres: The Johns Hopkins University Press, 2005).

Hecht, Gabrielle, *The radiance of France. Nuclear power and national identity after World War II* (Cambridge, MA; Londres: The MIT Press, 2009).

Herten; Bart van der; Michelangelo van Meerten; Greta Verbeurgt, *Le Temps du Train. 175 ans de chemins de fer en Belgique* (Lovaina: Presses Universitaires, 2001).

Hobsbawm, Eric, *A era do capital* (1848-1875) (Lisboa: Presença, 1979).

Justino, David, *A formação do espaço económico nacional. Portugal 1810-1913* (Lisboa: Vega, 1988-89).

Kerr, Ian J.; Hugo Silveira Pereira, "India and Portugal: the Mormugão and the Tua railways compared", in *Railroads in Historical Context: construction, costs and consequences*, ed. Anne McCants; Eduardo Beira; José Manuel Lopes Cordeiro; Paulo B. Lourenço (Porto: MIT Portugal; EDP; Universidade do Minho, 2013), vol. 2, 167-196.

Kerr, Ian. J., *Engines of change: the railroads that made Índia* (Westport, CT; Londres: Praeger, 2007).

Lage, Maria Otília Pereira; Albano Viseu; Hugo Silveira Pereira, "Viajar em Portugal e no interior transmontano", in *A linha do Tua (1851-2008)*, ed. Hugo Silveira Pereira (Porto: MIT Portugal; EDP; Universidade do Minho, vol. 1, 2015), 34-56.

Macedo, Marta, "Projectar e construir a Nação. Engenheiros e território em Portugal (1837-1893)" (Diss. doutoramento, Universidade de Coimbra, 2009).

Magnani, Chiara, "From masonry to reinforced concrete arch bridges: load capability and seismic analysis" (Diss. Mestrado, Università degli Studi di Padova, 2015).

Marçal, Bruno José Navarro, "Um império projectado pelo «silvo da locomotiva»: O papel da engenharia portuguesa na apropriação do espaço colonial africano. Angola e Moçambique (1869-1930)" (Diss. doutoramento, Universidade NOVA de Lisboa, 2016).

Mardsen, Ben; Crosbie Smith, *Engineering Empires. A Cultural History of Technology in Nineteenth-Century Britain* (Nova York, NY; Londres: Palgrave MacMillan, 2005).

Marinho, Maria José, "Antonio Xavier Rodrigues Cordeiro (1819-1896)", in *Dicionário Biográfico Parlamentar*, ed. Maria Filomena Mónica (Lisboa: Instituto de Ciências Sociais, 2005-2006), 816-817.

Mata, Maria Eugénia; Nuno Valério, *História económica de Portugal. Uma perspectiva global* (Lisboa: Presença, 1993).

Mateo del Peral, Diego, "Los orígenes de la política ferroviaria en España (1844-1877)" in *Los ferrocarriles en España*. 1844-1943, ed. Miguel Artola (Madrid: Banco de España, 1978), vol. 1, 29-159.

Matos, Ana Cardoso de, "Asserting the Portuguese Civil Engineering Identity: the Role Played by the École des Ponts et Chaussées", in *Jogos de Identidade Profissional: os Engenheiros entre a Formação e a Acção*, in eds. Ana Cardoso de Matos; Maria Paula Diogo; Irina Gouzévitch; André Grelon (Lisboa: Colibri, 2009), 177-208.

Matos, Ana Cardoso de, "World Exhibitions of the Second Half of the 19th Century: a Means of Updating Engineering and Highlighting its Importance", *Quaderns d'Història de l'Enginyeria* (vol. VI, 2004), 225-235.

Matos, Ana Cardoso de; Maria Paula Diogo, "From the *École de Ponts et Chaussées* to Portuguese railways: the transfer of technological knowledge and practices in the second half of the 19th century", in *Railway modernization: an historical perspective (19th and 20th centuries)*, ed. Magda Pinheiro (Lisboa: Centro de Estudos de História Contemporânea de Portugal, 2009), 77-90.

McCants, Anne; Eduardo Beira; José Manuel Lopes Cordeiro; Paulo B. Lourenço; Hugo Silveira Pereira, eds., *New Uses for Old Railways* (Porto: iniciativaTUA; IN+; Universidade do Minho; MIT Portugal Program).

Moreno Fernandez, Jesus, *El ancho de vía en los ferrocarriles españoles: de Espartero a Alfonso XIII* (Madrid: Toral, 1996).

Muñoz Rubio, Miguel, "Los Ferrocarriles de Vía Estrecha: Una visión de conjunto", in *Historia de los Ferrocarriles de Vía Estrecha en España*, ed. Miguel Muñoz Rubio (Madrid: Fundación de los Ferrocarriles Españoles, 2005), vol. 1, 1-33.

Nárdiz Ortiz, Carlos, "Desarrollo histórico de la red ferroviaria del noroeste de España", in *El ferrocarril en el noroeste de España*, eds. Miguel Rodríguez Bugarín; Carlos Nárdiz Ortiz (Corunha: Universidade da Corunha, 1996).

Navarro, Bruno J., "The 'miracle of the locomotive' in the construction of the Third Portuguese Empire: the launch of railways in Angola", in *Railroads in Historical Context: construction, costs and consequences*, ed. Anne McCants; Eduardo Beira; José Manuel Lopes Cordeiro; Paulo B. Lourenço (Porto: MIT Portugal; EDP; Universidade do Minho, 2013), vol. 2, 113-134.

Newitt, Malyn, *Portugal in Africa. The Last Hundred Years* (Londres: C. Hurst & Co., 1981).

Nye, David, *American Technological Sublime* (Cambridge, MA: The MIT Press, 1999).

Olmedo Gaya, Ana, "Historia legislativa de los ferrocarriles de vía estrecha", in *Historia de los Ferrocarriles de Vía Estrecha en España*, ed. Miguel Muñoz Rubio (Madrid: Fundación de los Ferrocarriles Españoles, 2005), vol. 2, 736-768.

Pakenham, Thomas, *The Scramble for Africa. White Man's Conquest of the Dark Continent From 1876 to 1912* (New York, NY: Perennial, 2003).

Pereira, Esteves; Guilherme Rodrigues, *Portugal. Dicionário Histórico, Corográfico, Heráldico, Biográfico, Bibliográfico, Numismático e Artístico* (Lisboa: João Romano Torres Editor, 1904-1915).

Pereira, Hugo Silveira, "«A marcha imoderada de um falso progresso»: o reformismo, uma impossível alternativa ao fontismo?", *História: Revista da Faculdade de Letras da Universidade do Porto* (série IV, vol. 5, 2016), 251-268.

Pereira, Hugo Silveira, "A política ferroviária nacional (1845-1899)" (Diss. Doutoramento, Universidade do Porto, 2012).

Pereira, Hugo Silveira, "Fontismo na Índia Portuguesa: o caminho-de-ferro de Mormugão", *Revista Portuguesa de História* (n.º 46, 2015), 237-262.

Pereira, Hugo Silveira, "Instituições e caminhos-de-ferro: ministério das obras públicas, parlamento e associação de engenheiros civis portugueses (1852-1899)", *CEM Cultura, Espaço & Memória* (vol. 5, 2014), 291-309.

Pereira, Hugo Silveira, "João Lopes da Cruz, system builder da linha de Bragança", *População e Sociedade* (26, 2016), 133-153.

Pereira, Hugo Silveira, "Joaquim Tomás Lobo d'Ávila, conde de Valbom: um homem da Regeneração", *Revista de História da Sociedade e da Cultura* (n.º 16, 2016), 293-319.

Pereira, Hugo Silveira, "Markets, Politics and Railways: Portugal, 1852-1873" in *"Markets" and Politics. Private interests and public authority* (18th-20th centuries), ed. Christina Agriantoni; Christina Chatziioannou; Leda Papastefanaki (Volos: Thessaly University Press, 2016), 223-239.

Pereira, Hugo Silveira, *Debates parlamentares sobre a linha do Tua (1851-1906)* (Porto: Universidade do Minho; EDP; MIT Portugal Program, 2012).

Pereira, Hugo Silveira, *Os Beças, João da Cruz e Costa Serrão: protagonistas da linha de Bragança* (Porto: MIT Portugal; EDP; Universidade do Minho, 2014)

Pereira, Jorge Paulino, "As infraestruturas ferroviárias em Portugal: o século XIX", *Pedra & Cal* (n.º 16, 2002), 19-23.

Pinheiro, Magda, "Investimentos estrangeiros, política financeira e caminhos-de-ferro em Portugal na segunda metade do século XIX", *Análise Social* (vol. 15, n.º 58, 1979), 265-286.

Pinheiro, Magda, "L'Histoire d'un Divorce: l'Integration des Chemins de Fer Portugais dans le Réseau Ibérique", in *Les réseaux européens transnationaux XIXe-XXe siècles: quels enjeux?*, eds. Michèle Merger; Albert Carreras; Andrea Giuntini (Nantes: Ouest Éditions, 1995).

Pinheiro, Magda, "Les chemins de fer portugais: entre l'explotation privée et le rachat", *Revue d'Histoire des Chemins de Fer* (n.ºs 16-17, 1997), 150-164.

Pinheiro, Magda; Nuno Miguel Lima; Joana Paulino, "Espaço, tempo e preço dos transportes: a utilização da rede ferroviária em finais do século XIX", *Ler História* (n.º 61, 2011), 39-64.

Pinto, Luísa, "Desclassificação da linha do Tua faz avançar projeto turístico", *Público* (30.8.2016), disponível em www.publico.pt.

Prata, Ana Filipa da Conceição, "Atlas Portuário Nacional: contributos metodológicos para a sua elaboração" (Diss. Mestrado, Universidade NOVA de Lisboa, 2012).

Puffert, Douglas, "L'Intégration Technique du Réseau Ferroviaire Européen" in *Les réseaux européens transnationaux XIXe-XXe siècles: quels enjeux?*, eds. Michèle Merger; Albert Carreras; Andrea Giuntini (Nantes: Ouest Éditions, 1995).

RENFE, *Les chemins de fer en Espagne* (Madrid: RENFE, 1958).

Santos, Luís, "Politica Ferroviaria Ibérica: de principios del siglo XX a la agrupacion de los ferrocarriles (1901-1951)" (Diss. Doutoramento, Universidade Complutense de Madrid, 2011).

Santos, Luís, Tristão Guedes de Queirós Correia Castelo Branco, *1º. Marquês da Foz: um capitalista português nos finais do século XIX* (Porto: MIT Portugal; EDP; Universidade do Minho, 2014).

Saraiva, Tiago, "Inventing the Technological Nation: the Example of Portugal (1851-1898)", *History and Technology* (vol. 23, n.º 3, 2007), 263-273.

Schweitzer, Glenn E., *Techno-diplomacy. US-Soviet Confrontations in Science and Technology* (Nova York, NY: Plenum, 1989).

Seccombe, Thomas, "Blenkinsop, John (1783-1831)", in *Dictionary of National Biography*, ed. Sidney Lee (London: Smith, Elder & Co., 1901), suplement, vol. 1, 217-218.

Silva, Casimiro; Samuel Silva, *Memórias do comboio de Guimarães. A História, o Patrimó-nio e a Linha* (Guimarães: Ideal Artes Gráficas, 2004).

Silva, José Ribeiro da, *Os comboios em Portugal: do vapor a electricidade* (Queluz: Men-sagem, 2004).

Simões, Ana; Ana Carneiro; Maria Paula Diogo, "Introductory Remarks", in *Travels of Le-arning. A Geography of Science in Europe*, eds. Ana Simões; Ana Carneiro; Maria Paula Diogo (Dordrecht; Boston, MA; Londres: Kluwer Academic Publishers, 2003), 1-14.

Sousa, José Fernando de, "As Linhas do Vale do Vouga. O seu congresso ferroviário", *Ga-zeta dos Caminhos de Ferro* (n.º 1104, 16.12.1933), 643-646.

Sousa, José Fernando de, "O estreitamento da via nos caminhos de ferro peninsulares", *Gazeta dos Caminhos de Ferro* (n.ºs 618-622, 1913), 293-347.

Telo, António José, *Lourenço Marques na Política Externa Portuguesa* (Lisboa: Cosmos, 1991).

The Lobito route. A history of the Benguela railway (Manchester: Northwestern Museum of Science and History, 1984).

Torres, Adelino, *O Império Português entre o Real e o Imaginário* (Lisboa: Escher, 1991).

Torres, Carlos Manitto, *Caminhos de ferro* (Lisboa: [s.n.], 1936).

Valério, Nuno, *Estatísticas Históricas Portuguesas* (Lisboa: Instituto Nacional de Estatís-tica, 2001)

Valério, Nuno, *História do Sistema Bancário Português* (Lisboa: Banco de Portugal, 2006).

Vidal Olivares, Javier, "Marchés nationaux ou internationaux? Les compagnies de chemins de fer en Espagne et leurs connexions internationales avec la France et le Portugal, 1850-1914" *Les réseaux européens transnationaux XIXe-XXe siècles: quels enjeux?*, eds. Michèle Merger; Albert Carreras; Andrea Giuntini (Nantes: Ouest Éditions, 1995).

Vleuten, Erik van der, "Understanding Network Societies. Two Decades of Large Technical System Studies" in *Networking Europe. Transnational Infrastructures and the Shaping of Europe, 1850-2000*, eds. Erik van der Vleuten; Arne Kaijser (Sagamore Beach, MA: Science History Publications, 2006), 279-314.

Wais, Francisco, *Historia de los Ferrocarriles Españoles* (Madrid: Nacional, 1974).

Wais, Francisco, *Origen de los ferrocarriles españoles* (Madrid: Marsiega, 1943).

PARTE II

FERROVIAS DE VIA REDUZIDA, ORIGEM E FIM:
INOVAÇÃO E TECNOLOGIAS FERROVIÁRIAS

FERROVIAS DE VIA REDUZIDA, ORIGEM E FIM:
INOVAÇÃO E TECNOLOGIAS FERROVIÁRIAS

Eduardo Beira

1. Introdução: via reduzida e via larga

Quando a Imprensa Nacional publicou, em 1880, a memória de Cândido Xavier Cordeiro sobre os caminhos de ferro de via reduzida, já a sua experiência ferroviária e de infra estruturas, em Portugal e na Índia, era muito significativa - tal como é bem descrito no capítulo anterior sobre a sua biografia.

Nessa altura Portugal (continente) tinha já mais de mil kms de ferrovia, mas só uns escassos 28 kms eram de via estreita, relativos à fase inicial da linha da Póvoa e Famalicão, operados pelo pela Companhia do Caminho de Ferro do Porto à Póvoa e Famalicão. As operações regulares nesta linha tinham começado escassos três anos antes, em 1877. Xavier Cordeiro faz na sua *Memória* algumas referências a resultados empíricos da sua exploração. A linha da Póvoa representava então pouco mais de 2% de ferrovia instalada.

Nessa mesma altura (1880) estavam em estado avançado os preparativos para o lançamento da linha do Tua, entre Foz Tua e Mirandela, cujas obras se iniciaram em 1884. E a linha do Dão era já uma peça fundamental nos planos financeiros da Companhia Nacional dos Caminhos de Ferros, uma companhia privada então liderada pelo Marquês da Foz[1] e cujos objetivos se centravam sobre a exploração das oportunidades empresariais associadas à ferrovia de via estreita.

É manifesto que a questão da via reduzida estava na ordem do dia - em Portugal e nos territórios de África e Índia, mas também noutros países, especialmente nos Estados Unidos da América.

Nos vinte anos seguintes, duas novas linhas de via estreita iniciaram as suas operações em Portugal, todas na região Norte: os primeiros kms da linha de Guimarães começaram a operar em 1883, depois a linha de Foz Tua a Mirandela foi inaugurada em 1887 e a linha do Dão (entre Santa Comba Dão e Viseu) abriu em 1890.

Passados vinte anos sobre a publicação do livro de Xavier Cordeiro, Portugal tinha pouco mais de 200 kms de via reduzida, contra mais de 2300 km de via larga. Durante esses vinte anos foram abertos ao tráfego 179 kms de via reduzida e quase mil kms de via larga (998, segundo as estatísticas oficiais). Ou seja, nesses vinte anos a construção de vias reduzidas representou cerca de 18% do total da ferrovia construída em Portugal.

Neste ensaio começamos por tratar a teoria inicial da via reduzida e da sua origem no contexto do desenvolvimento ferroviário, assim como a evolução da polémica sobre a escolha da bitola mais apropriada, nos Estados Unidos e na Europa. Os modelos conceptuais para o papel das linhas de via reduzida foram diferentes na Europa continental e na América do Norte. Nos países europeus (que não o Reino Unido), o poder público teve um papel de suporte e de incentivo ao desenvolvimento ferroviário muito diferente[2] e isso refletiu-se nas tipologias de redes secundárias baseadas em via reduzida como fonte de tráfego para as linhas principais em via larga - o modelo típico português. Trata-se por isso o ciclo de vida das tecnologias ferroviárias de via reduzida tanto nos Estados Unidos como em Portugal - apesar das óbvias e imensas diferentes de escala.

Finalmente recorre-se à saga da Companhia Nacional de Caminhos de Ferro, uma companhia a operar apenas linhas de via reduzida no "interior" e sem ligações entre si, para exemplificar as vicissitudes, atribulações e sucessos das companhias

---

1   Para uma biografia do Marquês da Foz, ver Santos, L., *Tristão Guedes de Queirós Correia Castelo Branco, 1º Marquês da Foz; um capitalista português nos finais do século XIX*, projeto FOZTUA, Inovatec (Portugal), 2014

2   Cf., Alfred Chandler Jr., *Scale and scope. The dynamics of industrial capitalism*, Harvard University Press, 6ª ed., 2001 (1990), p. 205

das linhas de via reduzida.. Quando tinha ultrapassado as grandes dificuldades financeiras decorrentes do sobreinvestimento nas linhas e dos primeiros anos de uma exploração muito menos atrativa do que se esperava e tinha conhecido um bom período de operação, cresceu escalando o seu modelo de negócio para outras linhas de via estreita no interior até aí operadas pelo Estado. Uma decisão aparentemente "racional" que se mostrou desastrosa e acabou por inviabilizar a companhia. Mas a exploração dessas linhas continuaria a ser regionalmente importante até quase aos nossos dias.

A última secção explora alguns aspetos conceptuais da inovação nas tecnologias ferroviárias e potenciais contributos para a compreensão do movimento pela via reduzida na história da ferrovia.

2. Charles Spooner, a linha de Festiniog e a teoria da via reduzida

A formação francófila de Xavier Cordeiro está patente nas referências e fontes que assinala na sua *Memória*[3], embora faça referências à experiência britânica. Por exemplo, fala mais do que uma vez em Spooner, a propósito da linha de Festiniog, no Reino Unido. É uma referência a Charles Easton Spooner (1818-1889) que sucedeu, em 1856, a seu pai (James Spooner) na liderança técnica da linha da Festiniog Railways - um nome generosamente referido por Xavier Cordeiro ao longo da *Memória*.

Xavier Cordeiro refere o ensaio clássico de Spooner publicado em 1965 na *Scientific Review*[4], mas não refere uma das obras mais importantes da época sobre a questão da via reduzida, publicada nove anos antes da sua *Memória*, em inglês: *Narrow Gauge Railways*, por C. E. Spooner e publicada por E. & F. N. Spon (Londres). Trata-se de uma obra onde Charles Spooner reúne os seus escritos mais importantes sobre a questão da bitola, defendendo as oportunidades das ferrovias em via reduzida. Para além do ensaio de 1865, a obra reúne mais uma dúzia de ensaios sobre o assunto, a maior parte anteriormente publicados durante 1870. Este livro rapidamente se tornou numa referência do movimento inicial em prol da via reduzida, inclusive nos Estados Unidos, que muito influenciou.

Spooner faz resumo da teoria pró via estreita:

---

3   Ver pgs. II-13, 45, 46, 48 e 50 da *Memória*, parte II desta obra

4   Citado na *Memória*, p. xx

A introdução de ferrovias em via reduzida, e trabalhadas por locomotivas, é uma necessidade crescente para abrir distritos onde linha que ligam uma linha principal com outra linha são ou impraticáveis ou tão dispendiosas que não possam justificar a sua construção; também nas zonas montanhosas ou nos distritos mineiros, onde a sua aplicação poderá trazer a maior vantagem possível para o público, assim como os meios para dotar esses distritos com comunicações ferroviárias que, com as bitolas parlamentares[5], seriam demasiado caras para ser alguma vez construídas. É nestes últimos distritos que a sua aplicação será especialmente útil, na medida em que linhas de via estreita com 2'6" [76 cm], ou até 2'9" [84 cm], curvas com três ou quatro *chain radii* podem ser facilmente feitas e deste modo podem-se evitar túneis, viadutos e movimentos pesados de terras que seriam inevitáveis numa via de bitola mais larga. E, ao mesmo tempo, não há necessidade, em linhas curtas deste tipo, de grandes velocidades, que são imperativas nas linhas principais[6]

A maior facilidade de adaptação da ferrovia de via estreita à morfologia do terreno ofereceria vantagens potenciais de redução dos investimentos em obras de arte:

Raramente o terreno para uma ferrovia será tão favorável que se possa selecionar o mesmo raio de curvas para ambas as bitolas, mas as vantagens oferecidas pela via reduzida podem ser aproveitadas para seguir os contornos do relevo seguindo as encostas e evitando assim viadutos, túneis e reduzindo proporcionalmente os custos iniciais, e de uma forma permanente[7]

A questão das transferências de carga devida à incompatibilidade de bitolas é então minimizada por Spooner:

Pode-se argumentar que uma mudança de bitola implica uma mudança de passageiros e de bagagens nas estações de ligação; isto é verdade, mas isso não é comum em todas as linhas, mesmo naquelas em que são dos mesmos proprietários e da mesma bitola?

---

5   Referência à decisão do Parlamento, em 1846, conhecida por *9 & 10 Victoria, cap. 87,* que estabeleceu 4' 8.5" (cerca de 1.44m) como sendo a bitola mínima a respeitar por futuras ferrovias a construir no Reino Unido

6   Spooner, C., *Narrow Gauge Railways,* E. & F. N. Spon (Londres), 1871, p. 1.

7   Idem, p. 72

Mas Spooner está longe de defender que a via estreita possa ser a solução (como seria posteriormente defendido pelos promotores da "febre" americana de via estreita):

> Nem por um momento queremos alimentar um mal entendido. Não sugerimos que todas as linhas de Inglaterra teriam sido melhor construídas se tivessem sido construídas numa bitola de 2'. Longe disso, afirmamos explicitamente que uma bitola de 2' é demasiado estreita para uma linha. Para desenvolvermos os recursos deste grande país parece que serão indispensáveis dois sistemas de ferrovias. Linhas de primeira classe ou principais de bitola comparativamente mais larga e linhas de alimentação de via reduzida.[8]

As ideias de Spooner tinham muito a ver com o caso da linha de Festiniog, no País de Gales, pioneira no uso de locomotivas a vapor[9] em ferrovia de via estreita, via estreita essa com uma bitola de 60 cm, que era uma herança do transporte de carga (pedra) com carros puxados a cavalos sobre rails na subida (e por gravidade na descida). A linha e a sua exploração é largamente discutida por Spooner na obra referida[10]. Este caso tornou-se uma referência inicial do sucesso da via estreita e influenciou muitas decisões na altura, inclusive na Rússia. Mas o seu perfil e tipo de exploração era totalmente atípico: na realidade era uma linha de carga de minério (ou pedra) com um declive importante entre as pedreiras de Festiniog e o porto de Porthmadoc (cerca de 222 metros de diferença de altitude num percurso com pouco mais de 21 kms num cenário montanhosos)[11] e cujo serviço de passageiros era marginal (quase só os trabalhadores das pedreiras). A linha foi inicialmente construída entre 1832 e 1836, introduziu locomotivas a vapor em 1863, iniciou o serviço de passageiros em 1865 e, em 1869, introduziu uma primeira locomotiva Fairlie dupla.

---

8   Idem, p. 27

9   Locomotivas Fairlie, com duas fornalhas e duas caldeiras. Xavier Cordeiro refere várias vezes estas locomotivas (p. 42, 45, 47, 48, 58, 52, 53, 82).

10   Ver cap. 2 e 4, em especial

11   A linha constitui atualmente uma importante atração turistica: www.festrail.co.uk

3. A questão inicial da bitola

Mas a questão da bitola "certa" é anterior a Spooner e não constituiu verdadeiramente um problema novo de solução diversificada em redes de transportes. A experiência anterior dos canais tinha já sido fértil em problemas criados por canais de largura e profundidades diferentes, para além de faltas de ligações entre canais diferentes[12]. A necessidade de transbordo era já uma realidade habitual no sistema de transportes até aí, daí o comentário anteriormente referido de Spooner.

No caso da ferrovia, a experiência inglesa dividiu-se inicialmente entre as bitolas de 5'6" [1.68 m] iniciada em 1825 pela Liverpool & Manchester Railway, sob a influência de Stephensen, e a bitola de 7'8" [2.34 m] da Great Western Railway, construída por I. Brunel, na década de 1830. Os dois subsistemas cobriam diferentes territórios e apenas comunicavam em Gloucester, onde a transferência de passageiros e carga de uma via para a outra constituia um "inferno" de anarquia que rapidamente se tornou famoso[13]. Em 1846 o Parlamento votou o *9&10 Victoria* Statute que estabelecia uma bitola minima de 4'8.5" [1.44 m] para futuras linhas a construir no Reino Unido[14], o que provocou um processo de conversão nas décadas seguintes e acabou por estabelecer esta bitola como o padrão inglês.

Nos Estados Unidos, na primeira metade do século XIX, proliferaram diferentes bitolas tendo, a certa altura, mais de uma dezena de bitolas diferentes em operação. Mas, a partir da década de 1860, iniciou-se um processo de padronização de ferrovias e equipamentos que se prolongou por quase duas décadas. É em contracorrente deste processo que aparece a "febre da via reduzida", que se discutirá adiante e que, durante quase duas décadas, promoveu uma longa e acrimoniosa discussão sobre a bitola mais vantajosa assim como um grande investimento em novas linhas (de via reduzida), cujo sucesso operacional dentro da rede ferroviário acabaria por não se mostrar vantajoso relativamente aos padrões de via larga.

O interesse por uma rede alternativa de baixa velocidade e baixo custo - ou seja, na realidade, um serviço ferroviário de inferior "qualidade" mas financeiramente mais atraente no curto prazo - não foi suficiente para o sucesso a longo prazo da

---

12 Chris Freeman e Francisco Louçã, *As time goes by. From the industrial revolutions to the information revolution*, Oxford University Press, 2001, p. 195. Não só nisso se pode assinalar um paralelismo, mas também no sobre investimento com capital barato e nas expectativas acriticamente optimistas da rentabilidade dos investimentos.

13 Hilton, G., *American Narrow Gauge Railways*, Stanford University Press, 1990, p. 4. Para uma história das bitolas ferroviárias, ver Douglas Puffert, *Tracks across continents, paths through history. The economic dynamics of standardization in railway gauge*, University of Chicago Press, 2009

14 Como Festiniog tinha sido construída antes da decisão parlamentar, pode iniciar serviço a vapor, incluindo passageiros, nas datas referidas anteriormente.

via estreita. O colapso do Grand Narrow Gauge Trunk, um projeto grandioso para ligar Toledo (Ohio), no norte, com Laredo (Texas), no sul, perto do México, por via estreita (3', 0.91 m), a partir de meados da década de 1880, mostrou que a experiência da via estreita não era competitiva com a via larga em redes ferroviárias de uso geral, ou seja, com múltiplos serviços de carga e passageiros. Isto sem prejuízo da via reduzida poder ser interessante para certas tipologias de linhas "fechadas"[15], em especial para transporte de carga em zonas montanhosas. Mas as questões de transbordo, flexibilidade dos equipamentos ferroviários, instabilidade de operação (incluindo uma maior tendência para acidentes) e desgaste do material acabaram por mostrar que a via estreita tinha mais desvantagens do que vantagens. No final do século, e nos Estados Unidos, a doutrina de via estreita como alternativa à via larga, mesmo para redes secundárias de uso geral, "tinha perdido toda a sua respeitabilidade intelectual"[16].

Uma conclusão que não se afasta muito das conclusões de Xavier Cordeiro acerca de "quais os casos em que o emprego de via reduzida oferece vantagens sobre o emprego de via larga"[17] - mas antecipadas por Cordeiro quase vinte anos antes.

4. A "febre da via reduzida" nos Estados Unidos

Quando a *Memória* de Xavier Cordeiro é publicada, os Estados Unidos conheciam um auge da "febre da via reduzida" que teve especial impacto entre 1870 e 1885. Nesta altura a questão não era só a viabilidade da via reduzida - era mesmo o seu uso intensivo como ferrovia de serviço "low cost" com potencialidade para conseguir mesmo ultrapassar as bitolas da via larga. Tendo começado pelo sul, a onda alastrou, chegou mesmo a sonhar-se com redes transcontinentais de via reduzida para serviço completo de passageiros e carga. Nesta secção passamos em revista os números mais importantes da ferrovia de via reduzida nos Estados Unidos - tema que a *Memória* de Xavier Cordeiro pouco refere (aliás compreensivelmente), mas que ajuda a comparar com a evolução da via reduzida na Europa, Portugal em particular.

---

15 Como, por exemplo, era Festiniog, no Reino Unido. Linhas industriais (transporte de minério, por exemplo) são um outro caso típico em que a via reduzida podia ser vantajosa.

16 Hilton, G., *American Narrow Gauge Railways*, Stanford University Press, 1990, p. 117

17 Ver adiante, *Memória...*, pg. II-93 e 94.

A extensão da rede americana da via reduzida conhece um crescimento rápido a partir de 1871 até conhecer um pico de cerca de 11600 milhas (cerca de 19 mil kms) em 1885. Ao contrário do ciclo de vida da via reduzida em Portugal, nos USA não existiu um período estacionário: depois do pico, em 1885, inicia-se de imediato um longo e continuado período de decadência, até cerca de 1970 (figura 1). Em 1903, no início do século XX, já só metade da extensão máxima da via reduzida estava em serviço e em 1930 já só operavam ferrovias estreitas equivalentes a um quarto dessa extensão. No final da segunda guerra mundial, a extensão em serviço era residual: inferior a 10% do valor máximo.

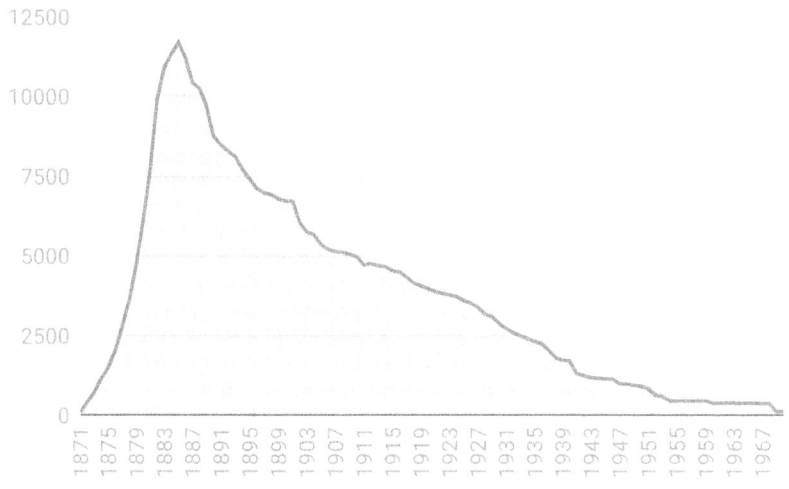

FIGURA 1
Extensão de linhas de via reduzida em operação, milhas, EUA, 1871-1982
Fonte: Elaboração sobre dados de Hilton, G., *American Narrow Gauge Railways*, Stanford University Press, 1990

A extensão em serviço (kms) resulta de três componentes cumulativos: a exten-são de ferrovia construída, a extensão convertida (de via estreita para via larga) e a extensão de linha abandonada (figura 2). Menos de uma década depois do início da "febre", já as conversões e abates se manifestavam (ver também figura 9).

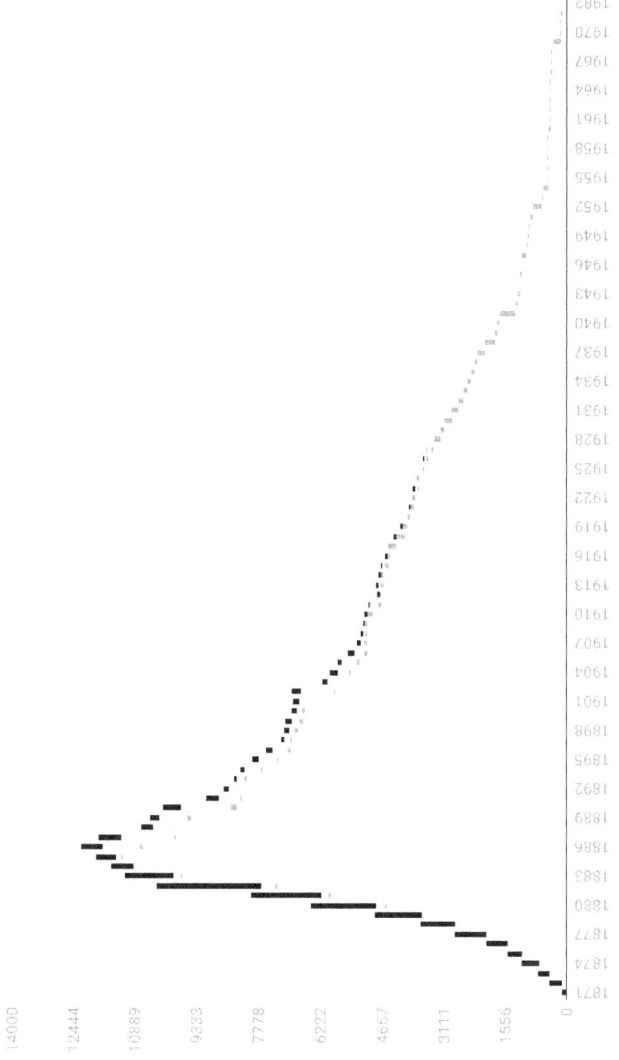

FIGURA 2

Via reduzida: extensão construída, convertida e abandonada, por ano, USA, 1871-1982

Preto: extensão construída, cinza: extensão convertida, vermelho: extensão abandonada (milhas)

Fonte: Elaboração sobre dados de Hilton, G., *American Narrow Gauge Railways*, Stanford University Press, 1990

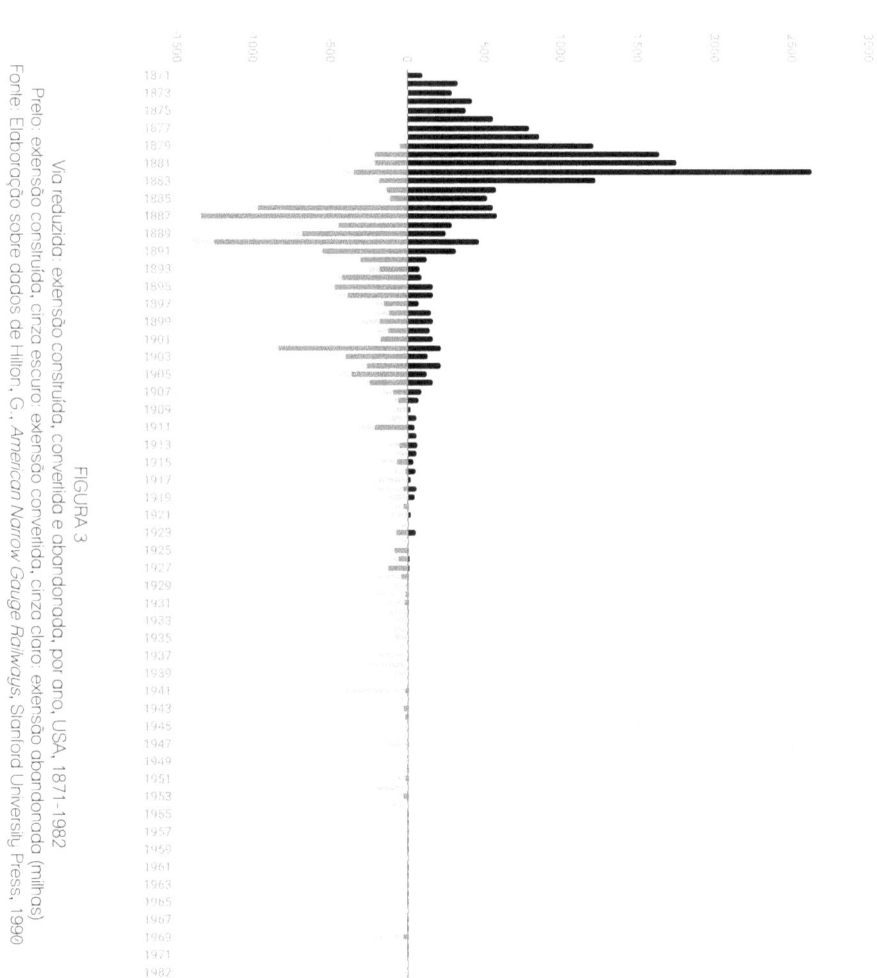

FIGURA 3

Via reduzida: extensão construída, convertida e abandonada, por ano, USA, 1871-1982

Preto: extensão construída, cinza escuro: extensão convertida, cinza claro: extensão abandonada (milhas)

Fonte: Elaboração sobre dados de Hilton, G., American Narrow Gauge Railways, Stanford University Press, 1990

Quando a "mania" da via reduzida começa a construir linhas, em 1871, já a ferrovia tinha uma história de meio século e cerca de 45 mil milhas em operação (cerca de 72 mil kms) distribuídos por muitas centenas de linhas. Também já estava em operação (desde 1869) a ligação intercontinental unindo as redes da costa leste e oeste. A "indústria" do transporte ferroviário estava a entrar numa fase madura em que muitas questões de uniformização e padronização de linhas e equipamentos ferroviários tinham já sido implementadas ou estavam em discussão[18]. A figura 10 mostra a evolução das extensões de linhas em serviço, em via estreita e em via larga, e a figura 11 mostra a contribuição (percentagem) das linhas de via estreita em serviço relativamente à extensão total da ferrovia. Na fase inicial de crescimento da onda americana de via estreita, este tipo de bitola chegou a quase 10% (por 1885), mas dez anos depois já só representava cerca de 3%, tendo posteriormente continuado a declinar.

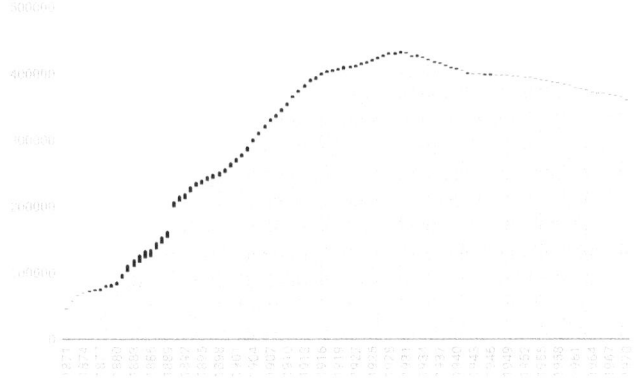

FIGURA 4

Extensão de ferrovia em operação, via estreita e via larga, milhas, EUA, 1871-1970

Preto: via reduzida, cinza: via larga

Fonte: Elaboração sobre dados de Hilton, G., *American Narrow Gauge Railways*, Stanford University Press, 1990 e de *Historical Statistics of the United States*, Colonial Times to 1957 (US Census Bureau)

---

18 Chandler diz que a década de 1850 foi o tempo de construção e aprendizagem de como gerir as empresas de caminhos de ferro, as primeiras empresas modernas da nação americana; as décadas de 1860 e 1870 foram de coordenação e concorrência pelos fluxos de tráfego; as décadas de 1880 e 1890 foram os anos de construção de enormes sistemas interterritoriais. Cf. Alfred Chandler, Jr., *The visible hand. The managerial revolution in american business*, Harvard Business Press, 16ª ed., 2002 (1977), p. 145. O processo de uniformização de bitolas e equipamentos de via larga foi característico do segundo período. Chandler argumenta que este tipo de cooperação empresarial constitui um fenómeno completamente novo nos Estados Unidos (p. 123)

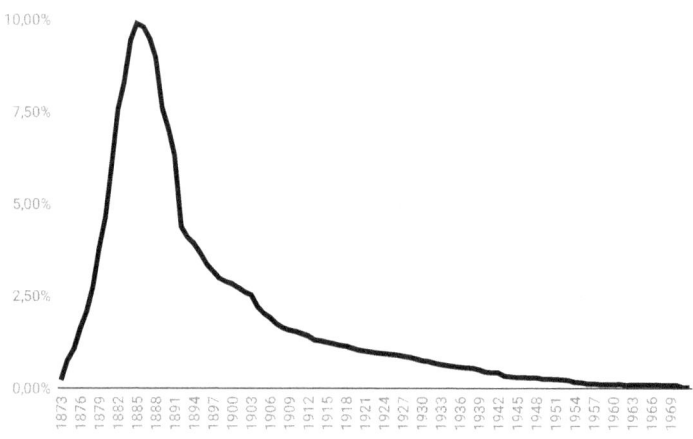

FIGURA 5
Percentagem de extensão em via reduzida em relação ao total de ferrovia, EUA, 1871-1970
Preto: via reduzida, cinza: via larga
Fonte: Elaboração sobre dados de Hilton, G., *American Narrow Gauge Railways*, Stanford University
Press, 1990 e de *Historical Statistics of the United States*, Colonial Times to 1957 (US Census Bureau)

Mesmo na divergência, a tendência para a padronização da bitola é manifesta: das 89 linhas de via reduzida cuja operação se iniciou entre 1871 e 1914[19], a grande maioria (76) instalou uma bitola de 3' [914 cm]. Mais quatro bitolas diferentes de via reduzida foram instaladas: três linhas com bitolas de largura superior a 3' (uma com 3'4" [1016] e duas com 3'6" [1.067 m]) e dez linhas com bitolas inferiores (nove com 2' [610 cm] e uma com 2'6" [762 cm]).

O caso das linhas ferroviárias de 2', uma bitola muito reduzida, constitui um caso limite na experiência americana[20]. Construídas a partir de 1883, algumas dessas linhas "liliputianas" acabaram por conhecer mas um sucesso e longevidade

---

19   Elaboração a partir de Hilton, G., *American Narrow Gauge Railways*, Stanford University Press, 1990, parte II

20   Bitola próxima de bitola de 600 cm popularizada na europa (especialmente em França, para usos industriais, mas não só) por Paul Decauville. A linha de Moçâmedes (Angola) foi inicialmente (1905) construída com essa bitola e usou locomotivas Decauville - um exemplar continua exposto no jardim fronteiro à antiga estação, no centro da cidade de Lubango (antiga cidade de Sá da Bandeira)

porventura surpreendente[21]. Oito dessas nove linhas foram instaladas no Maine, um Estado pequeno do extremo nordeste americano, na região da Nova Inglaterra, com invernos frios e com muita neve. Sete das oito linhas 2' do Maine formavam mesmo uma rede[22] de serviços ferroviários locais (regionais). Hilton, principal historiador das linhas reduzidas americanas, afirma mesmo que a longa sobrevivência dessas linhas de 2' é difícil de explicar. A experiência parece-lhe claramente inconsistente com a experiência geral da via reduzida segundo a qual tinham tanto mais sucesso quanto mais se aproximasse da bitola de via larga. Muita da extensão dessas linhas foram construídas já numa altura em que a doutrina das linhas de via estreita estava desacreditada nos Estados Unidos e nenhuma delas foi convertida para via larga e quase todas sobreviveram até à era do automóvel[23]. Na perspetiva americana, a longevidade dessas linhas pode aparecer estranha - mas não na perspetiva europeia de rede local e subsidiária, fechada ou quase.

5. A evolução da ferrovia portuguesa

A figura 6 mostra a evolução da rede ferroviária portuguesa, quando medida pela sua extensão (kms), número de passageiros e toneladas de carga transportadas em cada década, apresentados como índice relativo ao seu valor máximo, entre 1860 e 1980, ou seja quase desde os princípios até quase aos nossos dias Se os máximos de extensão e número de passageiros correspondem à parte final da série, já o máximo de carga (toneladas por década) foi atingido na década de 1920.

Esta gráfico ilustra a dinâmica global da ferrovia em Portugal. Tendo começado atrasada, o crescimento do transporte ferroviário de mercadorias foi acompanhando o crescimento da extensão da rede, mas o transporte de passageiros acompanha começa por crescer lentamente durante as primeiras décadas e só depois da segunda guerra mundial conhece uma aceleração clara - um sinal óbvio de uma maior mobilidade, mas também das limitações dos recursos das famílias para financiar essa mobilidade.

---

21   Uma delas, Wiscasset and Quebec Railroad, depois Wiscasset, Waterville, and Farmington, continua a operar como linha histórica e turística. Ver http://wwfry.org.

22   Para uma história das linhas 2' do Maine, ver Linwood Moody, *The Main Two-Footers. The story of the two-foot gauge railroads of Maine*, Howell-North, 1959

23   Cf. Hilton, G., *American Narrow Gauge Railways*, Stanford University Press, 1990, p. 188-189

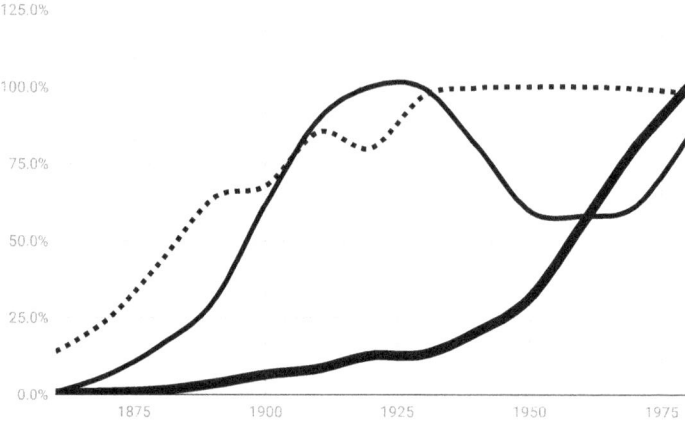

FIGURA 6
Evolução da rede ferroviária, 1860-1980, Portugal continental, por décadas.
Extensão (kms, a tracejado), número de passageiros (linha contínua grossa) e toneladas de mercadorias
(linha contínua fina) transportados em cada década, expressos como índice relativo ao valor máximo de
cada uma das variáveis durante o período.
Fonte dados: Valério, N. (coord.), *Estatísticas Históricas Portuguesas*, INE, 2001. Nalguns períodos onde
faltam dados foram usadas estimativas por interpolação linear.

O máximo do transporte de mercadorias nos anos de 1920 assinala um "período de ouro" da exploração ferroviária em Portugal, se é que algum existiu. Mas as décadas seguintes uma diminuição regular da carga transportada, quebra continuada que só estabilizou na década de 1950 - é manifesto o impacto da rede rodoviária emergente e da "camionagem"[24] durante esses vinte a trinta anos. Na década de 1970 a tonelagem de mercadorias transportadas voltaria a conhecer uma tendência crescente.

A figura 7 mostra os kms de ferrovia construídos em Portugal, por década, a partir de 1850, e ilustra as duas ondas ferroviárias, relativa a bitola larga e estreita. Em 1880, aquando da publicação do livro de Xavier Cordeiro, a onda de construção ferroviária em via larga passava pelo seu auge e começava a perder impulso, enquanto que a onda da via estreita começava a ganhar importância, tendo vindo a conhecer alguma relevância nos cinquenta anos posteriores.

---

24 Sobre a concorrência entre a ferrovia e a rodovia, o comboio e o automóvel, ver Santos, L., *A concorrência entre o caminho de ferro e o automóvel na primeira metade do século XX*, projeto FOZTUA, Working Paper WP E.20, 2014 (disponível em www.foztua.com)

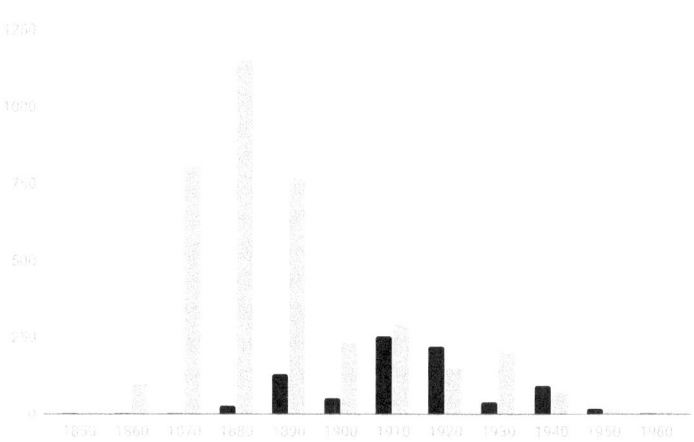

FIGURA 7
Extensão de ferrovia (kms) construída, por década, via larga e via reduzida, Portugal continental
Via larga: cinza, via reduzida: preto.
Fontes: Elaboração sobre dados dos *Anuários Estatísticos de Portugal* e de Valério, N. (coord.),
Estatísticas Históricas Portuguesas, INE, 2001

Em 1900, ao entrar no século XX, Portugal tinha perto de 2400 km de ferrovia, dos quais apenas 209 km eram de via reduzida (9% de ferrovia total). Mais de metade - cerca de 65% - de ferrovia de via larga estava já então operacional, contra apenas 30% de extensão de via reduzida. Na primeira metade do século XX construíram-se quase mais 500 kms de via reduzida contra mais 735 km de via larga.

A via reduzida aparece entre nós como uma solução "low cost" especialmente adaptada para as periferias montanhosas, capaz de estender às periferias regionais o alcance da "viação acelerada" pela ferrovia - uma extensão da "capilaridade" da rede ferroviária que permitisse alimentar as linhas principais (em via larga), que no essencial estavam já estabelecidas por essa altura. Logo, como aliás foi típico em vários países europeus, a via estreita foi sempre considerada como uma via de soluções de mobilidade ferroviária de "segunda classe" (uma "rede secundária" para viabilizar o acesso da ferrovia a regiões que de outra forma não se consideravam como suscetíveis de suscitar os investimentos mais pesados da via larga.

6. A via reduzida em Portugal

Em capítulo anterior discutem-se as vicissitudes históricas da introdução da via reduzida em Portugal e nas suas antigas colónias. Nesta secção estamos antes interessados numa descrição quantitativa da evolução da ferrovia de via estreita em Portugal (continente), desde o início do caminho de ferro em Portugal até à atualidade (2018).

Construíram-se menos de 800 kms de via estreita em Portugal (figura 8). É possível identificar três períodos claros no seu ciclo de vida; uma fase de ignição e crescimento (1876 a 1914, início da primeira guerra mundial), um período relativamente longo de estabilidade (de 1914 até 1985, quase setenta anos) e uma fase final de declínio (de 1985 até aos dias de hoje). Hoje em dia restam apenas em exploração dois troços residuais da linha do Vouga, cuja sustentabilidade é porventura duvidosa.

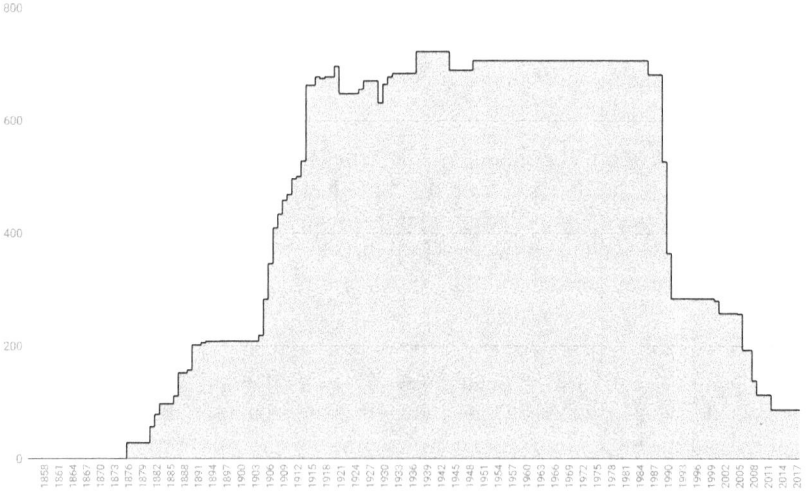

FIGURA 8
Extensão das linhas de via reduzida em exploração, Portugal (kms), 1857-2018
Fontes: *Anuários Estatísticos de Portugal* e elaboração própria a partir de diversas origens

Na primeira fase é possível identificar dois "fôlegos" de crescimento, o primeiro entre 1876 e 1893 e o segundo entre 1904 e 1914, separadas por uma década de estagnação, entre 1894 e 1904. O primeiro período reflete o dinamismo das inicia-tivas do fontismo em Portugal, a que se seguiu um período de crise que se refletiu na década seguinte, quando se ressentiram os investimentos ferroviários, tanto em via larga como em via reduzida.

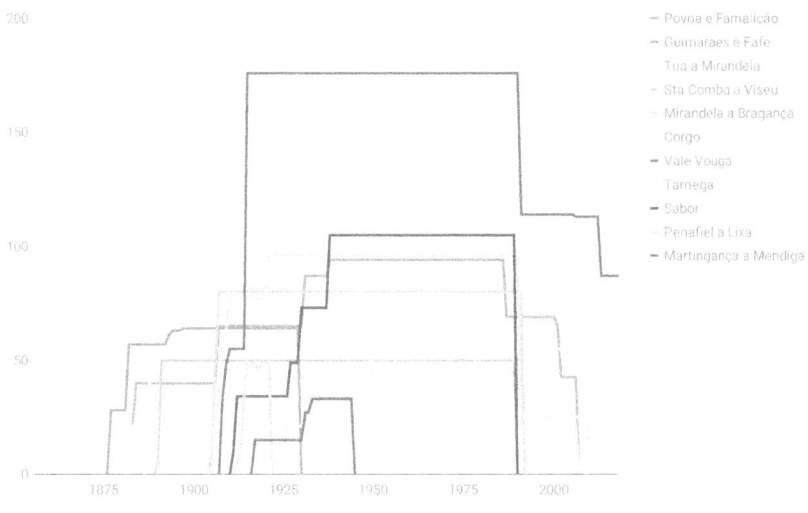

FIGURA 9
Linhas de via reduzida em Portugal (1857-2018), Kms
Fontes: *Anuários Estatísticos de Portugal* e elaboração própria a partir de diversas origens

A figura 9 identifica as várias linhas de via reduzida que foram construídas e a evolução da sua extensão, por linha e no mesmo período. A linha da Póvoa estava já em exploração há escassos anos quando Xavier Cordeiro escreveu a sua *Memó-ria* (aliás faz-lhe referências várias vezes ao longo do texto, recorrendo a números da sua experiência operacional). A linha de Foz Tua a Mirandela ainda não estava em construção (foi construída em 1884 e 1887).

A linha de Penafiel à Lixa foi o empreendimento mais efémero e também um dos mais curtos em extensão final, apenas suplementada depois pela linha de Mar-tingança e Mendiga.

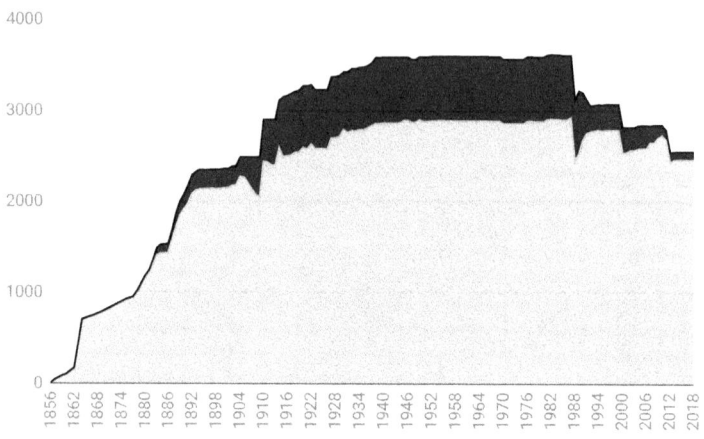

FIGURA 10
Extensão das linhas de via reduzida e via larga em Portugal (kms), 1857-2018
Fontes: *Anuários Estatísticos de Portugal* e elaboração própria a partir de diversas origens

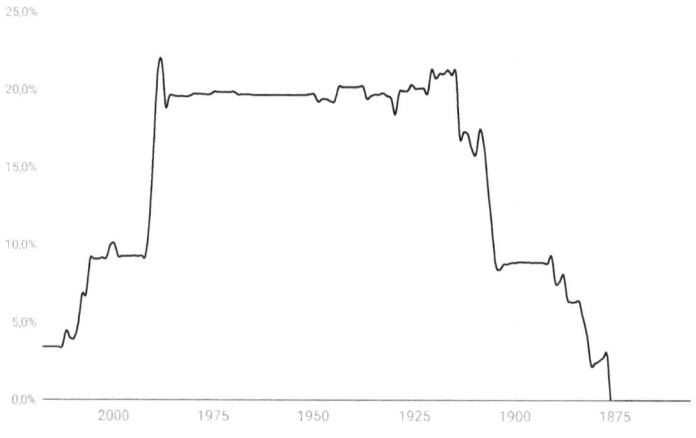

FIGURA 11
Percentagem de extensão em via reduzida em relação ao total de ferrovia, Portugal, 1857-2018
Fontes: *Anuários Estatísticos de Portugal* e elaboração própria a partir de diversas origens

Quando os primeiros quilómetros de ferrovia em via reduzida foram construí-dos, já quase mil kms de via larga estavam operacionais, ou seja, mais de um terço de uma rede que se aproximou dos três mil kms no seu pico de extensão máxima. A figura 10 mostra as extensões de ferrovia com as duas bitolas, por ano.

Por altura da primeira guerra mundial,, a via reduzida representava cerca de 1/5 (20%) da extensão total da ferrovia em Portugal continental, mas menos de 10% do número de passageiros (figura 11) - valor que se manteve sem grandes alterações durante décadas, até ao início de fase de declínio, a partir de 1985 - uma longevida-de apreciável, apesar de tudo. Se o início de construção da linha reduzida não está muito afastada das "ondas" europeia e norte americana, de ferrovias estreitas, já o seu declínio se manifesta "atrasado".

7. Portugal, anos 1920: via reduzida e via larga

Os anos da década de 1920 terão sido anos em que os resultados e expectativas das empresas

ferroviárias terão sido mais favoráveis. Analisamos a seguir a estrutura de rede em 1923 por "empresa"[25] ferroviária, segundo duas tipologias diferentes: bitola (via reduzida ou via larga) e tipo de operador (Estado ou companhias privadas, com ou sem garantia de juro). Esta análise dá uma perspetiva sobre a rede completa de via estreita e via reduzida em Portugal numa década já madura para ambos os subsistemas.

Em 1923, a rede ferroviária tinha uma extensão de 3226 kms, distribuídos por 23 linhas diferentes, dos quais cerca de 19% de extensão eram de via reduzida (9 linhas) (ver tabela 1). Apenas duas linhas operavam mais de 500 kms, e ambas em via larga. A pulverização das linhas de exploração, mesmo em via larga, é mani-festa (figura, onde se representam o número de passageiros por linha em 1923 em função da extensão quilométrica e onde a dimensão de bolha se relaciona com a carga total transportada)[26].

O Estado operava 41% de rede. Dos 59% explorados por companhias priva-das, mais de metade (35% em 59%) não tinha a garantia de juro.

---

25 Para o efeito, consideram-se as então "Direção de Caminhos de Ferro" do Minho-Douro e do Sul-Sueste como equivalente a empresas estatais.

26 Note-se o uso da escala logarítmica no eixo vertical das ordenadas para melhor evidenciar a distribuição das linhas de menor dimensão

via	tipo	CCF Beira Alta	CCF Guimarães e Fafe	CCF Portugueses	CCF Póvoa e Famalicão	CCF Vale Vouga	CNacional CF	DCF Minho e Douro	DCF Sul Suéste	Total geral	
Via larga	Exploradas por companhias, com garantia de juro			407						407	
Via larga	Exploradas por companhias, com garantia de juro	253		760				2		1015	
Via larga	Exploradas pelo estado							360	824	1185	
Total de via larga		253		1167				362	824	2606	100%
Via reduzida	Exploradas por companhias, com garantia de juro					175	182			357	58%
Via reduzida	Exploradas por companhias, com garantia de juro		55	7	57					119	19%
Via reduzida	Exploradas pelo Estado							144		144	23%
Total de via reduzida			55	7	57	175	182	144		620	100%
Total geral		**253**	**55**	**1175**	**57**	**175**	**182**	**506**	**824**	**3226**	**100,0%**
Via reduzida		0	55	7	57	175	182	144	0	620	19,2%
Via larga		253	0	1167	0	0	0	362	824	2606	80,8%
companhias		253	55	1175	57	175	182	2	0	1898	58,8%
estado		0	0	0	0	0	0	504	824	1328	41,2%
companhias com gar juro		0	0	407	0	175	182	0	0	765	23,7%
companhias com gar juro		253	55	767	57	0	0	2	0	1134	35,1%

TABELA 1
Extensão da rede ferroviária, Portugal, 1923, kms por tipo de operador e tipo de via
Fontes: elaboração própria a partir de dados do *Anuário Estatístico de Portugal*

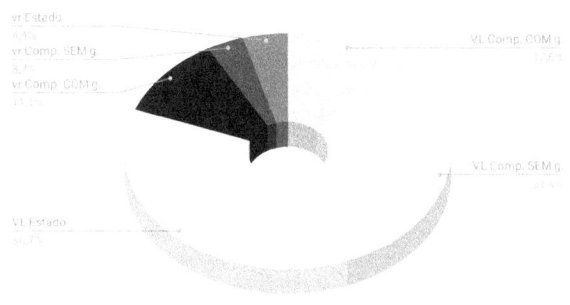

FIGURA 12
Estrutura da rede ferroviária, Portugal, 1923, kms por tipo de operador e tipo de via
Operadores: Estado e companhias, com e sem garantia de juros.
Vias: VL, via larga, e vr, via reduzida.
Fontes: elaboração própria a partir de dados do *Anuário Estatístico de Portugal.*

Das 8 entidades de exploração ferroviária, só duas operavam apenas via larga (DCF Sul-Sueste, do Estado, e CCF Beira-Alta, privada). As restantes 6 entidades operavam vias de linha reduzida, sendo que apenas duas operavam vias tanto linhas de via reduzida como lias de via larga (DCF Minho-Douro e CCF Portugueses). Quatro das empresas, todas privadas, operavam apenas linhas de via reduzida - e apenas uma (a Companhia Nacional) operava mais do que uma linha desse tipo.

Nas linhas de via reduzida operadas por companhias, a maioria (cerca de 3/4 dos kms) operava com garantia de juro. Apenas as linhas da Póvoa e Guimarães, ambas instaladas na zona litoral do norte do país, não tinham garantia de juro.

Apesar de, nesse ano de 1923, a extensão de via reduzida representar cerca de 19% de rede completa, a via reduzida contribuiu apenas com cerca de 7% do número de passageiros, 4% da carga de mercadorias em grande velocidade e 5% de carga de mercadorias em pequena velocidade. Em termos de receitas anuais, as linhas de via estreita representaram, respetivamente, cerca de 5%, 3% e 4%.

As diferenças estruturais da exploração da ferrovia de via reduzida e de via larga aparecem bem exemplificados pelos indicadores por km e por tonelada incluídos na tabela 2. Embora não muito diferentes, o peso dos passageiros e das cargas em grande e pequena velocidade apresentam algumas diferenças: o trans-

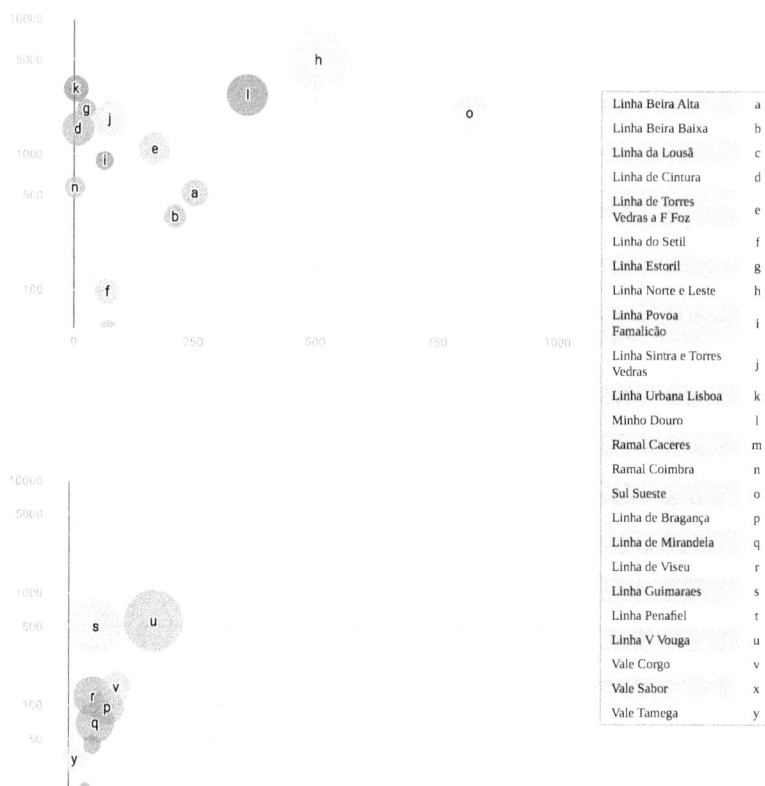

FIGURA 13
Linhas de via larga e via reduzida, número de passageiros versus extensão de linha (kms) e
carga total (bolha), Portugal, 1923
Topo: via larga; em baixo: via reduzida.
Escala logarítmica no eixo das ordenadas.
Fontes: elaboração própria a partir de dados do *Anuário Estatístico de Portugal.*

porte de passageiros tende a ser mais relevante nas receitas da via estreita (50% contra 40%) e a contribuição das receitas de carga em grande velocidade tende a ser menor.

	VL	Vr	Total	%vr
# linhas	15	9	23	
km	2664	611	3275	18,7%
nº passageiros	21978	1576	23554	6,7%
ton carga gv	416,2	18	434	4,1%
ton carga gv	4940	245	5185	4,7%
receita pass	30705	1769	32474	5,4%
receitas carga pv	12773	442	13215	3,3%
receitas carga pv	32020	1365	33385	4,1%
desp exp	83245	4284	87529	4,9%
saldo	-7741	-708	-8449	
passageiros / km	8,3	2,6	7,2	36%
ton / km	2,01	0,43	1,72	25%
receita				
total por km	28,3	5,9	24,1	21%
por passageiro	1,40	1,12	1,38	80%
por ton gv	30,7	24,9	30,5	81%
por ton gv	6,5	5,6	6,4	86%
receita				
% passageiros	40,7%	49,5%	41,1%	
% carga gv	16,9%	12,4%	16,7%	
% carga gv	42,4%	38,2%	42,2%	

TABELA 2
Via reduzida e via larga, Portugal, 1923, principais indicadores
VL=via larga, vr=via reduzida.
Receitas e saldos (produto líquido) em contos de réis.
Fontes: elaboração própria a partir de dados do *Anuário Estatístico de Portugal*.

Em 1923, os resultados da exploração das várias linhas eram variáveis - mas apenas duas apresentavam lucros substanciais, em valor absoluto (Linha do Norte e Linha da Beira-Alta, uma pública e outra privada). Entre as linhas de via reduzida, o panorama era positivo em duas das linhas da Companhia Nacional (Mirandela e Viseu) e nas linhas do Vouga e de Guimarães e era negativo nas linhas de Bragança, Sabor, Tâmega e, especialmente, na linha do Corgo (figura 14).

Dois anos depois, em 1925, o cenário era mais interessante: as linhas do Minho Douro mostravam agora bons resultados positivos e, no seu conjunto, as linhas de via larga (excluindo a linha de Sul-Sueste[27]) apresentavam agora um saldo positivo global de 28 mil contos de réis (a preços constantes de 1923, contra um saldo negativo superior a 4 mil contos de réis em 1923). Mas as linhas de via reduzida mostravam um agravamento do saldo negativo, que mais do que quadruplica (a preços constantes) entre os dois anos, resultado dos substanciais agravamentos dos déficits das três linhas de via reduzida operadas pela DCF Minho-Douro: a preços constantes, o saldo negativo aumenta 3.5 vezes na linha do Corgo, 8 vezes na linha do Sabor e quase 5 vezes na linha do Tâmega.

As diferenças de rentabilidade operacional, medida pelo saldo apurado por km de linha[28], são evidenciados na figura 15, por linha ferroviária e a preços constantes (de 1914). As linhas de via estreita mostram uma rentabilidade mais reduzida e, uma vez mais, sobressaiem os pesados saldos negativos por km para as linhas do Corgo, Sabor e Tâmega, da casa dos 25 contos de réis por km e por ano. Estas três linhas representavam menos de um quarto de extensão em via reduzida, em 1925, mas apresentavam um saldo conjunto de quase -3.8 mil contos de réis, contra um saldo positivo de 700 contos para o conjunto das outras linhas de bitola estreita nesse mesmo ano. O cenário não era auspicioso para a sua exploração, como o futuro confirmaria.

---

27   A linha de Sul-Sueste apresentou um substancial saldo negativo de 3409 mil contos de réis em 1923, mas as estatísticas oficiais são omissas sobre o ano de 1925, porque "não se receberam elementos da Direção de Caminhos de Ferro de Sul e Sueste respeitantes aos anos de 1922 a 1925", segundo nota no *Anuário Estatístico de Portugal*, 1925, p. 214. Nota semelhante aparece no *Anuário* de 1926. Os dados relativos ao saldo anual desta linha só reaparecem a partir de 1927, com um saldo marginalmente positivo. Em 1928 o saldo é positivo e substancial (3.5 mil contos, a preços constantes de 1923). Logo em 1925 o saldo deverá ter sido negativo e porventura mesmo significativo. A falta de dados estatísticos durante esses anos reflete o clima de instabilidade vivido na linha durante esse período. Uma comissão nomeada em 1924 para estudar as reformas necessárias nos caminhos de ferro do Estado concluiu que "era inadmissível a continuação de tal indisciplina, desordem administrativa, descalabro de serviços" (ver J. Fernando de Sousa, "O arrendamento das linhas do Estado", *Gazeta dos Caminhos de Ferro*, vol. 19, nº 931, 1 de outubro de 1926).

28   Sempre a preços constantes de 1923

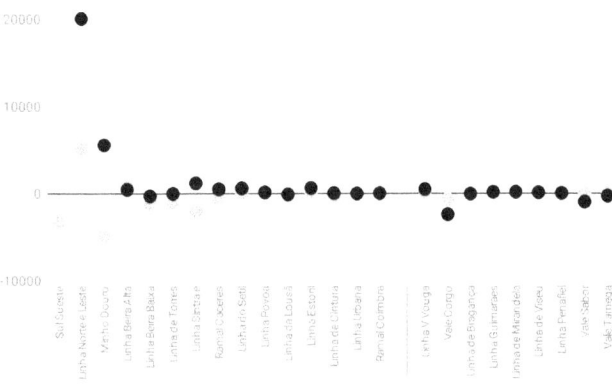

FIGURA 14
Saldo líquido por linha, Portugal, 1923 e 1925, a preços constantes
Linhas de via larga à esquerda, linhas de via reduzida à direita.
Saldos (produto líquido) em contos de réis, a preços constantes de 1914..
Fontes: elaboração própria a partir de dados do *Anuário Estatístico de Portugal*.

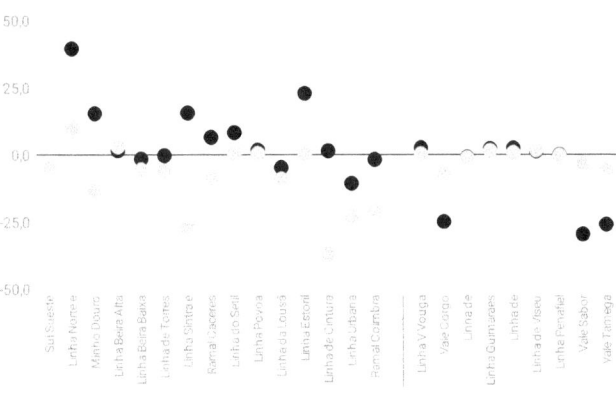

FIGURA 15
Saldo líquido por km, por linha, Portugal, 1923 e 1925, à preços constantes
Linhas de via larga à esquerda, linhas de via reduzida à direita.
Saldos (produto líquido) em contos de réis por km, a preços constantes de 1914.
1923: cinza; 1925: preto.
Fontes: elaboração própria a partir de dados do *Anuário Estatístico de Portugal*.

8. A saga da via reduzida: princípio e fim da Companhia Nacional

A história da Companhia Nacional ilustra de forma exemplar as expectativas e vicissitudes da exploração da ferrovia de via estreita em Portugal por uma companhia privada. Identificamos várias fases no período de 1886 a 1946, ou seja, desde o início da companhia até à integração das suas linhas na CCFP.

Uma primeira fase (1886-1902) ilustra as exorbitantes expectativas iniciais, as dificuldades em cumprir os valores e prazos do investimento inicial na construção das linhas, a falta de movimento regular, o impacto da crise financeira dos anos noventa do século XIX sobre o financiamento de ferrovias secundárias, a falta de rede de acessibilidades às estações em regiões periféricas. Apesar disso, a CN consegue implementar uma reestruturação financeira bem sucedida e ultrapassar a crise, entrando no século XX com uma operação estável, com alguma rentabilidade e uma situação financeira robusta. Afinal, as linhas "secundárias" mostravam alguma viabilidade e a empresa era mesmo a única a operar mais do que uma linha desse tipo. Até 1927 a companhia conheceu um período de operação estável e rentável.

A segunda fase começa em 1927, quando a CN parece ter acreditado na sua capacidade de operar com sucesso as linhas do Corgo e Sabor, até aí verdadeiras "ovelhas negras" dos caminhos de ferro do Estado, operadas pela Direção de Caminhos de Ferro do Minho e Douro. Confiando porventura demasiado nas expectativas contratuais de comparticipação financeira do Estado em eventuais déficits de exploração dessas linhas, toma a exploração dessas linhas por trespasse e muito rapidamente descobre que afinal o negócio tinha sido um desastre, perante os custos de completar a linha do Sabor e os elevados custos de exploração de ambas as linhas, num contexto em que começa a emergir a concorrência da rodovia, até mesmo nas regiões periféricas de Trás os Montes e em que as políticas tarifárias condicionadas pelo governo não permitiam grande margem de manobra sobre as receitas. Afinal um negócio de vias reduzidas por uma empresa então saudável especializada na exploração desse tipo de vias, que até poderia fazer sentido, acabou por ser a principal causa do fim da companhia, cujas linhas próprias conseguiram manter uma operação mais ou menos aceitável (sob o ponto de vista económico) dados os bons resultados continuados de linha de Mirandela.

Os últimos anos da saga constituem o epílogo - os sócios da CN não têm outra solução senão entregar-se nos braços da CCFP (1945 e 1946).

Seguiremos a vicissitudes da saga através dos relatórios e contas anuais apresentados pelo conselho de administração e pelo conselho fiscal da companhia à sua assembleia geral[29]. Os gráficos seguintes, construídos a partir de estatísticas oficiais e dos dados dos relatórios anuais da empresa, mostram a evolução da exploração das linhas da companhia.

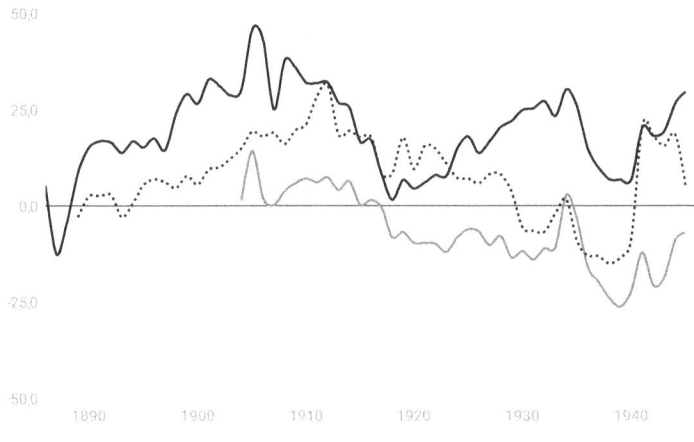

FIGURA 16
Produto líquido (saldo) das linhas próprias da CN, 1887-1946, contos de réis
Preto=linha de Mirandela, cinza=linha de Bragança, tracejado=linha de Viseu
Fonte: Elaboração sobre dados dos Relatórios anuais da Companhia Nacional de Caminhos de Ferro

A figura 16 mostra o produto líquido das linhas próprias da companhia, as linhas de Mirandela, Bragança e Viseu. A figura 17 refere-se às duas novas linhas arrendadas, a partir de 1928. A figura 18 mostra o produto líquido agregado por linhas próprias e arrendadas. É claro que os déficits de exploração (produto ou saldo negativos) criados pelas linhas arrendadas tornaram a companhia inviável.

---

29   As citações seguintes são dos respetivos Relatórios e contas do conselho de administração e do conselho fiscal do ano assinalado, salvo referência em contrário. Ver também Eduardo Beira, *Companhia Nacional dos Caminhos de Ferro: uma síntese dos relatórios anuais da empresa (1886-1946)*, Projeto FOZTUA, Working Paper WP E.8, 2014.

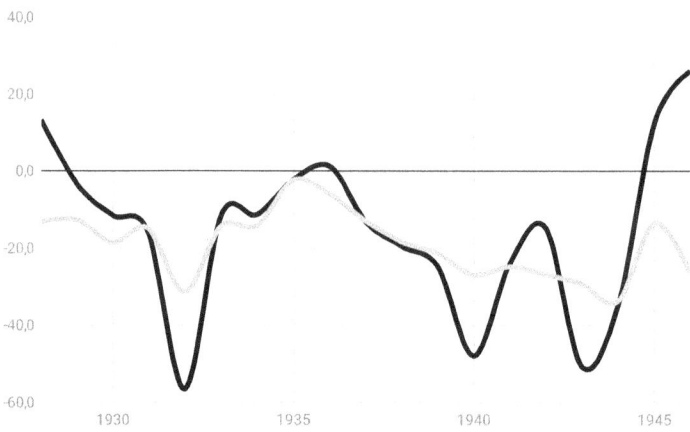

FIGURA 17
Produto líquido (saldo) das linhas arrendadas da CN, 1928-1946, contos de réis
Preto=linha do Corgo, cinza=linha do Sabor
Fonte: Elaboração sobre dados dos Relatórios anuais da Companhia Nacional de Caminhos de Ferro

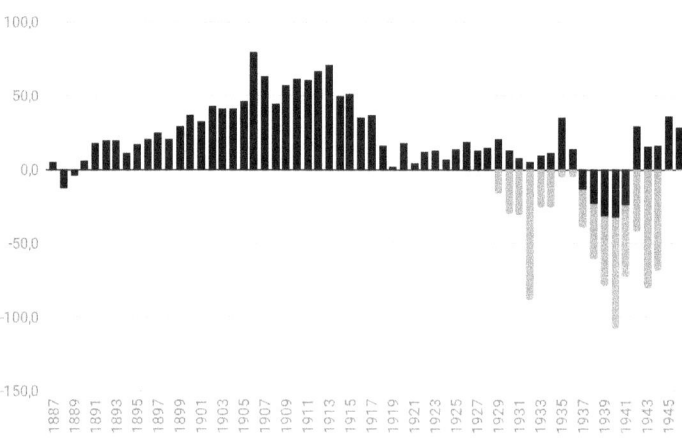

FIGURA 18
Produto líquido (saldo) das linhas próprias e arrendadas, CN, 1928-1946, contos de réis
Preto=linhas próprias, cinza=linhas arrendadas
Fonte: Elaboração sobre dados dos Relatórios anuais da Companhia Nacional de Caminhos de Ferro

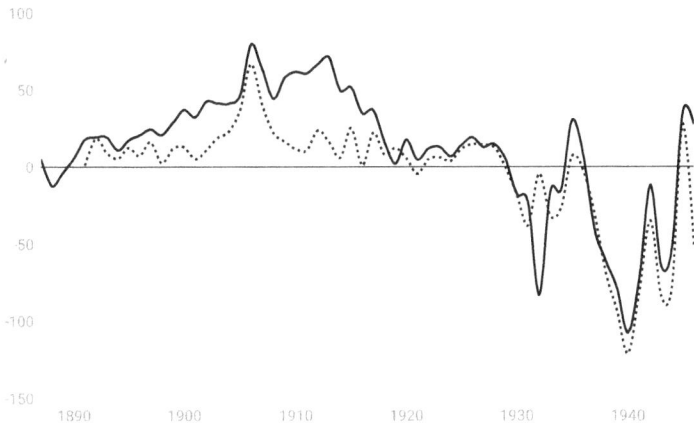

FIGURA 19
Produto líquido (saldo) e resultado líquido, CN, 1888-1946, contos de réis
Preto=produto líquido, tracejado=resultados líquidos
Fonte: Elaboração sobre dados dos Relatórios anuais da Companhia Nacional de Caminhos de Ferro

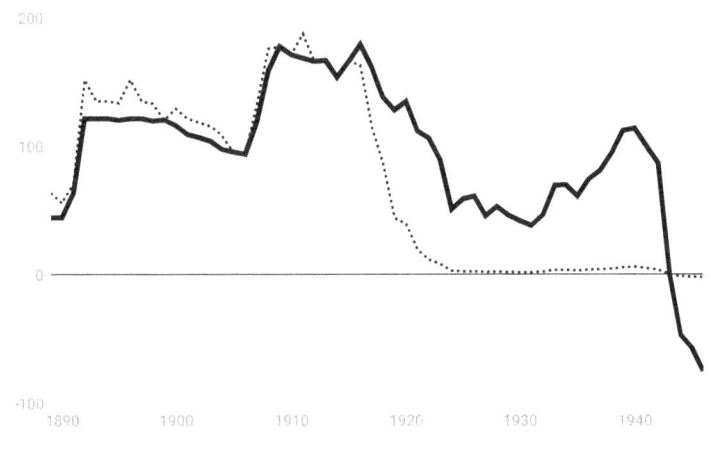

FIGURA 20
Receitas de garantia de juros, CN, 1889-1946, contos de réis
Preto=valor nominal, tracejado=preços constantes de 1914
Fonte: Elaboração sobre dados dos Relatórios anuais da Companhia Nacional de Caminhos de Ferro

Note-se que "produto líquido" corresponde à diferença entre as receitas de exploração (passageiros e carga) e as despesas de exploração. O conceito é diferente do "resultado líquido" de companhia, apurado por via contabilística, e onde aparecem componentes extra exploração ferroviária assim como diferentes amortizações. A figura 19 mostra a evolução do produto líquido global das linhas operadas pela companhia e do resultado líquido da empresa, conforme a sua conta de resultados anual.

Finalmente a figura 20 mostra a garantia de juros recebidas pela companhia e relativas às suas três linhas próprias, a valores nominais e a preços constantes de 1914. A partir dos anos de 1920, o seu valor a preços constantes quase desaparece e torna-se insignificante por efeito da forte inflação nesse período. Até perto do final da primeira guerra mundial, as receitas provenientes das garantias de juro constituíram uma fonte importante de rentabilidade de companhia.

Primeiro Ato, 1886-1902

Em 1886 a companhia faz com sucesso uma emissão obrigacionista: "apesar das perturbações económicas e financeiras", conseguiu contratar "no país e em boas condições, a emissão de 12300 obrigações, as quais representam para a companhia um encargo bastante inferior à garantia do Governo". Nessa altura a companhia esperava abrir a linha de Mirandela no ano seguinte, antes do fim do prazo estabelecido no contrato com o governo, o que conseguiu. As expectativas eram mesmo muito positivas: "O rendimento provável da linha de Mirandela *dispensará, a nosso ver, que se torne efetivo qualquer encargo para o Estado pela garantia de juro*, e dará margem a lucros de exploração que possam reverter em benefício dos acionistas; portanto o estado financeiro da Companhia parece-nos bastante próspero, sendo de esperar que ele melhore com o aumento sucessivo do rendimento da exploração" (itálico da nossa responsabilidade). Ou seja, a empresa antecipava lucros suficientes para que os acionistas fossem bem remunerados e, até mesmo, que esses lucros fossem tais que poderiam dispensariam o Estado das suas obrigações contratuais de garantia dos juros[30].

A realidade seria depois bem diferente. No ano seguinte, depois da abertura da linha de Mirandela, já a perspetiva é mais prudente ("só o tempo dirá..."), mas regista-se a apreensão perante a realidade da receita : "é certo, porém, que se apresenta pouco avultada no começo, como em geral sucede em todos os caminhos de ferro" - atribuindo responsabilidades à praga de filoxera ("nem é para estranhar isso, por

---

30   Sobre o contrato, ver Hugo Pereira e Eduardo Beira, *Textos legislativos sobre a linha de Foz Tua a Mirandela (1885-1904)*, Projeto FOZTUA, Working Paper WP D.21, 2014

a região se encontrar empobrecida pelo filoxera"), e ao "mau estado sanitário de Mirandela que em 1887 viu morrer a décima parte da população, e produziram-se 140 óbitos por 100 nascimentos"[31].

Apesar disso retoma-se a ideia fundamental da lógica do empreendimento e a expectativa de grandes riquezas potenciais ocultas para além das serras e que a ferrovia iria despertar: "Separada por assim dizer do resto do país, por falta de vias de comunicação, aquela região poderá, pelos benefícios da viação acelerada, vir a ser fonte ubérrima de riquezas, especialmente se o Governo de Sua Majestade, compenetrando-se das verdadeiras necessidades da província, tratar de as satis- fazer, como é mister, e mormente se for decretado o prolongamento da via férrea para Bragança e para a fronteira espanhola, ao passo que se proceda à construção das estradas que devem ligar ao caminho de ferro os diferentes centros de produ- ção e consumo e as povoações que, com o correr dos séculos, se têm disseminado pelas multiplicadissimas serras e feracissimos vales [sic] que formam a província transmontana". Neste comentário podemos identificar duas potenciais necessida- des intrínsecas para a sustentabilidade da operação: a necessidade de integração em rede ferroviária (ligação a Espanha, apesar das incompatibilidades de bitola já então existentes) e a necessidade de uma rede viária que alimentasse os acessos às estações da linha. Estes dois temas seriam reclamações persistentes reiteradas nos anos seguintes.

Em 1888, refere-se que "foram mandadas construir muitas secções de estradas na província, mas não incluindo ainda as que mais podem vir a concorrer para o rendimento da linha"[32], mas afinal constata-se agora que a região atravessada pela linha é, na quase totalidade da sua extensão, pouco povoada e não se presta a cul- turas importantes, e nas proximidades de Mirandela acha-se ainda devastada pela filoxera e muito longe da sua regeneração agrícola. É no entanto de esperar que num futuro próximo os melhoramentos da viação, e o auxílio prestado aos lavra- dores, no que respeita ao transporte de adubos, transforme aquela região, tornando possível um acréscimo importante do rendimento da linha". No ano seguinte diz-se que a maior parte das estações e apeadeiros continuam sem estradas nem caminhos

---

31 RC 1887, p. XX. Há algum exagero pontual nisto. Sobre a demografia do Vale do Tua, ver Eduardo Beira, *Estatísticas do Vale do Tua: dinâmicas demográficas*, Projeto FOZTUA, Working Paper WP E.26, 2014

32 RC, 1888, p. XX. A expectativa era acima de tudo grandes acerca do impacto da ligação viária entre Mirandela e Chaves. Mas o problema era geral. Os acessos a Foz Tua eram também um problema que, aliás, demorou a ser resolvido. Ver M. Leonor Fernandes e Eduardo Beira, Estrada Real 39, *Foz Tua a Vila Flor, correspondência, 1882-1897*, Projeto FOZTUA, Working Paper WP D.3, 2012

razoáveis de acesso. A estrada de Chaves a Mirandela "que tanto deve concorrer para o aumento do tráfego em Mirandela, continua por terminar". Em 1891 continua a reclamação: "o desenvolvimento do movimento em Mirandela poderia ser maior se a estrada de Chaves não tivesse sido interrompida quando faltava apenas concluir 7 kms de empedrado".

Mas no relatório desse ano de 1889 há um aviso: a Linha de Viseu "será terminada no prazo contratado, mas para isso será preciso recorrer ao crédito, dado que o custo da linha será superior". A realidade era que os custos de investimentos de ambas as linhas (Mirandela e Viseu) tinham excedido em muito as expectativas, ao mesmo tempo que "os custos de exploração continuam elevados". Mas completar a linha de Viseu era crucial para assegurar o rendimento da respetiva garantia de juro.

No relatório de 1890, o último assinado pelo conselho de administração presidido pelo Marquês da Foz, enunciam-se múltiplas dificuldades: o não prolongamento da linha de Mirandela até Bragança, a falta de estradas e caminhos de acesso às estações e apeadeiros, a "gravíssima crise económica do país", até mesmo a emigração que "ameaça deixar, dentro em pouco, inteiramente despovoadas algumas aldeias e sensivelmente diminuída a população de outras e dos principais centros de atividade" da região", a necessidade de recurso ao crédito para acabar a construção da linha de Viseu dado que as condições não permitiram colocar na praça todas as obrigações que estavam autorizadas. Mais: assinala-se que afinal "há estações cujo rendimento não cobre as despesas do seu funcionamento", o que apela à necessidade de rever a "transformação do serviço" com o governo. Consequência de tudo isso, "o estado financeiro da companhia é pouco próspero e merece não só toda a vossa atenção como também a adoção de medidas extraordinárias e excepcionais, que temos estudado".

Estava declarado o estado de crise na companhia. As expectativas de 1886 tinham-se tornado num pesadelo financeiro. Não só o investimento tinha sido superior ao previsto, como a exploração era muito menos atrativa do que antecipado e as expectativas dos benefícios de integração em redes (ferroviárias - ligação a Bragança, pelo menos, e viárias - rede de acessos às estações) não se estavam a concretizar.

As dificuldades de financiamento no mercado obrigacionista, já no contexto de crise de 1885-91, agravaram a situação. O relatório e contas relativos ao anos de 1890 aparecem com uma brochura anexa com o título "Aos obrigatários e mais credores da Companhia Nacional de Caminhos de Ferro", assinado por "um obrigatário" [sic], que abre com uma critica dura aos "financeiros"[33], em quem os obrigacionistas "acreditaram no tempo das vacas gordas, mas agora chegou o tempo das vacas magras e vemos destruídas boa parte das nossas mais agradáveis esperanças". O diagnóstico não era simpático: "o descrédito da companhia, evidenciado pela depreciação sucessivamente crescente das suas obrigações no mercado, fechava-lhe todas as portas para quaisquer negociações; e nem mesmo por expedientes mais ou menos ruidosos, poderia a administração prolongar os sofrimentos de *miséria envergonhada*".

Apesar das dificuldades, o documento alimenta uma continuada expectativa positiva sobre o futuro das linhas de via estreita operadas pela Companhia Nacional (itálicos da nossa responsabilidade):

> [A companhia] acha-se de posse, por mais de 90 anos ainda, de duas linhas [Foz Tua a Mirandella e Santa Comba Dão a Viseu], que terminam em pontos centrais de províncias destinados a receberem a convergência das linhas férreas que hão-de ligar, entre si e com os principaes centros de actividade, as povoações mais ricas dessas províncias; não devendo esquecer que a do Tua, uma vez ligada com o país vizinho, é verdadeira linha intemacional e põe em comunicação rápida com o Porto grande parte dos productos da fértil e rica província de Zamora.

> Essas duas linhas não valem pois só por si: valem pelos seus prolongamentos e ramais ainda não executados, mas cuja urgente necessidade está na mente de todos, esperando oportunidade para ser satisfeita.

> Os capitais nelas empregados, devem ter plena confiança de que, se não podem desde já auferir lucros de grande vulto, mais tarde hão-de ser largamente compensados pelo *desenvolvimento das duas grandes redes de via reduzida, de que elas são testas. É nisso que está principalmente o grande futuro das acções d'esta companhia.*

O Marquês da Foz abandona a liderança[34] em assembleia geral de 30 de abril de 1891. A nova administração confirma nas contas desse ano que as circunstâncias

---

33 Referência óbvia ao Marquês da Foz.

34 Depois de ter assumido importantes sacrifícios, "inclusive pessoais" para conseguir cumprir o contrato e abrir a linha de Viseu dentro do prazo, como refere no relatório do exercício de 1890. Esse facto merece também uma referência no referido documento por um "obrigatário": "os próprios administradores e membros do conselho fiscal tinham deixado, havia muito, de receber os seus honorários - o que, embora inspirado pelos mais elevados sentimentos, tem em geral péssimas consequências" (p. 5). Seria parte do referido cenário de "miséria envergonhada".

financeiras da CN "eram desde há muito embaraçosas porque as despesas de construção das linhas excederam consideravelmente os recursos obtidos e as receitas de
exploração ficaram muito abaixo do esperado"[35].

Intermezzo: 1902-1927

Não vamos entrar nos detalhes do processo de saneamento financeiro que se
seguiu - aliás um caso notável de sucesso. Uma década depois, o conselho fiscal
assinala o "prosseguimento da obra de regeneração da companhia" e que "depois
de um longo período de provações, imposto pelo regime do convénio aos interessados para salvação comum, é motivo de regozijo ver que se cumpriram sempre
religiosamente os compromissos tomados, e que entramos numa nova era".

Seguiu-se finalmente a construção da linha de Bragança, cuja construção se
revelou um bom negócio para a companhia e cuja operação tinha garantia de juro[36],
e mais de duas décadas com uma exploração regular e globalmente positiva das
três linhas operadas pela companhia, inclusive com distribuição de dividendos aos
acionistas.

Segundo Ato, 1927-1945

Nas contas de 1927 aparece uma novidade: diz que "iniciaram-se negociações
para o subarrendamento das linhas do Corgo, do Sabor, da Régua a Vila Franca
das Neves (em construção) e seus eventuais prolongamentos, com a Companhia
dos Caminhos de Ferro Portugueses e a Direção Geral dos Caminhos de Ferro",
linhas de que a companhia tomou posse a 1 de fevereiro de 1927. A exploração das
linhas de via estreita operadas pelo Estado tinham sido anteriormente adjudicados
à CCFP, que por sua vez trespassou o arrendamento das linhas referidas à CN, por
contrato assinado a 27 de janeiro desse ano.

No ano seguinte considera-se que resultado da linha da Régua a Chaves (linha
do Corgo) foi "muito satisfatório", mesmo tendo em conta "as enormes despesas
que houve necessidade de fazer, devido ao mau estado de conservação em que se
encontravam tanto o material fixo como circulante". Mas a situação da linha do
Pocinho a Miranda (linha do Sabor), "apenas construída e em exploração na parte
mais acidentada e menos rica da região destinada a servir, não permitem fazer a

---

35   A que se acrescem as dificuldades contratuais com o Estado acerca do pagamento das garantia de juros, para o
      que se apela por uma arbitragem (RC, 1891, p. xx)

36   Mas não tinha provisão para os efeitos de inflação - acabou por ter um alcance temporal limitado.

exploração sem um enorme déficit". Mas esperava-se que a abertura do troço de Lagoaça a Mogadouro, com a construção em curso pela companhia, permitisse atingir os "extensos planaltos cerealíferos" da região nordestina e "se modifiquem as condições de exploração desta linha". Esperava-se que esse troço, com cerca de 20 kms, abrisse no verão de 1929. O conselho fiscal escreveu então, no seu relatório, que "tudo nos leva a esperar que a companhia tenha diante de si um futuro de larga prosperidade", pois a exploração das linhas arrendadas "apresenta um aspeto animador".

Escassos dois anos depois de assinado o contrato de arrendamento das novas linhas, em 1930, a situação já se mostrava difícil: "Como os lucros das linhas de via larga do estado não permitiram a cobertura dos déficits das linhas deficitárias, nos termos do preceituado nos parágrafos 1º e 2º do artigo 5º do contrato de subarrendamento, e não podendo a nossa companhia fazer face à cobertura integral desse déficit, logo que do facto tomou conhecimento submeteu o vosso conselho de administração, em 2 de junho do corrente ano, o assunto às instâncias superiores, fazendo ver a impossibilidade da continuação da exploração, pela nossa companhia, das linhas que lhe foram sub arrendadas, sem que lhe fosse garantida a cobertura de, pelo menos, 70% dos deficits de exploração. Este assunto continua pendente de decisão superior para liquidação desta conta da gerência de 1929". O conselho fiscal confirma que os sucessivos déficits das linhas do Corgo e Sabor são "incomportáveis dentro dos recursos da companhia".

Segue-se um período de negociações sem sucesso e o recurso a um tribunal arbitral. Se aí teve algum sucesso inicial, relativo aos primeiros anos de déficit das linhas sub arrendadas, em fevereiro de 1937, um acórdão do tribunal arbitral foi desfavorável à companhia relativamente aos anos de 1932, 1933 e 1934. O conselho fiscal comenta então que "a exploração das linhas próprias continua a dar lucros, enquanto que as linhas arrendadas continuam a acumular déficits, fruto da insuficiência das tarifas e da grande diminuição do tráfego". E apoio os pedidos de participação do Estado nesses déficits e o pedido de nova arbitragem, assim como a revisão do contrato de arrendamento, tendo "como ponto de partida a experiência já suficiente de seis anos de exploração". O assunto arrastou-se e uns anos depois, em 1939, o conselho fiscal reporta que, em 1939, "recorreu-se aos tribunais arbitrais para conseguir a participação do Estado nos deficits de exploração de harmonia com as cláusulas dos contratos de arrendamento; o acórdão do primeiro tribunal constituído reconheceu o direito da companhia e esta obteve aquela participação; mas o acórdão do segundo, embora as razões de decidir fossem as mesmas, julgou de forma inteiramente oposta, obrigando a companhia a suportar em cheio todos os prejuízos das linhas arrendadas".

Seguiu-se uma década desastrosa de resultados para a CN, em que não se resolve a seu favor a questão de comparticipação nos déficites das linhas arrendadas, enquanto que a concorrência rodoviária se acentuava. Em 1937 o conselho fiscal assinala que a crise económica dos caminhos de ferro se agravou, consequência da crise geral e da concorrência rodoviária da camionete, "cada vez mais desenfreada e cada vez mais desordenada". Se o Estado não acudir a tempo, considerá que a ruína dos caminhos de ferro é "absolutamente certa" num prazo mais ou menos curto. Refere ainda que o Estado, "interpretando a seu modo o artigo 8º do contrato e sob pretexto de que aqueles prejuízos não resultam de casos de força maior, não quer ter neles a menor participação" e, por outro lado, não difere o pedido de revisão do contrato, "mantendo assim a companhia num verdadeiro beco sem saída". E apela para que o "ilustre ministro das Finanças senhor dr. Salazar, apiedando-se" das companhias de caminhos de ferro, chame a si a resolução do problema. No ano seguinte, 1938, o apelo é reiterado: "só com o auxílio do Estado será possível evitar a ruína, antes que seja tarde. Em particular pela revisão rápida do contrato de arrendamento das linhas do Estado".

Em 1941, a situação era crítica: o conselho fiscal anuncia que "já não é possível à companhia, pelos seus próprios esforços, colocar-se em posição de poder realizar uma exploração económica das suas linhas e ter uma vida desafogada". Três anos depois o conselho de administração reafirma que "uma vez mais se prova que a grave situação da CN é devida à exploração das linhas do Corgo e Sabor, antiga rede do estado". Aos problemas anteriores adiciona-se o problema de uma "base tarifária única aplicável simultaneamente às linhas com aquelas características e às de perfil mais suave como são as da rede própria", situação que se tende a agravar, sendo difícil prever "até quando, com as atuais tarifas, se poderá manter a vida da companhia". O conselho fiscal apela para o ministro, perante "um resultado geral fortemente deficitário, mas consequência apenas das linhas sub arrendadas", dado que "as linhas próprias têm continuado a dar lucros".

Terceiro Ato - 1947 e 1948

Em 1947 a companhia já só consegue sobreviver com um "forte auxílio" da CCFP através de um convénio para o fornecimento de combustíveis. O governo também intervém diretamente suspendendo o pagamento da renda fixa e parte do imposto ferroviário nas linhas arrendadas do Corgo e do Sabor. O conselho de administração comenta que, na realidade, o decreto reconhece que as linhas do Estado, "tomadas em arrendamento e subarrendamento num mau momento", são incapazes de uma exploração económica nas condições do contrato.

Apesar do conselho fiscal se regozijar e falar em "início de "segura convalescença da grave crise" desde que tomou por subarrendamento a exploração das linhas do Estado" e numa "clara melhoria da situação", o relatório de 1946 é um epitáfio da companhia. O conselho de administração diz que, em consequência do ajuste à lei sobre a concentração ferroviária, "que foram aprovadas em assembleia geral de 1945, mas que cria um "sentimento de tristeza por vermos desaparecer uma entidade a que todos, sem distinção de categorias, nos momentos maus como nos momentos bons, consagramos o melhor do nosso interesse, da nossa dedicação e da nossa vida". Porque "não foi sem comoção profunda que... assinamos as escrituras de transferência" das linhas. O conselho fiscal também exprime a mágoa por a Companhia se ver obrigada a transferir para a CCFP a exploração de todas as suas concessões.

9. Tecnologia ferroviária, inovação e via reduzida: perspetivas conceptuais

O desenvolvimento tecnológico da bicicleta tem constituído material importante na discussão do construtivismo social das tecnologias. Num ensaio hoje clássico, Trevor Pinch e Wiebe Bijker[37], dois dos principais pioneiros dos chamados "estudos sobre ciência e tecnologia", discutem o processo de desenvolvimento da tecnologia das bicicletas - um processo em grande parte contemporâneo do desenvolvimento da ferrovia e dos acontecimentos discutidos nesta obra. A "arquitetura" da bicicleta foi evoluindo por um processo de tentativas e variantes que procuravam solução para os problemas de potência, vibrações, etc. Nas duas últimas décadas do século XIX, a tecnologia da bicicleta foi evoluindo e passou de um modelo com uma grande roda dianteira (mesmo enorme!) e uma roda traseira pequena para um modelo com as duas rodas do mesmo tamanho (médio), dito ser um modelo "seguro". Pinch e Bijker mostraram como essa evolução respondeu progressivamente às pressões sociais de dois grupos de atores, ou utilizadores (ou clientes).

---

37 Trevor Pinch e Wieber Bijker, "On the social construction of facts and artifacts: or how the sociology of science and the sociology of technology might benefit each other", *Social Studies of Science*, vol. 14, 1984. p. 399-411. Também incluído em W. Bijker, T. Hughes e T. Pinch, *The social construction of technological systems. New directions in the sociology and history of technology. Anniversary edition*, MIT Press, 2012

Por um lado, os "desportistas"[38] que pressionavam por um projeto tecnológico que privilegiasse a velocidade e propiciasse competição desportiva, mesmo aceitando alguma instabilidade e insegurança, assim como um preço relativamente elevado do veículo. Por outro lado, os cidadãos normais, que pretendiam acima de tudo um meio de transporte seguro e económico (barato de adquirir e usar) e para quem a velocidade não constituía um objetivo prioritário. As soluções técnicas propostas acabaram por estabilizar no modelo "seguro", a clássica "pasteleira" que tanta popularidade conheceu em Portugal nas décadas de meados do século XX e cujo nome, entre nós, parece refletir precisamente a tendência vitoriosa da história de uma tecnologia que evoluiu progressivamente para um modelo mais seguro e mais lento mas menos desportista.

O caso da bicicleta ajudou a introduzir o conceito à "flexibilidade interpretativa" no projeto da tecnologia, conceito essencial das teses anti deterministas da tecnologia. Na realidade a tecnologia não é uma resposta única para um problema, mas uma das várias soluções que podem ser criadas em resposta ao desafio do problema. Ou seja, a tecnologia é *subdeterminada* e o seu projeto incorpora valores e significados dos atores envolvidos no processo de concepção e desenvolvimento (projeto), através do que Andrew Feenberg chama instrumentalizações primárias e secundárias[39].

A diversidade de propostas de tecnologia para a bicicleta estabilizou portanto num modelo que resultou de um "conflito" evolutivo entre forças opostas nos sentidos da velocidade e da segurança. O que é que esta análise nos pode sugerir, quando aplicado ao caso da ferrovia, especialmente durante o século XIX?

A diversidade de soluções ferroviárias resulta de respostas e compromissos diferentes, não velocidade versus segurança, mas antes custo / acessibilidade versus velocidade / performance numa tecnologia muito mais complexa do que a bicicleta. A bicicleta é um artefato tecnológico de uso individual (em geral), pelo consumidor final. Mas o caminho de ferro, a ferrovia, não é um artefato único, mas sim um conjunto integrado de artefactos - um sistema, uma colecção de tecnologias individuais, um todo coerente formado por uma família de dispositivos ou artefactos,

---

38 "young men of means and nerve", homens jovens de posses e corajosos, na descrição de Pinch e Bijker - suficientemente ricos para poderem comprar uma bicicleta e suficientemente corajosos para ousarem "correr" em cima de veículos altamente instáveis e vulneráveis a acidentes do percurso

39 Ver Andrew Feenberg, *Tecnologia, modernidade e democracia*, Organização e tradução: Eduardo Beira, Ed. revista, Inovatec (Portugal), 2018, p. vi-viii e p. 24-27 e Andrew Feenberg, *Entre a razão e a experiência*, Tradução, ensaios e notas: Eduardo Beira com Cristiano Cruz e Ricardo Neder, Inovatec (Portugal), 2019, cap. 8

métodos e práticas cuja existência e desenvolvimento tem um caráter diferente das tecnologias dos artefactos individuais[40]. Uma linha ferroviária em operação é um *sistema*. Uma rede ferroviária é um sistema de sistemas.

Por outro lado, a bicicleta é suscetível de grandes economias de escala no fabrico do artefato[41], algo que acontece em muito menor escala nos artefactos dos caminhos de ferro. A escala do investimento é também muitíssimo diferente nos dois casos.

No caso da bicicleta podemos identificamos vários tipos de atores, em especial os "engenheiros" (os projetistas técnicos) e os "utilizadores", sendo estes, por sua vez, divididos em dois grupos, os "desportistas" e os "cidadãos comuns". Das progressivas tentativas de resolver as tensões dentro deste triângulo social resultaram modelos diferentes que estabilizaram no modelo da pasteleira.

No caso do caminho de ferro, a rede de atores sociais é bem mais complexa e envolve atores sociais mais poderosos. Podemos identificar pelo menos cinco grupos sociais com interesses diferentes no projeto ferroviário e que constróiem significados diferentes do sistema:

- os "engenheiros", os *especialistas técnicos* que tendem a previligiar soluções poderosas e de elevado desempenho (performance), complexas do ponto de vista da engenharia, sendo habitualmente menos sensíveis às questões de custo.

- os *empreendedores ferroviários*, as companhias ferroviárias, os acionistas das empresas, os "barões" dos caminhos de ferro - muitas vezes criticados mas também, por vezes, mal compreendidos, para quem as considerações financeiras (capacidade de captar os elevados financiamentos para instalar uma linha, especialmente junto do mercado de capitais) são de primeira importância, assim como o potencial de geração de lucros. Também a facilidade de gestão de operação é

---

40 Brian Arthur chama-lhe um "domínio" tecnológico. Cf. B. Arthur, *The nature of technology. What it is and how it evolves*, Free Press, 2011 (1ª ed., 2009), cap. 8

41 Os desenvolvimentos de peças intermutáveis e fabrico em série (linhas de fabrico) viabilizaram muitas dessas economias de escala. Em 1908 modelos de bicicleta "segura" tinham um preço de 12 a 15 USD no catálogo da Sears, que compara com 5 a 20 USD para armas, 13 a 20 USD para máquinas de costura, 10 a 15 USd para um sobretudo clássico para homem, ou 2 a 6 USD para um emplumado chapéu de senhora à moda da época. Cf. *1908 Sears, Roebuck & Co. Catalogue*, Skyhorse Publishing, 2015

relevante, assim como a rapidez de implementação. As questões de velocidade e performance são apenas relevantes na medida em que podem, ou não, proporcionar rentabilidade. A sua perspetiva tende a ser sistémica. Como refere Thomas Hughes, historiador de sistemas tecnológicos complexos, os construtores de sistemas precisam cruzar as fronteiras disciplinares e funcionais (envolvendo-se nas questões de financiamento e suporte político) e preocupam-se especialmente com as interfaces, as interligações entre os vários componentes do sistema, mais do que com artefactos individuais[42].

- Os clientes ou utilizadores, que são claramente de dois tipos diferentes correspondentes a interesses diferentes nos dois aspetos do serviço ferroviária, o transporte de passageiros e o transporte de mercadorias. Os *clientes empresariais* interessados em transporte de cargas procuram um serviço com caraterísticas diferentes dos *passageiros individuais*. Ambos procuram um custo razoável e acessível. Mas os clientes do serviço de transporte de passageiros privilegiam também a segurança como muito importante. A rapidez pode ou não ser importante para qualquer dos dois grupos. O transporte de mercadorias em "pequena" ou "grande velocidade" fala por si.

- As *instituições públicas*, governamentais ou locais, são sempre atores importantes, quer pelo papel de regulação que podem ter como pelo papel incentivador que habitualmente assumem no arranque dos serviços. Os impostos devidos pela atividade ferroviária são também um interesse importante.

A configuração da tecnologia ferroviária foi o resultado de tentativas sucessivas de resolver as tensões entre os anteriores grupos sociais com interesses e valores diferentes. Os resultados dessas tentativas não são aqui tão imediatamente visíveis como no caso da bicicleta, o que complica a análise. Claro que se trata de um processo assimétrico, em que certos atores têm mais poder de influenciar a arquitetura da tecnologia do que outros. Podemos ver os desenvolvimentos sucessivos como respondendo a diferentes geometrias dos valores e interesses dos diferentes grupos

---

42   Thomas Hughes, *Rescuing Prometeus*, Vintage Books, Random House, 1998, p. 7.

de atores[43]. É neste contexto que se pode pôr em perspetiva o aparecimento do movimento de via reduzida, em especial depois dos anos de 1870, assim como os processos de padronização da bitola e dos equipamentos ferroviários ao longo do século XIX.

O papel dos atores governamentais foi muito diferente nos Estados Unidos e na Europa. A evidência empírica americana mostrou rapidamente as limitações a médio e longo prazo da exploração em via reduzida, especialmente quando integrada em redes, apesar de algumas vantagens de um investimento inicial mais reduzido (embora não tantas como os promotores da doutrina argumentavam na altura). Mas a procura de uma solução ferroviária de baixo custo e de baixa velocidade teve impacto, abrindo o espaço de acessibilidade a territórios mais periféricos[44].

Mas o pesado investimento inicial e a pouca flexibilidade dos equipamentos sempre dificultou a mudança de bitola em ferrovias já instaladas. O peso dos investimentos feitos assegurou, quase por si só, alguma estabilidade temporal a muitas das linhas de via reduzida instaladas - nos Estados Unidos e na Europa. O governo teve, a longo prazo, um papel estabilizador que justifica o perfil bem diferente do ciclo de vida da via reduzida nos Estados Unidos e em Portugal[45].

Mas a solução inicial de via reduzida dificultou, por sua vez, a substituição e melhoramento da solução tecnológica - uma ferrovia de via reduzida em zona montanhosa é quase impossível de adaptação / conversão para velocidades superiores que pudessem, por exemplo, concorrer a rodovia a partir da década de 1930 (em Portugal). Nessas circunstâncias, linhas de via reduzida ficaram "presas" ou "bloqueadas"[46] pelos elevados custos de mudança. O resultado foi a exaustão técnica e económica da solução[47].

---

43   Interesses que, por sua vez, podem ir mudando ou evoluindo ao longo do tempo, mesmo durante o período longo de projeto e ignição do empreendimento. Um caso exemplar de transporte ferroviário urbano, já nos nossos dias, foi tratado por Bruno Latour num clássico moderno da sociologia de tecnologia; *Aramis, ou l'amour des techniques*, Ed. La Découverte, 1993. Ver também Stephen Potter, *On the right lines? The limits of technological innovation*, Frances Pinter, 1987 para uma discussão das vicissitudes da inovação ferroviária em comboios de passageiros de alta velocidade, no Reino Unido, século XX.

44   Não é por acaso que, nos Estados Unidos, a febre da via reduzida começou pelos Estados do Sul.

45   Ver ponto 4 da parte II.

46   "locked in"

47   Uma parte importante do investimento numa via reduzida em terreno montanhosos são "sunk costs" (custos perdidos), custos não recuperáveis no caso da utilização cessar.

O caráter sistémico da rede ferroviária favorece o impacto de externalidades entre linhas de uma mesma rede, um facto bem conhecido nas indústrias que funcionam em redes[48]. O atrativo da compatibilidade na interface de linhas diferentes tornou-se cada vez mais importante. A progressiva importância das redes, em especial a partir da década de 1880 (nos Estados Unidos) contribuiu para a padronização na bitola de operação mais vantajosa a longo prazo e que tinha maior representatividade (via larga com 4'8.5"). Essa influência pesou muito no movimento de conversão de linhas de via reduzida para via larga, por vezes escassos anos após o investimento inicial em via reduzida, como se pode constatar nos Estados Unidos nas décadas de 1880 e 1890[49].

A diversidade das arquiteturas sistémicas das redes ferroviárias, de que a bitola é uma das caraterísticas diferenciadoras, evidencia a subdeterminação do projeto tecnológico, já referida. David Puffert[50] analisou o fenómeno em termos de "dependência da trajetória"[51] dos processos de mudança, a qual reconhece o papel de decisões e acontecimentos circunstanciais (não sistemáticos) na configuração da trajetória temporal da tecnologia: a via larga com 4'8.5" não ganhou por ser tecnicamente superior a outras bitolas largas. Na realidade, a bitola ótima de uma linha depende das condições de tráfego, da tecnologia das locomotivas, do relevo onde se situa o canal ferroviário, da escolha dos parâmetros operacionais mais importantes (tipo de operação).

Ou seja, a "história do processo conta" e pode ser crucial na determinação do resultado, que depende da experiência, perspetivas, visão empresarial e liderança únicas de pessoas particulares. Logo a prática ou a técnica que se torna padrão não possui necessariamente uma superioridade inerente sobre as alternativas, mas reflete antes circunstancialismos das vicissitudes históricas. Esta perspetiva pode ajudar a compreender a multitude de bitolas de via larga encontradas ainda hoje na Europa e noutras regiões do mundo.

---

48   Oz Shy, *The economics of network industries*, Cambridge University Press, 2001

49   Curiosamente, essa conversão incentivou terceiros a lançar novas linhas de via reduzida tirando partido da disponibilidade no mercado de usados do material rolante, especialmente locomotivas, a baixo preço, provenientes desses processos de conversão da via reduzida para a via larga. Cf. Hilton, G., *American Narrow Gauge Railways*, Stanford University Press, 1990, cap. 4.

50   Douglas Puffert, *Tracks across continents, paths through history. The economic dynamics of standardization in railway gauge*, University of Chicago Press, 2009

51   "path dependency"

Puffert mostra como os padrões e a diversidade de bitolas das ferrovias no mundo emergiu parcialmente como um resultado das escolhas idiossincráticas e outros acontecimentos não sistemáticos e parcialmente como resultado de esforços sistemáticos para melhorar a integração e eficiência das redes ferroviárias. Apresenta evidência tanto de efeitos de retroalimentação positivos (externalidades), particularmente nas primeiras fases do processo de seleção de bitola em cada região, como de racionalização sistemática dos resultados, especialmente nas fases finais do processo. Em geral, os efeitos dos "fundadores" persistiram. Como ele refere, um caso notável é a predominância até agora da bitola que o pioneiro George Stephenson transferiu de umas vagonetas primitivas de umas minas para a linha da Liverpool & Manchester Railway, sem que, obviamente, tenha feito qualquer tentativa para deduzir, a partir dos princípios básicos, qual seria a bitola técnica ou economicamente ótima para essa linha[52].

As chamadas teorias críticas da filosofia reconhecem os limites de organização racional da sociedade moderna, de que a tecnologia é um fundamento essencial. Entre as contribuições recentes e mais influentes, a partir da teoria crítica, para a moderna filosofia da tecnologia conta-se o construtivismo crítico de Andrew Feenberg (também conhecido por teoria crítica da tecnologia). O ponto de vista de análise filosófica é naturalmente distinto da análise económica. Mas a análise anterior baseada na "dependência das trajetórias" concilia-se facilmente com a abordagem filosófica de Feenberg que, em obra recente, introduziu e sistematizou o conceito de "tecnosistemas"[53] para se referir às operações relacionadas com as tecnologias, mercados e administração (pública ou privada). Os tecnosistemas são exemplares como paradigmas da modernidade, constituídos por artefactos técnicos ou instituições inspiradas pelas disciplinas da razão técnica, agora com um papel sem precedentes no que respeita ao primado da intervenção da racionalidade técnica (e científica), que remete para as dimensões éticas e políticas da tecnologia.

Por exemplo, Feenberg afirma que "não existe a melhor maneira" que se possa escolher para uma intervenção em tecnosistemas, mas sim muitas maneiras dependentes do contexto. Logo "a trajetória do sistema existente não determina necessariamente o seu futuro" e a ação pública dos vários atores sociais pode colocar a trajetória em conformidade com um ângulo completamente diferente.

---

52   O que aliás Xavier Cordeiro também não faz.

53   Cf. Andrew Feenberg, *Technosystem. The social life of reason*, Harvard University Press, 2017

As ferrovias e as empresas de caminhos de ferro constituíram casos primordiais de tecnosistemas à volta das tecnologias de transporte movido a vapor - um negócio então "inteiramente novo" cuja operação exigia uma supervisão constante, quase minuto a minuto, uma coordenação e controlo de um número enorme de atividades diferentes por múltiplas unidades com múltiplas tarefas dentro de um horário previamente estabelecido. O papel dos caminhos de ferro americanos na adoção das modernas técnicas de gestão, de forte componente quantitativa (contabilidade), é largamente discutido e mostrado por Alfred Chandler[54]. Joanne Yates evidenciou como as caraterísticas do negócio ferroviário - uma força de trabalho dispersa, os riscos de segurança para as pessoas e para os equipamentos e a coleta regular de grandes somas em dinheiro - incentivaram à rápida adoção de sistemas de informação para lidar com as questões de controlo e comunicação através da "busca pela ordem e integração"[55]. À sustentabilidade do serviço ferroviário representa um sucesso primordial da racionalidade técnica em grandes sistemas. Nesse sentido deveria orientar-se pela "solução ótima" - o que não aconteceu. A introdução da via reduzida pode ser vista à luz desta perspetiva.

George Hilton estranha que os promotores da "febre da via reduzida" no continente americano tivessem concentrado toda a argumentação numa discussão de custos de investimento e de operação (que depois a experiência mostrou não ser sustentável, mas que reconhece o papel fundamental dos lucros na racionalidade das opções sobre a tecnologia) e que tenham ignorado a questão da existência, ou não, de uma procura por transportes de baixo custo e de menor qualidade[56]. Na realidade, um argumento de doutrina da via reduzida era que a via larga correspondia a um padrão de qualidade de serviço desnecessariamente elevada - afinal para quê tanta velocidade e tanta potência a custo de investimentos tão elevados, em via larga?

Esta questão tem aliás sido uma questão persistente em tecnologia: o papel e oportunidade de tecnologias "intermédias" e "apropriadas"foi característico da

---

54   Cf, Alfred Chandler, *The Visible Hand. The managerial revolution in american business.*, Harvard University Press, 1977, parte II (À revolução nos transportes e nas comunicações).

55   Cf. JoAnne Yates, *Control through communication. The rise of system in american management*, The John Hopkins University Press, 1989

56   Hilton, G., *American Narrow Gauge Railways*, Stanford University Press, 1990, p. 57

discussão nos anos 70 e 80 do século XX, numa perspetiva "pós colonial"[57]. O caso da Índia terá sido dos casos mais emblemáticos de procura de uma tecnologia "alternativa", mais barata e mais facilmente acessível, mesmo que de menor qualidade, fora dos ditames do capitalismo empresarial, sob a batuta do dirigismo estatal e do protecionismo aduaneiro, especialmente entre as décadas de 1950 e 1980[58]. À analogia com a alternativa da via reduzida, como sistema ferroviário, é óbvia. Em ambos os casos os resultados não foram animadores. De qualquer modo, concretizam oportunidades de exploração heterodoxa de possibilidades[59] ou oportunidades tecnológicas fora do quadro de referência mais ou menos padronizado pela racionalidade reconhecida e aceite. Mostram que a "agência" dos atores pode propor e criar trajetórias alternativas, mesmo que depois possam ter menos sucesso. Como James Utterback escreveu numa obra clássica, a inovação tecnológica, e não só, é um permanente "jogo de quedas e avanços"[60]. Mostram que as trajetórias existentes das tecnologias podem ter alternativas, promovidas pelas forças sociais excluídas do processo[61].

---

57   Cf. Barbara Lucas e Stephen Freedman, *Technology choice and change in developing countries. Internal and external constraints*, Tycooly International Publ. Ltd, 1983

58   Cf. Eduardo Beira, *India 2006. Que mercado para os moldes portugueses? Notas de uma missão*, Cefamol, 2006, cap. 2.3

59   "affordances", recorrendo a uma terminologia habitual na filosofia anglo saxónica

60   Cf. James Utterback, *Mastering the dynamics of innovation*, Harvard Business school Press, 1941, cap. 9

61   Como é óbvio, os promotores da "febre da via reduzida" pouco, ou nada, tinham a ver com o "establishment" do sistema ferroviário já implementado nos Estados Unidos.

PARTE III

MEMORIA ACERCA DOS CAMINHOS DE FERRO DE VIA REDUZIDA

MEMORIA

ACERCA

DOS CAMINHOS DE FERRO DE VIA REDUZIDA

POR

CÂNDIDO XAVIER CORDEIRO

LISBOA
IMPRENSA NACIONAL
1880

I
CONSIDERAÇÕES PRELIMINARES

Os caminhos de ferro de via reduzida estão pouco generalisados na Europa. Á excepção da Noruega, que construiu todas as suas linhas interiores ou sem caracter internacional com a largura de 1,067 |m|, e da Suecia, que tem perto de 600 kilometros de via reduzida, não ha paiz algum na Europa que possua mais de 200 kilometros de caminhos de ferro d'esta especie.

A extensão total construída em cada paiz, segundo os dados que pude colher, é a seguinte:

França......................	156	kilometros
Alemanha..................	22	»
Suecia.......................	446	»
Noruega.....................	884	»
Itália.........................	41	»
Russia.......................	135	»
Austria......................	27	»
Belgica......................	112	»
Inglaterra..................	213	»
Portugal....................	44	»
Suissa.......................	44	»
Extensão total.....	2:144	»

N'esta extensão estão comprehendidos muitos caminhos de ferro puramente industriaes, mas cujo estudo offerece bastante interesse pelas condições em que está feita a sua construcção.

Na America do Norte e na India ingleza nota-se um desenvolvimento muito maior de caminhos de via reduzida. Assim ha, pelo menos:

Nos Estados Unidos..............	3:800 kilometros	
No Canadá...........................	700	»
Na India ingleza...................	1:246	»
Extensão total......	5:746	»

Ha alguns caminhos d'esta especie também no Brazil e na Australia, e a construcção de mais linhas progride com actividade, tanto na India como em todo o novo continente.

É obvia a rasão do pequeno desenvolvimento que teem tido estes caminhos de ferro na Europa. As linhas principaes estavam, em geral, construidas com a largura de 1,44 [m], quando a idéa da reducção d'esta largara começou a ser bem recebida por alguns engenheiros; o complemento da rede não podia pois deixar de ter a mesma largura, apesar das opiniões muito valiosas em contrario. Na America e na India havia novas regiões a explorar, e portanto novas redes a estabelecer. Comprehende-se pois que esses paizes, tendo completa liberdade na escolha da via, fossem levados a adoptar uma largura mais pequena, que lhes permittia construir mais, gastando menos.

Na Noruega succedeu outro tanto. As linhas a construir eram extensas; o paiz quasi despovoado; o commercio e a industria limitados; tornava-se pois necessario realisar as maximas economias na construcção; e veremos como o distincto engenheiro director das linhas do Estado, o sr. Pihl, desempenhou esta missão.

Nos outros paizes da Europa teem havido, e continuam, discussões a proposito da conveniência de se adoptar uma largura de via differente da normal para completar a rede geral. As opiniões mais auctorisadas manifestam-se ora pro, ora contra, e muitas vezes fica-se em duvida sobre qual é a que prevalecerá.

Em França, por exemplo, a opinião de Flachat, de Thirion, de Nordling e de muitos outros engenheiros distinctos, foi favoravel á via reduzida e deu logar a que mr. Caillaux, quando ministro, apresentasse á assembléa nacional um projecto de lei estabelecendo a largura de 1,0 |m| para os caminhos de ferro departamentaes. Este projecto originou a celebre brochura de mr. Krantz «*Observations sur les chemins de fer économiques*», e levantou na própria commissão da camara uma viva opposição. O relator, mr. Varroy, classificou as idéas de mr. Caillaux de «*systèmes très contestables et en tout cas fort contestés*».

O projecto de lei que mr. Freycinet submetteu ao parlamento, em 4 de junho do anno passado, deu um primeiro golpe nas applicações da via reduzida. Effectivamente, por este projecto, são encorporados na rede dos caminhos de ferro de interesse geral todos os que satisfizerem a uma qualquer das condições seguintes: 1.ª, ser util á defeza do paiz; 2.ª, communicar directamente entre si duas linhas importantes; 3.ª, ligar um centro de alguma importancia com a rede geral; 4.ª, facilitar as relações politicas ou administrativas. Por este modo a via reduzida só poderá ser applicada aos caminhos de ferro não comprehendidos n'esta classe, denominados de interesse local, e que são evidentemente de uma importancia muito secundaria.

Posteriormente, em 2 de agosto, apresentaram os srs. Béral e Basire ao governo francez o resultado do estudo de que haviam sido encarregados, acerca do estabelecimento dos caminhos de ferro economicos. N'este trabalho, cujo resumo veiu publicado no *Journal officiel*, de 15 de agosto, expõem aquelles engenheiros a opinião de que, a não ser em casos muito excepcionaes, todas as vezes que houver a construir um leito especial para um caminho de ferro, se deve adoptar a via normal de 1,44 [m].

Parece pois que em França a via reduzida perdeu a batalha.

Na Allemanha, a reunião de Dresde [sic], em 1867, manifestou-se contra a adopção de uma via differente da normal, sustentando que as economias de construcção se podiam obter pela simples modificação das condições technicas em que estavam estabelecidas as linhas principaes. Em 1871, porém, a assembléa geral da associação das administrações dos caminhos de ferro do Estado foi de opinião que os caminhos de ferro secundarios fossem de tres classes correspondentes a tres larguras de via, 1,435 [m], 1,0 [m] e 0,75 [m]. Não parece comtudo que estas ultimas larguras tenham sido muito empregadas, e custa a crer que as considerações estratégicas não sejam, como em França, um obstáculo serio á adopção da via reduzida.

A Suecia construiu 466 kilometros de via reduzida e continua a construir. Ao mesmo tempo, porém, começa a transformar em via larga alguns dos primitivos caminhos. As linhas suecas atravessam vastas extensões de território que não teem outras saídas para os seus productos, e acham-se dentro de pouco tempo nas condições de trafico das linhas principaes. Por este motivo a administração dos caminhos de ferro do Estado não é partidaria do systema de via reduzida. Prevaleceram, porém as considerações económicas; entendeu-se que era necessario primeiro vivificar a industria, desenvolver o commercio, crear o trafico emfim; que convinha marchar o mais rapidamente possível e com o menor despendio. O resultado que se tinha em vista foi com effeito obtido, e a própria transformação já começada das linhas de via reduzida em via larga dá idéa do desenvolvimento que tem tomado este paiz, onde ha já quatro officinas de construcção de locomotivas e seis de fabricação de carris.

A reunião dos engenheiros italianos em Milão, no mez de setembro de 1872, opinou pela adopção de uma via reduzida para os caminhos de ferro secundarios. Por este motivo foi em 1874 submettido ao parlamento italiano e por elle approvado um projecto de concessão de duas linhas com a via de 1,0 [m]. No relatorio da respectiva commissão tornou-se, porém, bem claro o pensamento que presidiu á sua resolução. Diz-se ali com effeito que, ao passo que seria um erro abandonar as condições normaes de um caminho de ferro de primeira ordem quando se trata de ligar umas ás outras as grandes artérias commerciaes, seria pelo contrario vantajoso adoptar o *systema economico, e até mesmo o da via reduzida*, para as linhas secundarias que podem ser consideradas como simples ramaes. Admittem-se pois claramente dois systemas de linhas económicas, e parece limitar-se o emprego da via reduzida a casos muito excepcionaes.

A Austria não tem construído linhas de via reduzida, excepto a de Lambach a Gmunden com 1,107 [m], na extensão de 27 kilometros, apesar das opiniões favoraveis de alguns homens importantes d'este paiz. Entre outros, o sr. Daniel P. Sullivan, n'um relatorio por elle apresentado ao ministro das obras publicas, aconselhava ao governo a adopção da via reduzida para todas as novas linhas, e a transformação successiva das linhas já construídas com via larga em linhas estreitas.

Na Russia construiram-se, desde 1870 até hoje, duas linhas com via reduzida. O governo russo havia nomeado uma commissão de engenheiros presidida pelo conde Bobrinsky para estudar o estabelecimento dos caminhos de ferro economicos de via estreita, e com especialidade o do Festiniog em Inglaterra, cuja reputação era já grande. Esta commissão foi favoravel á adopção da via reduzida, mas optou pela largura noruegueza, e em consequência d'isso o governo imperial ordenou a construcção da linha de Vierhovie a Livny com a largura de 1,067 [m]. Posteriormente construiu-se a linha de Novgorod a Telmdowa, mas parece que se não progrediu n'este systema de construcção.

A Belgica possue dois caminhos de ferro muito antigos com a largura de 1,20 [m], o de Anvers a Gand e o do Haut et Bas Fléun. Estes caminhos não teem o caracter de via reduzida, porque, nem as difficuldades do terreno aconselharam a reducção, nem o trafico permitte que ella seja mantida. Com effeito, pensa-se em transformar estas linhas; e é de presumir que as do Fléun fossem já alargadas, porque estavam encravadas entre as linhas de 1,50 [m] e teem um movimento enorme de mercadorias. São estas as únicas applicações conhecidas d'este systema na Belgica. Comtudo o governo belga, em 1874, encarregou o sr. Ch. Dumon, inspector geral de pontes e calçadas, de estudar a questão do estabelecimento dos caminhos de ferro economicos na Bélgica, o qual, n'um relatorio que apresentou, aconselhou a adopção da via reduzida para as ultimas ramificações da rede geral do paiz. Em rede tão fechada, como a da Bélgica, comprehende-

-se que estas ramificações são de pequena importancia. Em Inglaterra ha um certo numero de linhas de via reduzida destinadas ao transporte dos minérios do paiz de Galles para os portos do litoral. Estas linhas foram estabelecidas pela maior parte com tracção animal, mas teem sido transformadas successivamente em consequência do grande desenvolvimento que n'ellas tem tomado o trafico de mercadorias e passageiros; e ultimamente teem sido construídas novas linhas. A sua extensão total é porém muito diminuta, e o interesse que teem inspirado provém unicamente da largura excessivamente reduzida; em geral, 0,60 [m].

Na Suissa tem-se feito, de 1872 para cá, algumas concessões de caminhos de ferro com via de 1,0 [m]. A necessidade de attingir grandes alturas e as grandes difficuldades do terreno são a causa da adopção d'esta via. As linhas, porém, a que tem sido applicada, são de pequena importancia.

A America adoptou em larga escala o systema de via reduzida, como a Suecia e Noruega, para estender o mais rapidamente possível os braços da civilisação a vastíssimas regiões inexploradas. Acontece porém, como no primeiro d'aquelles paizes, desenvolver-se o trafico por tal fórma, que se torna necessária a transformação successiva das linhas. O sr. Poutzen, antigo alumno da escola de pontes e calçadas de França, muito conhecedor dos caminhos de ferro americanos, que visitou, e acerca dos quaes está escrevendo uma obra muito completa, informou-me de que se está procedendo ali ao alargamento de muitas linhas.

Do rápido exame que acabo de fazer parecem resultar duas consequências geraes:

1.ª O systema de via reduzida só tem tido applicações a paizes inexplorados, com o fim de n'elles activar o commercio e a industria, ou a linhas muito secundarias, ultimas ramificações da rede geral.

2.ª Está reconhecido que a largura de 1,44 [m] não se oppõe a que se modifiquem as condições technicas de um caminho de ferro, de modo a obter uma grande economia de construcção relativamente ao custo das linhas de primeira ordem.

Passarei a examinar as condições geraes de construcção e exploração dos caminhos de ferro de via reduzida, e procurarei indagar até que ponto será applicavel á largura normal das nossas linhas o segundo dos principios acima enunciados.

Os dados relativos aos caminhos de ferro da Suecia e Noruega foram extrahidos do relatorio do sr. Dumon.

A obra de mr. Vignes *Étude téchnique sur le chemin de fer du Festiniog*, forneceu-me muitos esclarecimentos sobre os caminhos de ferro inglezes.

Consultei também a *Description raisonnée sur quelques chemins de fer à voie étroite*, de mr. Ledoux, onde encontrei preciosas indicações sobre a construcção.

II
CONSIDERAÇÕES GERAES SOBRE A CONSTRUÇÃO

Largura da via

Nos caminhos de ferro de via reduzida, construídos até hoje, existe uma grande variedade de larguras de via. No seguinte quadro indico os typos principaes adoptados em differentes paizes e a extensão total dos caminhos conhecidos de cada typo, tanto publicos como industriaes.

Paizes	Largura de via – Metros	Extensões – Kilometros	Caminhos
França...............	1,00	80	Varias linhas.
Alemanha...........	0,785	22	Broëthal.
Suecia...............	0,980	116	Varias linhas.
	1,219	134	
Noruega..............	1,067	712	
Itália...................	0,76	15	S. Léon (Sardenha)
	0,90	12	Turim a Rivoli
Russia.................	1,067	135	Varias linhas.
Austria...............	1,107	27	Lambach a Gmunden
Inglaterra...........	0,60	102	
	0,915	125	
Suissa.................	1,00	44	Varias Linhas
Estados Unidos...	0,915	3:800	
India...................	1,00	1:246	
Canadá...............	1,067	700	

Apesar de serem de ha muito conhecidos os resultados da construcção e exploração de grande parte das linhas comprehendidas no precedente quadro, subsistem as duvidas acerca da largura de via mais vantajosa.

Nos caminhos de ferro industriaes, para serviço de officinas, ou destinados exclusivamente ao transporte de productos mineraes ou agricolas, não ha rasão para se não adoptarem larguras de via muito reduzidas. Desde a via de 0,457 [m] dos arsenaes de Chatam e de Woolwich até a de 1,0 [m], ha margem para escolher a largura mais conveniente ás condições locaes e á natureza do transporte. Em linhas, porém, de interesse publico para conducção de passageiros e de mercadorias de toda a especie, únicas linhas de que nos occuparemos, é indispensavel satisfazer a variadas condições de solidez, estabilidade e capacidade.

O sr. Spooner, engenheiro director do caminho de ferro do Festiniog, é de opinião que a largura de 0,60 [m] adoptada n'este caminho é excessivamente diminuta, e que a largura de 0,75 [m] deve satisfazer a todas as condições de uma boa exploração.

Esta largura de 0,75 [m] é também aconselhada pelos srs. Béral e Basire no relatorio que apresentaram ao governo francez, mas sómente para as linhas estabelecidas sobre as estradas publicas, pois para as que forem construídas com platafórma especial indicam como mais conveniente a largura de 1,0 [m].

O sr. E. Chabrier, engenheiro civil que tem estudado muito estes assumptos, n'uma conferencia que fez no palacio do Trocadero ácerca dos caminhos de ferro «sur routes», optou pela via de 0,80 [m], por ser esta a largura minima que na sua opinião se presta a dar ás carruagens e vagões uma dimensão transversal sufficiente para as necessidades do transporte.

Resulta, com effeito, da experiencia de vários caminhos de via reduzida, que é permittido dar ao material de quatro rodas uma largura igual a duas vezes e meia a largura da via, sem inconveniente algum para a estabilidade. No caminho de ferro do Festiniog attingiu-se mesmo uma proporção maior, pois são ali empregadas carruagens de 1,905 [m] de largura que teem mais de tres vezes a largura da via de 0,60 [m]; mas estas carruagens necessitam, para serem estaveis, o abaixamento demasiado do centro de gravidade e a concentração da carga ao meio do vehiculo por meio de dois bancos longitudinaes encostados um ao outro; disposições estas que não se podem tomar como modelos.

Com a disposição ordinaria das carruagens de quatro rodas geralmente empregadas, convém não exceder a proporção de 2,5.

Partindo d'este mesmo principio chegou o sr. Fairlie, o incansavel propugnador dos caminhos de ferro de via reduzida, á conclusão de que a largura minima de via, e portanto, no seu entender, a mais vantajosa em absoluto, é a de 3 pés inglezes ou 0,915 |m|. Esta via corresponde effectivamente a uma largura de vehiculo de 2,29 |m|, sufficiente para todas as necessidades. Com a via de 0,80 |m| esta largura seria só de 2,0 |m|, que parece pequena para quatro logares de passageiros, e grande para três. É necessario também ter em attenção que os wagões para transporte de gado precisam de uma largura de 2,20 |m| pelo menos. Este transporte é mesmo considerado como a principal difficuldade dos caminhos de ferro de via muito reduzida. O sr. Goschler, na sua memória «*Les chemins de fer nécessaires*», apresenta um modelo de vagão-cavallariça, para via de 0,80 |m|, em que o animal fica com a cabeça fóra do vehiculo. É evidente que uma tal disposição não póde ser adoptada.

Parece-me, portanto, que a via de 0,915 |m|, ou quando muito 0,90 |m|, deve ser considerada um minimo.

A largura de 1,0 |m|, proposta pelos engenheiros francezes a que acima alludi, para caminhos de ferro assentes em leito proprio, pouco differe da precedente, e permitte dar um pouco mais de estabilidade aos vehiculos, ou, preferindo-se, maior capacidade; e torna mais fácil a construcção das locomotivas. Por alguns constructores me foi dito, effectivamente, que consideram a largura de 1,0 |m| um minimo sob o ponto de vista de uma boa disposição dos orgãos das machinas. Mr. Level, engenheiro da companhia do norte de França, que tem estudado muito esta questão, entende tambem que a via de 1,0 |m| é a mais conveniente de todas. Esta largura é proximamente a media entre as de 0,915 |m| e de 1,067 |m|, cujas applicações em larga escala não deixam a menor duvida acerca das suas vantagens praticas.

A reducção da largura da via nos caminhos de ferro destinados ao serviço publico não deve, portanto, ir alem de 1,0 |m| ou 0,90 |m|, quando muito; e n'este limite considero comprehendidos, tanto os caminhos construidos em leito proprio, como os que forem assentes sobre as estradas publicas.

Não é facil, com effeito, comprehender o motivo da distincção que se tem feito das duas classes precedentes de vias ferreas. Os vehiculos não podem deixar de ter a mesma largura para satisfazerem aos mesmos fins; e em consequência das fortes rampas que se encontram nas estradas é indispensavel que as locomotivas possuam uma força de tracção muito elevada, incompatível com a largura de via muito reduzida. Insistirei sobre este ponto quando tratar dos motores.

Raio das curvas

Sabe-se que uma das maiores vantagens attribuidas á via reduzida é a sua flexibilidade. Quanto menores forem os raios das curvas, menor será a despeza de construcção. Indaguemos portanto quaes são os limites inferiores admissiveis dos raios das curvas na via de 1,0 |m|.

Apresento em seguida os raios minimos adoptados |em cm| em alguns caminhos de ferro de via de 1,0 |m| ou proximamente.

Caminhos	Largura da via	Raios Minimos	Observações
Commmentry a Montluçon..	1,00	90	
Burelles a Tavaux................	1,00	30	Excepcional
Mondalazac.........................	1,10	40	Excepcional
Noruega..............................	1,067	188	
Lausanne a Échalens...........	1,00	60	Excepcional
Winkeln a Appenzell...........	1,00	90	
Ergastiria (Grécia)...............	1,00	60	

O caminho de ferro de Burelles a Tavaux é um caminho industrial assente sobre uma estrada publica e destinado unicamente ao transporte de beterrabas.

No caminho de Mondalazac, pertencente á companhia de Orleans, e applicado também exclusivamente ao transporte de minérios, só ha uma curva de 40 [m] á saída da estação de Mondalazac; as outras são de 60 [m] e 75 [m].

A linha de Lausanne a Echalens é um bom modelo de linha economica para serviço publico. Está assente na estrada de Lausanne a Yverdon, e tem uma unica curva de 60 [m] n'uma extensão de 65 metros. Os raios das outras curvas são todos superiores a 100 [m]. A velocidade effectiva dos comboios ordinarios é de 25 kilometros por hora.

Finalmente o caminho de ferro de Ergastiria, na Grécia, descripto por Mr. Ledoux e por elle construido, serve para o transporte das escorias de antigas fundições de chumbo argentifero que são tratadas novamente nas officinas de Ergastiria. Apesar das curvas de 60 [m], a velocidade dos comboios attinge nas descidas 20 kilometros por hora.

Estes exemplos mostram-nos que, posto se tenham empregado algumas vezes e excepcionalmente raios de 30 a 90 metros, convém não descer d'este ultimo limite quando se pretender um serviço de passageiros em boas condições de velocidade.

Os srs. Béral e Basire estabeleceram o minimo de 80 metros em via corrente e excepcionalmente de 60. Convem, porém, advertir que estes engenheiros limitam o emprego da via reduzida a linhas de pequena importancia.

Mr. Level, n'um estudo muito completo que fez para um caminho de ferro de via de 1,0 [m] entre Anvin e Calais, na extensão de 95 kilometros, empregou raios de 100 e 120 [m] unicamente junto ás estações. Todos os outros são superiores a 120 [m] e em geral de 150 [m]. Se recorrermos a considerações theoricas veremos inteiramente justificado o limite minimo que a pratica tem determinado.

As resistencias devidas ás curvas são de duas especies:

1.ª O attricto das rodas sobre os carris proveniente da maior extensão do carril exterior, da fixidez das rodas, do parallelismo dos eixos e da distancia entre elles.

2.ª O attricto causado pela pressão lateral dos rebordos das rodas sobre os carris.

A primeira resistencia é expressa pela formula

$$r_1 = 1000 \, f \, \frac{\sqrt{e^2 + d^2}}{R}$$

demonstrada por mr. Ledoux, na qual e representa a semilargura da via de eixo a eixo dos carris, d metade do afastamento dos eixos, R o raio da curva e $f = \frac{1}{6}$ o coefficiente de attricto.

A segunda não póde ser calculada analyticamente; mostrou porém mr. Ledoux, servindo-se para isso do quadro de resistencias addicionaes adoptado pela companhia do sul e confirmado por varias experiencias, que esta resistencia é inversamente proporcional aos raios das curvas e directamente ao comprimento dos comboios. Designando por L este comprimento, podemos exprimir esta relação, segundo as deducções de mr. Ledoux, para a via de 4,50 [m], pela formula

$$r_2 = 1,43\ \frac{L}{R}$$

A largura da via influe necessariamente n'esta relação. Mr. Goschler demonstra no seu livro já citado que, para pressões iguaes, são as resistencias proporcionaes ás raizes quadradas das larguras de via. N'esta hypothese portanto seria necessario multiplicar a expressão precedente pela relação $\frac{\sqrt{e}}{1,50}$.Mas como a egualdade de pressões não póde ser admittida sem reserva em linhas percorridas por locomotivas de peso muito diverso, e com desiguaes afastamentos de eixos, é preferível conservar a formula como acima apresentei.

A addição das duas expressões precedentes, ou $r_1 + r_2$, representa a resistencia total por tonelada, devida ás curvas.

Mr. Ledoux applicou estes principios ao calculo das resistencias na via de 1,0 [m], tomando para e e d os valores respectivos na linha de Ergastiria, que são

$$e = 0,525$$
$$d = 0,725 \text{ para os vagões}$$
e $$d = 1,10 \text{ para as machinas}$$

Os resultados obtidos, com differentes raios de curvas [em m] e para dois comprimentos de comboio [em m], são os que constam da seguinte tabella.

Comboios		Resistencias para raios de								
composição	extensão	60	70	80	90	100	120	140	150	200
14 vehiculos	40,0	3,7	3,1	2,7	2,3	2,2	1,8	1,6	1,4	1,1
7 vehiculos	73,0	4,8	4,1	3,6	3,1	2,8	2,4	2,0	1,9	1,4

Vejamos, soccorrendo-nos ás formulas precedentes, qual é a resistencia nas curvas de 250 metros de raio da nossa linha do Douro, em condições usuaes de extensão de comboios e de velocidades, e com o material actualmente empregado.

As machinas mixtas Beyer Peackoc [sic], com 3,40 [m] de afastamento entre os eixos extremos, tiram comboios com o numero maximo de treze vehiculos, ou 104 metros de extensão, á velocidade de 30 kilometros por hora. As carruagens e vagões teem 3,02 [m] de afastamento de eixos.

Para simplificar, e attendendo a que estas machinas são munidas no eixo da frente da disposição denominada dos planos inclinados, que lhes facilita a passagem nas curvas, supporei que o afastamento de eixos é o mesmo para todo o comboio. Teremos pois

$$e = 0,865$$
$$d = 1, 51$$
$$L = 118$$

dando á machina 14 metros de extensão.

A resistencia devida á velocidade é dada pela fracção 0,05 V, segundo a formula de mr. Vuillemin. Achâmos assim para $R = 250$,

$$r_1 = \frac{290}{R} = 1{,}16$$

$$r_1 = \frac{169}{R} = 0{,}68$$

$$0{,}05V = 1{,}50$$

A resistencia total será pois

$$r_1 + r_2 + 0{,}05V = 3{,}34$$

Na realidade a resistencia deve ser um pouco superior a esta quantidade, porque a passagem das machinas mixtas nas curvas de 250 [m] alarga muito a linha, tendo sido necessario empregar n'estas curvas travessas de carvalho exclusivamente e substituir as escapulas por parafusos. Todavia, como estas condições não são muito para imitar, considerarei a resistencia acima como um limite superior que não convém ultrapassar.

Em caminhos de ferro secundarios é sufficiente a velocidade de 20 kilometros. Deduzindo pois ao valor precedente a parte correspondente a esta velocidade, ou 1,0, obteremos para o valor da resistencia nas curvas, admissivel na via de 1,00 [m], o numero 2,34. Ora, na tabella precedente, este numero corresponde proximamente ao raio de 120 metros no comboio de 73 metros de extensão, e ao de 90 [m] no de 40 metros.

Parece-me pois que as curvas de 120 [m] e 90 [m] na via de 1,0 [m], são perfeitamente comparaveis ás de 250 [m] nas nossas linhas de 1,67 [m], dadas as condições respectivas de material, velocidade e extensão de comboios que nos serviram de base.

Indaguemos agora, inversamente, qual é o raio de curva na via de 1,67 [m] que occasiona uma resistencia egual á da curva de 120 [m] na via reduzida, para o mesmo comprimento de comboio e para a mesma velocidade, na hypothese de se empregarem machinas especiaes que se inscrevam nas curvas com a mesma facilidade que o restante material; isto é, supponhamos

$$d = 1,51$$
$$L = 73$$

e $$r1+r2=2,34$$

Teremos $$r1+r2= \frac{290+104}{R}$$

e portanto $$R= \frac{394}{2,34} =168$$

Quer dizer: adoptando um typo de locomotiva appropriado ás curvas de pequeno raio, limitando a velocidade n'essas curvas a 20 kilometros por hora, e não empregando comboios de extensão superior a 73 metros, poder-se-ha baixar a 168 metros os raios das curvas n'uma linha de 1,67 [m] de largura, sem que as condições de tracção fiquem mais aggravadas do que as de uma via de 1,0 [m] com curvas de 120 [m], ou de que nas curvas de 250 [m] das nossas linhas actuaes com as locomotivas ahi empregadas, comboios extensos e velocidade de 30 kilometros.

Em geral, a resistencia n'uma curva de raio R, comprimento de comboio L e velocidade V, nas nossas linhas de 1,67 [m], e com o material actual, é representada pela expressão

$$\frac{290+1,43L}{R} +0,05$$

A condição para que nunca seja excedida a resistencia limite é, pois,

$$\frac{290+1,43L}{R} + 0,05 = 3,34$$

donde $\qquad 290 + 1,43L = R(3,34 - 0,05V)$

Se a importancia do trafico exigir, por exemplo, comboios de 100 metros e uma velocidade minima de 24 kilometros, o limite inferior do raio das curvas será

$$R = \frac{433}{214} = 204$$

O raio equivalente na via do [sic] 1,0 [m] seria n'este caso

$$= \frac{323}{2,14} = 151$$

suppondo que na tabella de mr. Ledoux é $r_1 = \frac{180}{R}$. Não se podem, pois, fixar em absoluto os limites dos raios das curvas nas duas vias que temos considerado. Estes limites dependem evidentemente da importancia do trafico e das condições do perfil da linha.

No caminho de ferro de Ergastiria, por exemplo, com rampas de 35 millimetros, não era possível empregar comboios de extensão superior a 73 metros, apesar das machinas terem 23 toneladas de peso adherente maximo; e deve notar-se que este comboio só é empregado dividido, á subida, com uma velocidade de 10 kilometros [/h]. Mas estas condições estão appropriadas á importancia e natureza do trafico; e em taes casos são perfeitamente admissíveis as curvas de 90 [m], e mesmo excepcionalmente de menor raio.

N'uma linha porém destinada ao serviço de passageiros e extensa, onde seja necessario empregar velocidades de 20 a 25 kilometros por hora e comboios de 70 a 100 metros de extensão, devem os raios das curvas subir a 120 [m] ou 150 [m] na via de 1,00 [m], e a 170 [m] ou 200 [m] na de 1,67 [m], para que as resistencias não excedam os limites que a experiencia nos tem imposto.

Nas curvas de pequeno raio, tanto na via de 1,0 [m] como na de 1,67 [m], é conveniente adoptar disposições que diminuam as resistencias, e facilitem, portanto, a passagem dos vehiculos.

O traçado parabólico das curvas, ou, pelo menos, a sua ligação com os alinhamentos por meio de parabolas, é um dos meios mais efficazes e que deve ser prescripto nas instrucções do serviço da via. É a elle que se attribue a facilidade com que as machinas do Festiniog se inscrevem nas curvas de 35 metros de raio que ha n'este caminho. Mr. Ledoux apresenta o traçado d'estas ligações para curvas de differentes raios na linha de Ergastiria

No caminho de ferro do Uettiberg (Suissa), com via de 1,44 [m] e curvas de 135 metros de raio, circulam facilmente locomotivas de tres eixos conjugados mediante a injecção de um jacto de agua sobre os carris. Este meio é também empregado no central-suisso, com a differença de que a injecção é ahi feita sobre o rebordo das rodas dianteiras da locomotiva.

Rampas

A questão do limite superior das rampas não é susceptivel de uma solução pratica invariavel. De facto as rampas teem uma influencia capital nas despezas de tracção, e em geral também nas de construcção. O augmento das rampas póde dar logar a uma grande economia na construcção, mas aggrava necessariamente muito o custo da tracção, o qual é evidentemente proporcional ao trafico da linha. Comprehende-se, portanto, que umas vezes prepondere a economia de construcção, e outras vezes a aggravação das despezas de transporte, conforme a importancia do trafico.

Para avaliar devidamente a influencia das rampas na tracção, determinei as cargas que uma locomotiva póde tirar em rampas de 15 a 50 millimetros, á velocidade de 15 kilometros por hora.

Sendo P o peso do comboio, π o da locomotiva, r a resistencia em horisontal e em curva por tonelada de peso bruto, i a inclinação da rampa em millimetros e f o coefficiente de attricto, temos a igualdade

$$(P+\pi)(r+i)=1000\,f\,\pi$$

d'onde $$\frac{P}{\pi}=\frac{1000f}{r+i}=1,0$$

Farei $f=\frac{1}{7}$ e $i=15, 20, 25,... 50$. A resistencia r compõe-se das seguintes parcellas:

1.ª – $2,30 + 0,5V =$ 3,050

2.ª – $\frac{1}{6}$ para attender ás resistencias do motor 0,508
3.ª – Resistencia da curva... 2,400

Total...................... 5,958

ou $$r=6,00$$

Substituindo as letras pelos seus valores na expressão de $\frac{P}{\pi}$, encontro:

i	$\dfrac{P}{\pi}$
15	5,80
20	4,50
25	3,61
30	2,97
35	2,49
40	2,10
45	1,80
50	1,55

Estes numeros mostram bem a importancia das rampas na questão dos transportes. A adopção de rampas de 15 ou de 30 |mm/m| póde fazer variar do simples ao dobro as despezas de tracção. Suppondo, por exemplo, que o custo d'ella em rampas de 15 |mm/m| é de 3 réis por tonelada e por kilometro, o excesso de despeza nas rampas de 30 |mm/m| poderá ser também de 3 réis. Se a tonelagem bruta por anno e por kilometro de linha egualasse 200:000 toneladas kilometricas, como acontece no caminho de ferro de Festiniog, o excesso de despeza annual seria de réis 600$000 e corresponderia a um capital de 9:000$000 réis pelo menos. Seria, pois, necessario que a economia da construcção attingisse n'este caso uma cifra superior a 9:000$000 réis por kilometro, para que o augmento das rampas fosse justificado. Mas se a tonelagem elementar não exceder 80:000 unidades, e é este o caso da linha do Porto á Povoa e Famalicão, bastará que a economia de construcção seja ⅔ da precedente, ou 3:600$000 réis por kilometro.

Foram considerações d'esta ordem as que levaram a companhia de Orleans a preferir na sécção de Murat a Aurillac (Grand-Central) um traçado com rampas de 30 [mm/m] ao que primitivamente havia sido estudado com rampas de 16 [mm/m], e que custava mais 24.000:000 francos.

A questão porém não é, em geral, tão simples como acabo de a apresentar e exige que em cada caso particular se faça um estudo comparado entre os traçados admissíveis, se se quizer chegar a um conhecimento rigoroso da rampa mais vantajosa.

Como vimos, a carga transportada diminue rapidamente com a inclinação. Não é porém só a consideração da carga que deve influir na escolha da rampa. Outras condições ha para attender, como a deterioração dos carris e a patinhagem das rodas das locomotivas. Convém, portanto, saber qual é o limite pratico superior das rampas.

Os srs. Béral e Basire estabeleceram o maximo de 25 millimetros, admittindo porém o emprego de rampas mais fortes em circumstancias excepcionaes. É da mesma opinião o sr. Nordling, engenheiro cuja auctoridade em caminhos de ferro não póde ser contestada.

Na extensa rede dos caminhos de ferro de via reduzida de Suecia e Noruega, nas linhas de North-Wales, em Inglaterra, na de Broelthal na Prussia, e em muitas outras, foi adoptado o maximo de 25 [mm/m].

Alguns exemplos ha de rampas de 30 e 35 [mm/m], como Lagny a Mortcerf, Lambach a Gmunden, Winkeln a Appenzell, e Ergastiria, mas procura-se sempre dispol-as de modo que não prejudiquem muito a tracção. Assim em Ergastiria no sentido do movimento não se excedeu 26 millimetros [/m].

Mais raros são ainda os exemplos de rampas superiores a 35 [mm/m], e n'esses observa-se que, ou a rampa maxima tem pequena extensão, ou a maior parte dos transportes se fará no sentido descendente, ou ainda o principal movimento é de passageiros, como na bem conhecida linha de Eughien a Montmorency. Está no primeiro caso o caminho de Lausanne a Echalens com uma rampa de 40 [mm/m] em 600 metros de extensão; no segundo caso estão as linhas de Mondalazac, Kaltbat a Scheideg e Burelles a Tavaux. Esta ultima tem as mais fortes rampas conhecidas para locomotivas ordinárias, 75 millimetros [/m]; convém porém advertir que durante grande parte do anno está o transito suspenso sobre a linha por não poderem marchar as locomotivas.

No caminho de ferro do Uettiberg, que tem egualmenle rampas de 70 [mm/m], fizeram-se experiencias para determinar a patinhagem das rodas. A differença entre o desenvolvimento total das rodas para um numero de voltas accusado por um contador e a extensão percorrida sobre os carris accusou uma patinhagem muito importante.

Na Suissa admittem os cadernos de encargos o maximo de 50 millimetros [/m] em virtude da accidentação do terreno; mas, para compensar as grandes despezas que d'ahi resultam, estabeleceu-se um systema de tarifas proporcionaes ás rampas, de que terei occasião de fallar.

No nosso paiz não será necessario, em geral, attingir um maximo tão elevado; e parece-me que se póde adoptar 25 millimetros [/m] ou, quando muito, 30 [mm/m] em caminhos publicos com serviço de passageiros e mercadorias, onde as velocidades não devem nunca baixar de 15 kilometros por hora.

Circumstancias haverá porém em que a adopção de rampas mais fortes não terá tão grandes inconvenientes; como, por exemplo, o caso de uma circulação exclusivamente de passageiros, ou ainda de mercadorias, mas pouco activa, e feita principalmente no sentido descendente. E diremos pouco activa, porque o transporte do material vasio não póde deixar de ser tomado em consideração quando a tonelagem é muito importante; assim no Festiniog o peso d'este material vasio attinge 80:000 toneladas. O limite de 50 millimetros [/m] não deve, porém, nunca ser excedido.

Platafórma

Indiquei no seguinte quadro a largura da platafórma e do ballasto [sic], bem como a espessura d'este em differentes linhas de 0,90 [m] a 1,10 [m].

Caminhos	Via [m]	Platafórma [m]	Bailasto [sic]		Banqueta [m]
			Largura	Espessura	
Lagny e Mortcerf......	1,00	3,70	2,00	0,40	0,25
Lausanne a Echalens	1,00	3,00	2,00	0,30	0,20
Noruega....................	1,067	3,80	2,44	0,50	0,18
Turin a Rivoli............	0,90	3,20	2,00	0,40	0,20
Winkeln a Appenzell	1,00	3,45	2,40	0,25	0,15
Ergastiria..................	1,00	4,00	2,00	0,30	0,55

O ballasto geralmente empregado n'estas linhas é a pedra britada, e por isso existem nas platafórmas de 3,00 [m] e 3,20 [m] banquetas que desappareceriam com o ballasto ordinario.

Os srs. Béral e Basire recommendam a suppressão das banquetas. Esta economia parece-me excessiva. A banqueta é indispensavel nas trincheiras para conter o excesso de ballasto proveniente do alteamento do carril exterior nas curvas e das desnivelações da platafórma. Em aterro deve a banqueta ser maior, para evitar que um pequeno desmoronamento do talude do aterro vá arrastar o ballasto.

No projecto de Anvin a Calais adoptou o sr. Level uma largura de 3,30 [m] para a platafórma em escavação e de 3,70 [m] em aterro. A largura do ballasto é de 2,0 [m], e a espessura de 0,30 [m]; de modo que as banquetas são de 0,20 [m] em trincheira e 0,40 [m] em aterro. As travessas foram projectadas com 1,60 [m].

O comprimento da travessa desempenha um papel importante na estabilidade da via; ha pois toda a vantagem em augmental-o o mais possivel. Travessas de 1,80 [m], excedendo a largura da via 0,40 [m] para cada lado, são muito preferíveis ás de 1,60 [m]. A largura do balasto [sic] deve ser em tal caso de 2,20 [m]. Para conservar as banquetas de 0,20 [m] e 0,40 [m] será pois necessario dar á platafórma 3,50 [m] em trincheira e 3,90 [m] em aterro.

Via

O systema de via geralmente empregado, tanto na Europa como na America, nos caminhos de ferro de via reduzida, é o systema Vignole. Em Inglaterra, porém, emprega-se ainda de preferencia o antigo systema de via sobre coxins, e póde dizer-se que os resultados obtidos não deixam a menor duvida a este respeito.

No caminho de ferro do Festiniog, por exemplo, de 0,60 [m] de largura, onde a via é de coxins, e onde ha curvas variando entre 35 e 160 metros, a velocidade ordinaria dos comboios carregados na descida é de 32 kilometros por hora. Velocidades de 48 e 56 kilometros [/h] são ali muito frequentes, e já se chegou a 67,5 [km/h].

É certo que este resultado é obtido á custa de grande despeza de conservação, mas é certo também que não existe caminho de ferro algum de via reduzida com carris Vignole, e com tão pequenos raios de curvas, onde se realisem taes velocidades, e póde dizer-se mesmo que isso é impossível.

O sr. Contamin, distincto professor da escola central de Paris, e engenheiro da companhia do norte, asseverou-me que nas linhas secundarias da companhia, com curvas de 500 metros, com travessas de carvalho e com a fixação dos carris por meio de parafusos, era impossível obstar ao desvio lateral dos carris.

Havia-se já augmentado o diametro dos parafusos de 18 millimetros a 21 [mm] e ultimamente a 23 [mm], mas nada se tinha conseguido, e pensa-se em adoptar um carril especial mais baixo.

O coxim reparte a pressão das rodas por uma maior superfície da travessa, e concorre também pelo seu peso para dar estabilidade á via.

O caminho de ferro do Festiniog póde ser tomado como modelo pelo que respeita á via. O carril é symetrico e pesa 24 kilogrammas por metro corrente. Os coxins sobre que repousa teem 0,25x0,11 [m] de base. As eclisses de 0,33 [m] de comprimento, com quatro parafusos, abraçam o carril pela parte inferior. As travessas intermedias estão afastadas 0,915 [m] e teem uma secção transversal de 0,229x0,114 [m]; as de junta teem 0,254x0,127 [m], e distam uma da outra 0,61 [m]; são todas de pinho *larix* e teem um comprimento de 1,312 [m]. A junta é em falso, e está consolidada por meio de duas travessas, que se collocam longitudinalmente debaixo das duas de junta e que são pregadas a estas formando um caixilho rigido.

Apesar da reconhecida vantagem da via de coxins, não parece, por emquanto, que venha a ser adoptada geralmente, porque é cara. De mais, as velocidades do Festiniog não são necessárias na maior parte dos casos, porque o trafico raras vezes attingirá as proporções a que tem chegado n'este caminho excepcional.

Vejamos pois quaes são as disposições geralmente adoptadas na via Vignole.

O seguinte quadro mostra o peso dos carris e o espaçamento das travessas em algumas linhas de differentes larguras.

Caminhos	Vias [m]	Espaçamento das travessas		Peso dos carris [kg/m]	Qualidade
		De junta [m]	Intermedias [m]		
Lagny e Mortcerf......	1,00	–	0,86	17,0	Ferro
Burelles a Tavaux......	1,00	–	0,86	13,0	Ferro
Cessons-Trébiau......	0,766	–	0,555	12,0	Aço
Lausanne a Echalens	1,00	0,60	1,16	28,9	Ferro
Katbat a Scheideg.....	1,00	–	0,85	20,0	Aço
Hjo a Stenstorp.........	0,89	–	0,74	11,6	Ferro
Uddevalla a Böraas...	1,219	–	0,90	24,5	Ferro
Noruega....................	1,067	–	0,74	20,5	Ferro
Ergastiria.................	1,00	0,60	0,72	20,3	Aço

Na linha de Cessons a Trébiau havia-se estabelecido um espaçamento de travessas de 0,714 [m], que foi necessario baixar posteriormente a 0,555 [m]. As machinas ali empregadas são de quatro rodas e pesam 8 toneladas, ou 2 por cada roda. Com o espaçamento de 0,714 [m] trabalhava o carril a 10,42 [kg/m] nas juntas; reduzindo-o a 0,555 [m] fez-se descer este trabalho a 7,30 [kg/m].

Esta simples observação mostra que em geral é inconveniente adoptar carris muito ligeiros. As machinas empregadas na maxima parte dos caminhos de alguma importancia não pesam menos de 6 a 8 toneladas por cada eixo, e portanto o carril precisa de um peso muito superior ao da linha de Trébian.

O carril de Ergastiria, por exemplo, de aço, com 20,30 |kg/m| de peso, trabalha a 7,87 |kg/m| na junta sob uma carga de 3:920 kilogrammas. Parece-nos portanto que o carril de aço de 20 kilogrammas convirá geralmente com o espaçamento de 0,72 |m| entre as travessas.

Se o preço das travessas for elevado, poderá convir o emprego de carris mais pesados, a fim de augmentar o espaçamento.

Os srs. Béral e Basire recommendam o peso de 22 a 25 |kg/m| para carris de ferro e 18 a 20 |kg/m| para carris de aço, com espaçamento de 0,85 |m| a 0,90 |m|. Tiveram porém o cuidado de estabelecer o peso maximo das locomotivas, que, no seu entender, não deve exceder por cada eixo o peso dos vagões carregados. Esta condição, aliás muito racional, e que tem perfeita applicação aos caminhos secundarios de via larga, cujos vagões carregados pesam 6 a 7,5 toneladas por cada eixo, não poderá em geral ser satisfeita nos caminhos de via reduzida de alguma importancia, porque, pesando os vagões carragados [sic], quando muito, 9 toneladas ou 4,5 por eixo, e não podendo as locomotivas ter mais de tres eixos conjugados, seguir-se-ia que não se poderiam empregar machinas de peso superior a 13,5 toneladas, o que é inadmissível.

Na linha da Povoa empregaram-se carris de ferro de 20 kilogrammas |/m| e carris de aço de 17 |kg/m| com um espaçamento de travessas de 0,80 |m|. Para locomotivas que pesam 7 toneladas por cada eixo, parecem-me estes carris um pouco fracos. No emtanto deve-se também ter em vista a importancia do trafico; uma circulação muito activa precisa de carris mais fortes do que outra menos importante.

Os dados seguintes são extrahidos da obra já citada de mr Krantz.

Peso dos Carris [kg/m]	Cargas maximas para afastamentos de travessas de [kg]					
	1,0 [m]		0,85 [m]		0,75 [m]	
	Ferro	Aço	Ferro	Aço	Ferro	Aço
25............	6:950	8:550	8:120	10:000	9:260	11:400
22............	5:740	7:060	6:700	8:260	7:650	9:410
20............	4:980	6:130	5:820	7:170	6:500	8:170
18............	4:250	5:230	5:000	6:120	5:680	6:970
15............	3:230	3:970	3:800	4:640	4:300	5:200

O trabalho do ferro é supposto a 6,5 [kg/m] e o do aço a 8 kilogrammas [/m].

Mr. Level, no projecto da linha de Anvin a Calais, adoptou um typo de carril de aço de 20 kilogrammas que me parece perfeitamente estudado, com 0,10 [m] de altura e 0,088 [m] de base.

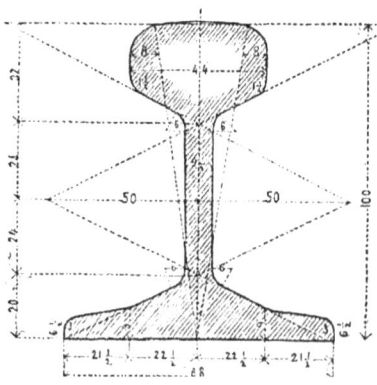

Escala de 0,5

Mr. Ledoux estudou um outro typo do mesmo peso, de 0,098 [m] de altura e 0,075 [m] de base, que é evidentemente peior. Nas curvas de pequeno raio não podem convir os carris altos; ora no typo Ledoux a relação da altura para a semi-largura da base é 2,61, superior á do carril do norte de França, que é de 2,38, e que mr. Contamin acha exagerada nas linhas secundarias. No carril Level esta relação é 2,27.

Não terminarei sem mencionar o systema de via inteiramente metallica de Serres & Battig, que parece ter resolvido definitivamente o problema da suppressão das travessas de madeira.

Este systema, que os inventores apresentaram na exposição universal, consiste em dois carris longrinas formados cada um de tres peças: o carril propriamente dito, de simples cabeça, e duas longrinas de ferro laminado em fórma de *U* aberto de modo que os dois lados do *U* são perpendiculares um ao outro. [ver página seguinte]

Comprehende-se que a pressão das rodas faz apertar as longrinas contra a alma do carril; para as manter, porém, sempre na sua posição e impedir que se afastem uma da outra, são atravessadas por uma pequena peça de ferro laminado em forma de *T* múltiplo, verdadeiro taco, que as abraça pela parte superior. Estes tacos são prolongados de distancia em distancia para ligar entre si os dois carris-longrinas. O movimento longitudinal é impedido por meio de uma pequena cavilha que atravessa as duas longrinas, munidas para isso de furos ellipticos.

Como se vê, o systema é da maior simplicidade e de uma grande facilidade de assentamento e de reparações. O peso para a via de 1,0 [m] de largura é de 50 a 60 kilogrammas por metro corrente; isto é, pouco mais do peso dos carris actualmente empregados. Póde pois dizer-se que este systema economisa as travessas, quando comparado com o systema

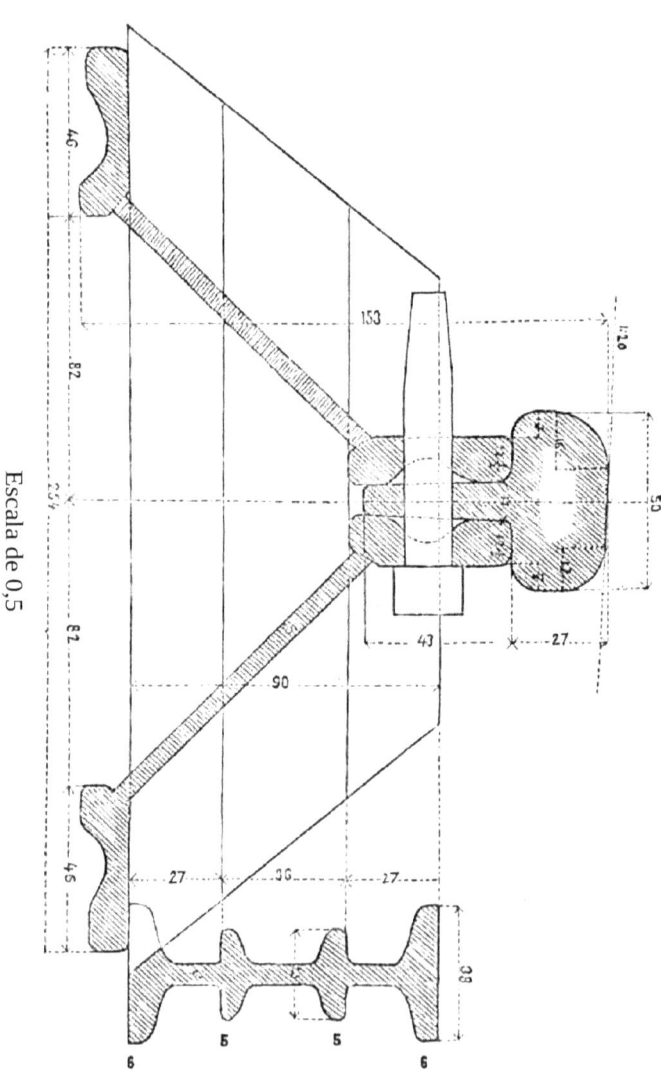

Escala de 0,5

actual; e pelo que respeita ás despezas de conservação calcula-se que a economia é de 30 por cento sobre as de uma
linha com travessas de carvalho, e portanto muito superior
quando as travessas forem de pinho.

O systema Serres & Battig está em ensaios ha já tres annos
em França, na Austria, na Hungria, na Belgica, na Hollanda e
no Brazil, e tem dado até agora os melhores resultados. Pa-
recia-me por isso de toda a conveniencia um ensaio nas nossas linhas, onde as travessas são em geral de má qualidade.

Obras de arte

Nos cadernos de encargos francezes para caminhos de
ferro de via de 1,0 |m|, estabelece-se que a abertura das pas-
sagens superiores, ou dos tunneis, entre os encontros, deve
ser pelo menos de 3,50 |m|, e que a altura medida acima do
carril não deve ser inferior a 4,0 |m|.

Estas dimensões dependem evidentemente do material
que se adoptar, ou antes do *gabarit* de carga; parecem porém
geralmente acceitaveis as prescripções precedentes. A largura das pontes e viaductos entre testas póde ser reduzida
egualmente a 3,50 |m|.

Quanto ao numero e typo das obras de arte não ha para os
caminhos de via estreita preceitos que não sejam communs
aos de via larga, dimensões reduzidas quanto o permittir o
estudo minucioso de cada obra, e abandono do emprego da
cantaria em larga escala, como se tem feito em todos os paizes onde abunda a pedra.

As obras de arte do caminho de ferro de cintura em Paris
são um exemplo frisante da necessidade que hoje se sente
por toda a parte de reduzir o mais possível as despezas de
construcção. Ali a cantaria está limitada ao strictamente indispensavel para proteger as arestas vivas, os paramentos

das obras são de alvenaria ordinaria de *meulière* |arenito| disposta em mosaico, não ha molduras nem ornamentação.

Convém egualmente muito não abusar do systema dos typos. Em um paiz accidentado cada obra precisa de um projecto especial. A construcção da rede do Grand-Central, em França, por mr. Nordling, mostra bem que partido se póde tirar do estudo detalhado de cada obra para a adaptar ás condições locaes.

As passagens de nivel são empregadas em geral com grande liberalidade para evitar os desvios de caminhos, por vezes muito despendiosos. Os guardas, porém, são muito raros, e em alguns caminhos foram supprimidos. No caminho de ferro de Lausanne a Echalens, por exemplo, ha nas passagens de nivel pequenos discos que indicam ao machinista o momento de apitar, e que substituem, portanto, os guarda-barreiras.

Estações

Os srs. Béral e Basire estabeleceram certos princípios sobre a construcção das estações, que me parecem o *non plus ultra* da economia. Os edifícios das estações só devem comprehender uma unica sala de espera, o escriptorio e a habitação do chefe. São supprimidas as marquezas e os passeios. Os caes de mercadorias serão construídos quando o trafico o exigir. Os signaes á distancia são também supprimidos. As vias de resguardo e accessorios das estações não devem exceder 10 por cento da extensão total de via principal.

Estas prescripções estão realisadas em algumas linhas secundarias de largura normal ultimamente construidas em França, d'entre as quaes citarei a de Achiet a Marcoing, que tive occasião de visitar. Nas estações d'esta linha está o caes coberto fazendo corpo com o edifício de passageiros, de modo que a linha de caes corre ao longo d'este edifício a pequena distancia d'elle. Entre esta linha e a principal ha uma entrevia de 4 a 5 metros de largura, onde existe um passeio de terra levantado de 0,30 |m| ou 0,40 |m| sobre o nivel do ballasto e que serve para a subida ou descida dos passageiros.

O aspecto d'estas estações é demasiado pobre. O passeio para os passageiros é indispensavel, e o seu logar mais proprio é em frente do edifício. A juncção do caes de mercadorias ao edifício dos passageiros não apresenta taes vantagens que compensem os inconvenientes da falta de um passeio em frente da estação.

A disposição geral das estações do Minho parece-me, portanto, muito preferível. É necessario porém reduzir as dimensões dos caes e a distancia entre agulhas, de accordo com o trafico e a extensão dos comboios. A entrevia também póde ser reduzida a 2,50 |m|, attendendo a que, sendo de 3,50 |m| a abertura das obras superiores, fica o carril a 1,25 |m| do encontro, e não ha rasão para fazer a entrevia maior que o dobro d'esta distancia.

A suppressão dos signaes á distancia não deve ser tomada como regra absoluta. Quando uma estação ficar encoberta por curvas muito apertadas, em trincheira, é indispensavel o emprego de discos.

Quando a linha for de pequena extensão, e a exploração feita em *navette*, poder-se-ha fazer a economia da suppressão do telegrapho. As placas giratórias especiaes para machinas também podem ser supprimidas nas linhas curtas de pequena velocidade.

Nas estações de entroncamento com uma linha de via larga adoptam-se varias disposições para facilitar a baldeação das mercadorias.

Em França a disposição geralmente adoptada consiste em intercalar na via larga os dois carris de via estreita de modo que os vagões d'esta possam ir aos caes da outra largar ou tomar as mercadorias, e vice-versa. A estação de Anvin no projecto a que me tenho referido deveria ser disposta segundo este systema.

Para facilitar a baldeação do carvão, tinha mr. Level projectado para a mesma linha de Anvin a Calais umas caixas moveis de ferro, de 2,0 [m] de comprimento, 1,25 [m] de largura e 1,32 [m] de altura, com capacidade para 2:500 kilogrammas de carvão. Um vagão do norte podia receber quatro d'estas caixas. A manobra fazia-se com um guindaste collocado no caes de baldeação.

Em Allemanha pensa-se em adoptar, se é que não está já adoptado, um systema similhante com caixas rolantes. Um vagão de via larga deverá conter duas caixas. Dispor-se-hão os carris da via estreita perpendicularmente aos da via larga e com o desnível necessario para que os fundos dos vagões fiquem á mesma altura. Dois homens bastam para fazer rodar as caixas de um para outro vagão por meio de uma ponte provisória que se colloca sobre elles.

O caminho de ferro do Festiniog possue disposições muito engenhosas e muito completas para baldear as mercadorias na estação de Mynfford-Junction, onde entronca com a linha de Cambrian.

Esta estação está dividida em três partes destinadas, uma ás ardósias transportadas pelo Festiniog, outra ao carvão trazido pelo Cambrian, e finalmente a terceira ás mercadorias communs ás duas linhas.

Na primeira estão as linhas do Festiniog mais elevadas do que as do Cambrian, de modo que os rebordos dos vagões ficam ao mesmo nivel em ambas as linhas.

Na segunda está a via do Cambrian elevada 2,70 [m] ou 3,00 [m] acima da outra. Os vagões são trazidos a uma placa giratória que póde voltar em torno de um eixo horisontal de modo a inclinar o vagão sobre uma caleira de folha de ferro, que despeja o carvão nos vagões do Festiniog collocados na linha inferior. Dois homens são sufficientes para este serviço. Um vagão do Cambrian enche dois vagões pequenos.

A terceira parte da estação consiste em um caes coberto, situado entre duas linhas dispostas a differentes niveis, de modo que os fundos dos vagões fiquem á altura da plataforma do caes. As mercadorias são transportadas de um para o outro vagão por meio de carros *tricycles* ou por meio de um guindaste fixo, de rotação, collocado sobre o caes.

Como se vê, a estação de Mynfford-Junction está munida dos apparelhos necessarios para effectuar rapida e economicamente a baldeação de uma quantidade enorme de toneladas de mercadorias; 174:000 por anno. Estas disposições são bons modelos a imitar.

III
CONDIÇÕES GERAES DO MATERIAL CIRCULANTE, E DESPEZAS KILOMETRICAS DE CONSTRUCÇÃO

Material de transporte

Encontra-se grande variedade de typos de material circulante de transporte nos caminhos de ferro de via reduzida, principalmente nas carruagens de passageiros. Os typos conhecidos de carruagens podem ser classificados do seguinte modo:

Carruagens de quatro rodas..................	Corredores aos lados
	Corredores ao centro
	Corredores transversaes
Carruagens de seis rodas......................	Corredores ao centro
	Corredores transversaes
Carruagens de oito rodas......................	Corredores transversaes

Os compartimentos transversaes são geralmente preferidos, principalmente quando as distancias a percorrer são grandes. Nos pequenos percursos são admissiveis as carruagens com corredor ao centro, que são mais commodas para o serviço, mas mais pesadas. Entre as primeiras citarei as mixtas da linha de Lagny a Mortcerf, com 2,32 |m| de largura e 24 logares, ou 4 por bancada. Das segundas só conheço as da linha do Porto á Povoa com bancos longitudinaes, e a exposta em Paris pela casa Chevalier com destino aos caminhos de ferro brazileiros. Esta carruagem pesava 300 kilogrammas por cada logar e não é por isso modelo a seguir.

O quadro que se segue contém as dimensões e os pesos de um certo numero de carruagens de cada typo empregadas em alguns caminhos de ferro. |ver página seguinte|

No caminho de ferro da Povoa empregam-se carruagens de typo americano as quaes pesam:

As de 1.ª classe.. 200 kilogrammas
As mixtas... 180   »

As de 2.ª classe................................128 a 143   »

As carruagens mixtas, typo Fairlie, para os caminhos de ferro da Nova Zelandia (via de 1,06 |m|), pesam 143 a 163 kilogrammas por cada logar, conforme são destinadas a viagens curtas ou longas.

Caminhos	Vias	Dimensões		Numero de logares	Peso		Numero de rodas	Systema
		Compri-mento	Largura		Total	Por logar		
Lagni a Mortcerf.........	1,00	4,16	2,32	24	3:175	132	4	Compartimentos
Turim a Rivoli..........	0,90	4,50	1,80	24	2:600	108	4	Compartimentos
Lausanne a Echalens.....	1,00	8,25	1,90	28	5:000	179	6	Corredor ao centro
Suecia..........	0,89	4,69	1,91	24	1:700	71	4	Compartimentos
Noruega..........	1,067	7,17	2,09	32	5:200	168	6	Compartimentos
	1,067	6,10	2,09	32	4:700	146	6	Compartimentos
	0,60	3,05	1,905	14	1:320	94	4	Corredor aos lados
Festiniog.........	0,60	2,9	1,485	12	1:193	100	4	Compartimentos
	0,60	9,98	1,77	50	6:000	120	8	Compartimentos
	0,60	9,45	1,77	42	4:335	103	6	Compartimentos

Vê-se, portanto, que o peso especifico das carruagens actualmente empregadas nos caminhos de ferro de via reduzida varia entre 100 e 200 kilogrammas, sendo porém mais communs as de 120 a 160 [kg], e podendo por isso considerar-se como medio o peso de 132 kilogrammas das carruagens de Lagny-Mortcerf, as quaes teem já a sancção de uma experiencia prolongada.

Nos caminhos de ferro de via larga os typos são menos variados na Europa. Apresentarei em seguida alguns que podem ser considerados como mais usuaes.

Caminhos	1.ª classe		2.ª classe		3.ª classe	
	Logares	Peso	Logares	Peso	Logares	Peso
Paris-Lyon..............................	24	219	30	167	40	133
Minho e Douro.......................	30	255	48	132	60	112
Sul e Sueste (Portugal)...........	24	283	40	164	50	120

Abstrahindo pois das carruagens de 1.ª classe, que nos caminhos de ferro secundarios são sempre em pequeno numero, vê-se que o material de passageiros actualmente empregado tem proximamente o mesmo peso medio na via de 1,0 [m] ou na via larga.

Analysemos agora por um modo identico os vagões destinados ao transporte de mercadorias.

Caminhos	Dimensões		Carga	Peso	
	Comprimento	Largura		Total	Por Tonelada
Lagny–Mortcerf..	3,60	1,66	5:000	2:000	400
Ergastiria..	3,62	1,70	6:000	2:600	450
Suecia...	4,45	2,05	1:250	1:450	341
Noruega..	5,49	2,01	3:760	3:760	684
Festiniog..	2,82	1,22	1:220	1:220	200
	2,70	1,35	1:350	1:350	241

Na linha da Povoa os vagões cobertos carregam 6 toneladas e pesam 2:550 kilogrammas, isto é, 428 [kg] por tonelada. Os vagões typo Fairlie para a Nova Zelandia são de 7 toneladas de carga e pesam 2:000 kilogrammas, ou 300 [kg] proximamente por tonelada.

Vê-se pois que, abstrahindo dos vagões do Festiniog, cujas dimensões são exiguas, e do typo norueguez, cujo peso exagerado deve ter sido exigido pela grande velocidade ali empregada, o peso morto por tonelada de carga varia entre 300 e 400 kilogrammas.

Nos nossos caminhos de ferro do Minho e Douro o peso do vagão coberto é 5:000 a 6:000 kilogrammas, ou 500 a 600 [kg] por tonelada de carga. No sul e sueste pesam 4:660 a 4:980 [kg] e podem carregar 7 toneladas, de modo que o peso morto por tonelada está comprehendido entre 666 e 711 kilogrammas.

Com relação, portanto, ao material de transporte de mercadorias, ha uma differença consideravel de peso a favor da via reduzida, a qual póde ser representada pela fracção a do peso do material da via larga.

Notemos que na Noruega foi necessario subir a 684 kilogrammas em virtude da velocidade; d'onde se segue que, em egualdade de velocidade, o peso especifico dos vagões é o mesmo para a via estreita de 1,0 [m] ou para a via larga.

Esta observação seria muito para attender, no caso de se fazer a comparação entre dois projectos de uma linha para a qual se tornasse necessario adquirir material novo, quer a via fosse estreita quer fosse larga. Mas não é este o caso mais geral. A vantagem de se adoptar para a linha secundaria a largura da linha principal reside na suppressão da baldeação obrigatória de todas as mercadorias; os vagões da via principal hão de portanto circular na secundaria, e vice-versa. Isto é, os vagões devem ser calculados para a linha de maior velocidade.

A ligeireza especifica dos vagões de via reduzida deve, pois, ser tomada em conta quando se fizer a comparação entre esta via e a via larga para uma linha que deve communicar com a rede geral do paiz.

Motores

A questão dos motores é muito complexa, e muito longe nos levaria se entrássemos aqui na descripção de todos os aperfeiçoamentos introduzidos modernamente n'este precioso utensilio do progresso. A exposição universal de Paris, só por si, daria margem a um grosso volume.

As modificações feitas pelas seis grandes companhias francezas nos typos das suas machinas, para os adaptarem ao serviço de comboios pesados e rapidos e ás curvas de pequeno raio; a applicação do systema Compound ás locomotivas, que parece dever ser considerada como um

dos maiores passos sob o ponto de vista do melhor aproveitamento da força expansiva do vapor e portanto do combustivel; as machinas de Riggenbach, com cremalheira, que
trabalham ha já alguns annos na Suissa e na Austria e que
seguramente resolveram, para certos casos, o problema da
tracção em rampas inaccessiveis ás locomotivas ordinarias;
os apparelhos destinados a prevenir os accidentes nos caminhos de ferro, como o freio automatico de ar comprimido de
Westinghouse, o freio pneumatico de Smilh e os signaes Blo-
ck-System, cujas applicações são já numerosas; e finalmente
os novos injectores das caldeiras das locomotivas, d'entre os
quaes mencionaremos em especial o de systema Chiazza-
ri, exposto por mr. Cail, que melhorou consideravelmente
as condições de alimentação das caldeiras e que se applica
admiravelmente á tracção em rampas fortes, são os pontos
sobre que deveria recair o nosso estudo se o assumpto d'esta
memória nos não levasse para outro campo.

Os caminhos de ferro de via reduzida estão na tela da discussão. Precisa-se saber se este systema possue, como alguns engenheiros pretendem, uma capacidade pratica quasi
illimitada de transportes, ou se pelo contrario a sua applicação só tem vantagem nas linhas de trafico muito restricto. O
estudo pois, que mais directamente interessa esta questão é
seguramente o que diz respeito á força relativa das machinas
e ás despezas de tracção.

Para facilitar este estudo, organisei o seguinte quadro,
onde estão compendiados os elementos principaes de alguns typos de machinas empregados em differentes linhas
[ver páginas 48-49].

A inspecção d'este quadro mostra-nos quão rapidamente
decresce a força de tracção de uma locomotiva com a
diminuição da largura da via. Com effeito, exceptuando a
machina Fairlie de oito rodas motoras, de Festiniog, cujo peso

Largura da via	Caminho onde funcionam as machinas	Systema de construção ou casa constructora
0,60	Festiniog..	Spooner.......................
	Festiniog	Fairlie..........................
	Festiniog	Fairlie..........................
	North Wales	Fairlie..........................
0,76	Cessons Trébiau..	Koechlin.......................
0,90	Povoa de Varzim...	Fives Lille..................
1,00	Lagny-Mortcerf...	Fives Lille.................
	Exposição..	Fives Lille..................
	Exposição..	Gouin............................
	Exposição..	Bourdon......................
	Exposição..	Cail...............................
	Exposição..	Passy............................
	Ergastiria..	Koechlin.......................
	Meuse..	Compound..................
1,44	Bayonne Biarritz...	Compound..................
	Bayonne Biarritz...	Compound..................
	Diversos caminhos..	Creusot........................
	Diversos caminhos..	Creusot........................
	Diversos caminhos..	Gouin...........................

Numero de Eixos	Numero de rodas motoras	Diametro das rodas motoras [m]	Diametro dos cylindros [m]	Curso dos embolos	Superfície total de aquecimento [m2]	Maximo peso aderente [kg]	Pressão na caldeira [kg/cm2]
2	4	0,61	0,209	0,305	35,02	10:150	14,06
4	8	0,813	0,216	0,356	66,24	21:315	14,06
4	4	0,813	0,229	0,356	31,00	10:150	14,06
5	6	0,762	0,216	0,356	33,59	11:160	10,0
2	4	0,60	0,22	0,30	21,20	8:000	9,0
3	6	1,00	0,32	0,50	50,00	22:000	9,0
3	6	0,80	0,25	0,36	28,90	13:500	8,25
4	6	1,00	0,32	0,50	49,22	16:800	9,0
3	6	0,80	0,26	0,38	24,50	13:600	7,0
3	6	0,80	0,30	0,40	29,43	18:400	9,0
3	6	0,80	0,25	0,36	28,09	12:000	9,0
2	4	1,05	0,28	0,44	30,65	16:100	8,0
3	6	0,90	0,35	0,46	49,58	23:000	9,0
3	6	0,75	0,22 / 0,345	0,40	32,60	18:500	10,0
3	4	1,20	0,24 / 0,40	0,45	45,00	15:200	10,0
3	6	1,20	0,28 / 0,42	0,55	54,26	25:500	10,0
2	4	0,80	0,28	0,40	29,00	14:000	9,0
3	6	1,00	0,35	0,44	60,49	27:000	9,0
3	6	1,20	0,40	0,50	56,73	26:100	9,0

adherente é de 21 toneladas, todas as outras locomotivas para via de 0,60 [m] teem um peso que não excede 10 a 11 toneladas. Este peso é já excessivo, pois, segundo a experiencia obtida no Festiniog, a machina Spooner de quatro rodas tem um movimento de balanço muito pronunciado. As duas Fairlies de quatro e seis rodas conjugadas são munidas de trens articulados de dois eixos cada um, que lhes dão grande estabilidade, mas ainda assim não foi possível exceder na ultima o peso de kilogrammas 3:700 por cada eixo motor, o que é muito pouco.

As locomotivas construídas pela casa Koechlin de Mulhouse, e descriptas minuciosamente na memória de mr. Ledoux, são dois bons modelos do systema ordinario para vias de 0,76 [m] e 1,00 [m]. Ora a relação do peso da Fairlie de seis rodas motoras para a Hoechlin de Ergastiria é de $\frac{11}{23}$ ou mais de $\frac{1}{2}$.

Se tomarmos para a comparação a excellente machina de quatro rodas exposta peia sociedade de Passy, e cujo peso adherente é de 16:100 kilos, veremos que a relação d'este peso para o da Koechlin de quatro rodas é também de $\frac{1}{2}$ proximamente.

Julgo assim poder concluir que o peso e, portanto, a força de tracção das locomotivas destinadas a vias de 0,60 [m] e 0,76 [m] é proximamente $\frac{1}{2}$ da força das locomotivas para via de 1,0 [m].

Esta relação mantem-se do mesmo modo entre as machinas para vias de 1,00 [m] e 1,44 [m]. Nos exemplos que apresentei de locomotivas de via larga, procurei não exceder o limite de 8 ou 9 toneladas de peso por cada eixo, por ser essa uma condição essencial das linhas secundarias. Sabe-se, porém, que as locomotivas de mercadorias attingem frequentemente 12 e 13 toneladas por cada eixo, o que eleva o peso total adherente a 36 ou 40 toneladas, ora a locomotiva Koechlin de

Ergastiria é a mais pesada que conhecemos para via de 1,0 [m], e pesa sómente 23 toneladas.

Pouco interessaria esta relação ao problema que temos em vista, se nos limitassemos a comparar a via de 1,00 [m] com a via larga nas suas applicações ás linhas secundarias, porque, sendo indispensavel adoptar machinas especiaes, claro está que não se devem exceder os limites do peso compativeis com a ligeireza do carril, nem ha rasão para os exceder, porque a força de tracção precisa é proximamente a mesma, quer se adopte a via estreita ou a via larga.

As precedentes considerações, porém, mostram que a capacidade de transporte das vias muito reduzidas diminue rapidamente com a largura. No Festiniog é o trafico quasi exclusivamente na descida, e é esta circumstancia que permitte ali transportar uma tonelagem importante.

Aos propugnadores da via de 0,75 [m] ou 0,80 [m], assente nas estradas publicas, perguntaremos, pois, que transportes querem fazer em rampas de 0,05 [m/m] com machinas de 8 ou 10 toneladas de peso adherente. O sr. Alfred Falliés, director da companhia do caminho de ferro de Mamers a Saint Calais, no seu folheto intitulado *Etude théorique et pratique sur les chemins de fer sur routes*, preconisa a largura de 0,75 [m], e contenta-se com um trafico de seis passageiros e 3:600 kilogrammas de mercadorias em cada comboio. É pouco mais ou menos a carga de uma diligencia. Em taes condições não se construem caminhos de ferro.

A questão do combustivel está ainda muito obscura, porque, posto abundem os dados relativos aos caminhos de ferro de via larga, escasseiam completamente os que dizem respeito ás linhas de via reduzida.

Segundo esclarecimentos fornecidos por mr. Spooner á *Scientific Review* de 1865, as machinas de dois eixos do Festiniog consumiam 900 kilogrammas de carvão por dia para um transporte medio de 156 toneladas á distancia de 22 kilometros, o que equivale a 256 grammas por tonelada e por kilometro de percurso. O peso total do comboio era de $56^t,019$ ou $44^t,549$, deduzido o peso da locomotiva e tender. O consumo de carvão por kilometro era pois de $11^k,40$.

A Fairlie de oito rodas motoras consumia, segundo outras informações do mesmo engenheiro, 200 grammas por tonelada e por kilometro. Sendo de 129 toneladas proximamente o peso do comboio, e de $19^t,792$ o da machina, o consumo por kilometro de percurso é de $21^k,90$.

Mr. Ledoux achou para a locomotiva de Ergastiria um consumo effectivo de $15^k,40$ por kilometro.

Os dados precedentes e alguns outros estão reunidos no seguinte quadro.

Largura de via [m]	Caminhos	Locomotivas - Numero de rodas	Consumo - kilogrammas
0,60	Festiniog...	4	11,40
	Festiniog	8	21,90
	Cessons-Trébiau	4	10,91
0,76	Rochebelle	4	12,60
	Saint Léon	4	7,00
	Turin a Rivoli	4	5,00
	Povoa de Varzim	4	4,50
	Povoa de Varzim	6	5,60
0,90	Povoa de Varzim	8	7,50
	Lagny-Mortcerf	6	7,00
1,00	Ergastiria	6	15,40
	Mokta-el-Hadid	6	6,65
1,10	Mondalazac	4	9,00

Vemos que o consumo de combustivel nos cominhos [sic] de ferro de via reduzida varia entre $4^k,50$ e $14^k,40$ por kilometro de percurso, se abstrahirmos da machina Fairlie do Festiniog cujo consumo é excepcionalmente elevado. É este o defeito capital das machinas Fairlie, que tem impedido a propagação do systema, apesar de algumas vantagens apreciaveis. O proprio mr. Spooner reconheceu grande inconveniente na duplicação da fornalha e do apparelho motor, e foi por este motivo que mandou construir as outras locomotivas com um só mechanismo.

Resulta egualmente do quadro precedente que o consumo kilometrico de combustivel é independente da largura da via. Não se nota, com effeito, relação alguma entre estes dois elementos, antes parece que a larguras maiores corresponde menor consumo.

Se analysarmos o que succede nos caminhos de ferro de via larga, veremos ainda conservar-se quasi constante o consumo de combustivel.

Caminhos	Larguras de via [m]	Consumo kilometrico em kilogrammas		
		Passageiros	Mercadorias	Medio
Paris-Lyon.......................	1,44	9,142	17,175	12,625
Orleans..............................	1,44	–	–	11,90
Sud-Bahn..........................	1,44	–	–	16,00
Bayonne-Biarritz..............	1,44	–	–	3,79
Norte e Leste (Portugal)...	1,67	7,61	12,50	9,86
Minho e Douro.................	1,67	7,50	9,50	–
Sul e Sueste (Portugal).....	1,67	6,90	11,80	–

Assim, ao passo que a força de tracção diminue rapidamente com a largura da via, o consumo do combustivel por kilometro parece não variar.

A tracção é, pois, muito mais cara nas linhas de via reduzida do que nas de via larga, o que é mais um inconveniente grave da diminuição exagerada da largura de via. Nas nossas linhas do norte e leste, por exemplo, o consumo de combustivel por tonelada e por kilometro foi de 65 grammas proximamente em 1877, e já vimos que no Festiniog se gastam 200 a 256 grammas; na linha de Turin a Rivoli gastam-se 133.

Por isto se vê qual seria o preço do transporte em via de 0,80 [m], nas rampas de 0,05 [m/m] das nossas estradas, com machinas de 8 ou 10 toneladas, que não arrastariam mais do que vez e meia o seu peso.

Não se deve, porém, concluir do que acabo de expor que este inconveniente da diminuição de largura desappareça inteiramente quando em logar da via de 1,0 [m] se adoptar a de 1,67 [m] na construcção de uma linha secundaria. Effectivamente, como a tonelagem a transportar é a mesma, salva a differença que provier de maior peso morto e como, portanto, as machinas devem ter a mesma força, é de suppor que a despeza de combustivel não varie muito. Por outro lado é certo que a maior largura da via permitte dispor os orgãos de uma machina de modo a melhorar a produção do vapor e o seu aproveitamento. É principalmente das dimensões da caldeira e da fornalha que depende a regularidade de marcha de uma locomotiva e, portanto, a melhor utilisação do combustivel. Esta verdade está expressa n'um aphorisrno que Flachat introduziu na linguagem dos caminhos de ferro:

A grands foyers, bas tarifs[1].

---

1   Em grandes fornalhas, tarifas baixa

O emprego do systema Compound está naturalmente indicado para um caminho de ferro secundario, quer se adopte a via de 1,0 |m| ou a de 1,67 |m|. Vimos com effeito que o consumo kilometrico na linha de Biarritz é de 3,79 |kg/km|, e este consumo corresponde a 55 grammas por tonelada, isto é, menos do que em qualquer outro caminho de ferro conhecido.

As machinas Compound teem, alem d'isto, a vantagem de proporcionar o esforço á carga e á resistencia, sem affectar as condições do trabalho motor; de modo que um unico typo de locomotiva serve para comboios rapidos e comboios pesados. Assim, n'umas experiencias feitas no Creusot com a Compound de quatro rodas, notou-se que basta variar a admissão de 50 a 70 centésimos nos dois cylindros para obter trabalhos variando de 222 cavallos a 109, á mesma velocidade e á mesma pressão inicial. N'uma locomotiva ordinaria seria necessario baixar a admissão a 20 centésimos, e menos ainda, para obter a mesma reducção de trabalho, o que é inconveniente.

Na linha de Biarritz ha tres machinas de quatro rodas conjugadas e duas de seis rodas, que teem feito um excellente serviço. A velocidade de marcha é de 32 kilometros por hora, attingindo o maximo de 40 kilometros |/h|. O peso dos comboios sem machina varia entre 40 e 85 toneladas. As rampas são de 15 millimetros |/m|.

Não terminarei sem mencionar o meio actualmente empregado para adaptar as machinas ás curvas de pequeno raio.

Sabe-se que, para que uma locomotiva transponha sem difficuldade as curvas apertadas, é necessario que o afastamento dos eixos extremos conjugados seja o menor possível. Se o diametro das rodas for de 0,90 |m|, o afastamento n'uma locomotiva de tres eixos póde ser de 2,20 |m|, como na linha de Ergastiria, mas resulta d'aqui um grande avançamento da fornalha por um lado, e dos cylindros, pelo outro, de modo que a machina fica pouco estavel. Na locomotiva de Ergastiria estes avançamentos são de 2,43 [m] e 1,87 [m].

Para evitar tal inconveniente, emprega-se actualmente de preferencia o systema Bissel, que consiste na addição de um novo eixo ou um grupo de dois eixos parallelos, ao qual se permitte um movimento de convergência em volta de um ponto escolhido theoricamente, de modo que as linhas medias dos dois trens vão concorrer ao centro da curva. Empregam-se como reguladores d'este movimento os planos inclinados geralmente applicados ao jogo transversal dos eixos das locomotivas ordinarias.

Quando a carga permittir o emprego de um só eixo, e, se não houver obstaculo á collocação d'elle na sua posição theorica, deverá preferir-se o trem de duas rodas por ser o mais simples. Este systema foi o empregado pela casa Fives-Lille na excellente locomotiva de quatro eixos apresentada na exposição; foi também applicado por mr. Pihl ás machinas dos caminhos de ferro norueguezes construídas por Beyer Peacok [sic], assim como as machinas das linhas inglezas da Ile [sic] de Man, construídas pela mesma casa; e finalmente foi adoptado por mr. Level para as locomotivas destinadas á linha de Anvin a Calais. Os resultados obtidos em differentes linhas são excellentes.

Despeza kilometrica

A despeza de construcção é evidentemente muito variavel, segundo as condições do traçado, configuração e natureza do terreno e qualidade do material. Não deixa porém de ser instructiva a comparação das despezas feitas em alguns caminhos de ferro de via reduzida com as de outros caminhos de ferro de via larga em idênticas circumstancias.

Extrahi do relatorio de mr. Dumon os seguintes dados acerca dos caminhos de ferro da Noruega [ver páginas 54-55].

A primeira observação que suggere a inspecção d'este quadro é a pequena despeza kilometrica dos caminhos de ferro norueguezes, tanto de via estreita como de via larga. Este facto, que também se dá na Suecia, provém de quatro causas principaes:

1.ª A pouca accidentação do terreno em geral, manifestada pela despeza de terraplenagem, a qual varia entre 2:000$000 e 8:000$000 réis por kilometro.

2.ª A barateza das expropriações, cujo custo está em geral comprehendido entre 212 e 1$500 réis por metro corrente de linha.

3.ª O baixo preço dos materiaes de construcção, principalmente o ferro e a madeira. As estações, casas de guarda e mesmo algumas obras de arte são construidas quasi exclusivamente de madeira, que era encontrada em abundancia ao longo das linhas.

4.ª A pequena elevação dos salarios propria de um paiz pouco explorado.

Nota-se também a variedade do custo kilometrico, o qual oscilla do simples ao triplo nas linhas de via estreita e ao dobro nas de via larga, ao passo que a despeza em estações e material fixo e circulante se conserva quasi constante.

Esta variação explica-se naturalmente pela differença dos terrenos. Se attendermos, com effeito, ao custo das terraplenagens, podemos dividir as linhas de 1,067 |m| em dois grupos pela seguinte fórma:

Primeiro grupo

Hamar a Aamodt.............................. 2:109$240

Aamodt a Böraas.............................. 2:100$00

Hongsund a Kongsberg.................. 2:649$600

Vikersund a Kröderen...................... 2:379$420

Caminhos	Extensão [km]	Despeza kilometrica [reis]
Via de 1,067 [m]:		
Hamar a Aamodt..	64,4	7:858$440
Aamodt a Böraas..	209,1	6:579$360
Storen a Böraas...	105,1	12:252$960
Trondhjem a Stören..	48,6	15:069$780
Drammen a Randsfjord...	94,9	12:645$900
Drammen a Lanvoee...	117,5	10:099$620
Christiania a Drammen...	52,0	19:565$280
Hongsund a Kongsberg...	28,3	9:720$000
Vikersund a Kröderen...	24,9	7:363$620
Stavanger a Ekersund...	84,7	13:158$540
Horsan a Eidsvold..	54,2	11:287$440
Extensão Total........	883,7	
Media kilometrica..	–	10:710$900[2]
Silleström a Charlottenberg....................................	118,7	16:517$880
Christiania a Höjen..	252,4	22:750$920
Trondhjem á fronteira..	102,8	22:121$460
Christiania a Eidsvold..	67,8	33:310$800
Extensão Total........	541,7	
Media kilometrica..	–	22:620$600[3]

---

2   Na verdade, 10:740$001.

3   Na verdade, 22:587$342.

Proporção da despeza por 100[4]						
Expro-priações	Terraplena-gens	Obras de arte	Obras accessorias	Estações	Material fixo e circulante	Administração
2,85	26,93	6,20	4,30	10,53	41,64	6,29
3,22	23,08	5,98	3,87	7,47	48,90	9,89
2,39	40,52	6,24	4,30	3,94	29,71	9,91
5,45	35,86	12,83	2,15	6,67	24,72	8,65
10,09	31,42	9,96	3,58	9,73	29,05	6,19
11,92	20,80	7,32	3,68	8,91	36,87	10,71
18,81	31,60	10,30	2,30	9,00	23,07	5,90
5,98	27,26	3,90	3,80	17,41	43,89	5,16
6,65	32,31	4,14	5,31	11,11	38,79	5,00
11,67	23,35	9,47	8,72	9,84	33,56	4,41
2,94	34,31	11,79	8,33	5,89	29,89	4,30
4,00	32,93	6,80	2,17	7,82	39,46	6,82
11,39	24,58	8,77	7,72	6,28	36,76	4,50
5,92	35,20	4,51	8,49	4,42	36,98	4,48
–	–	–	–	–	–	–

---

4   Só nas três últimas linhas a soma de todos os valores é igual a 100%. Nas restantes há disparidades tanto para cima como para baixo daquele valor.

Segundo grupo

Stören a Böraas	4:964$400
Trondhjem a Stören	5:403$780
Drammen a Randsfjord	3:973$500
Christiana a Drammen	6:182$640
Stavanger a Ekersund	3:073$320
Horsan a Eisdvold	3:872$700

Nas linhas da via de 1,435 o custo kilometrico das terraplenagens foi:

Lilleström a Charlottenberg	5:438$880
Christiania a Högen	5:592$960
Trondhjem á fronteira	7:785$000

Abstrahimos da linha de Christiania a Eidsvold, por ter sido construida por uma companhia ingleza, ao passo que todas as outras o foram pelo Estado.

As condições de terreno nas linhas do primeiro grupo são evidentemente muito differentes das dos outros dois grupos. Com effeito, sendo os traçados comparaveis, só uma grande diversidade de terrenos poderá fazer com que o custo das terraplenagens diminua de 50 por cento.

A media de 10:710$900 réis[5] que achei para as linhas de via reduzida está, pois, composta de elementos heterogeneos; e para a tornar comparavel com a das linhas de via larga é necessario pôr de parte o primeiro grupo de linhas. Determinei por isso a media kilometrica para as linhas do segundo grupo, a qual é de 13:557$620[6] réis.

---

5   Na verdade, 10:740$001.

6   Na verdade, 13:569$910.

Para as tres linhas de via larga a media é 21:091$320 réis[7]; de modo que a relação das duas medias precedentes é de 0,64.

Parece-me, portanto, poder concluir d'esta comparação que, na Noruega, o custo de uma linha de via reduzida com raios minimos de 188 metros é proximamente   do de uma linha de via larga construida nas condições ordinárias das grandes linhas, isto é, com raios minimos de 500 metros.

Mr. Level fez a comparação das despezas para as duas larguras de 1,0 |m| e 1,44 |m| no projecto da linha de Anvin a Calais, a que me tenho referido. A via estreita foi projectada com raios minimos de 100 e 120 metros, e a via larga com 300 |m|. Os orçamentos são os seguintes:

Capitulos do orçamento	Despezas kilometricas		Relação
	Via de 1,00	Via de 1,50	
Expropriações.............................	1:010$160	1:553$400	0,66[8]
Terraplenagens.........................	1:414$620	4:302$720	0,33
Obras de arte.............................	760$600	1:149$000	0,64[9]
Obras acessorias.......................	282$960	387$720	0,73
Estações.....................................	866$520	866$520	1,00
Material fixo...............................	4:445$100	6:949$260	0,64
Material circulante..................	1:657$080	2:063$880	0,80
Telegrapho.................................	66$600	66$600	1,00
Despezas geraes........................	747$180	747$180	1,00
Sommas......	11:150$820[10]	19:095$300[11]	0,62

---

7   Na verdade, 21:053$156.

8   Na verdade, 0,65.

9   Na verdade, 0,66.

10   Na verdade, 11:250$820.

11   Na verdade, 18:086$280.

O resultado a que chegou mr. Level confirma, como se vê, o resultado da analyse das linhas da Noruega.

Não tenho bases sufficientes para verificar se a relação achada se mantem nos terrenos muito accidentados. É porém de presumir que desça alguma cousa, attendendo a que a principal reducção provém das terraplenagens e obras de arte, e tanto umas como outras augmentam com a cota do perfil n'uma proporção muito rapida. Póde pois admittir-se que a economia de construcção attinja 50 por cento nos terrenos muito accidentados.

As considerações precedentes permittem calcular com bastante approximação o custo de um caminho de ferro de via reduzida, quando se conhecer o de uma linha de via larga construida em terreno da mesma natureza e configuração. Assim, as linhas da provincia de Traz os Montes, por exemplo, projectadas com 1,0 [m] de largura, devem custar réis 30:000$000 por kilometro proximamente, tomando como base o custo medio de 55:000$000 réis para o caminho de ferro do Douro.

Mas quando se tratar da construcção de uma linha partindo de um ponto da rede geral, convirá saber de antemão e com a approximação desejavel, qual será a differença entre o custo da via reduzida e o da via larga nas condições de traçado que correspondem á importancia do trafico.

Mostrei com effeito, que, supposto o mesmo perfil, um caminho de ferro de via de 1,0 [m] com curvas de 120 a 150 metros de raio é o equivalente de outro de via de 1,67 [m] com curvas de 170 a 200, sob o ponto de vista das resistencias que as curvas offerecem ao movimento dos comboios.

É claro que, n'estas circumstancias, a economia na adopção da via reduzida não poderá attingir os limites que acima lhe assignámos, e que eram relativos a condições de planta muito diversas das precedentes.

Mr. Krantz, no seu folheto sobre os caminhos de ferro economicos, calcula em 8:250 francos o excesso de despeza de uma linha de 1,50 [m] de largura com curvas de 150 metros de raio, sobre o custo de uma via de 1,0 [m] com curvas de 100 [m].

As hypotheses de que parte mr. Krantz parecem-me um pouco exageradas no sentido de depreciar as vantagens economicas da via reduzida. Suppõe, por exemplo, que os dois traçados se confundem em planta e perfil, e que a economia nas terraplenagens, expropriações e obras de arte é simplesmente devida á differença de largura da platafórma.

A diminuição de 50 metros no raio das curvas não póde, realmente, ser considerada nulla sob o ponto de vista de um melhor ajustamento do traçado ás ondulações do terreno. Entre a flecha de uma ~~meia~~ [manuscrito] circumferencia de raio 150 [m] e a de um arco de raio 200 [m] sobre a mesma corda, ha uma differença de ~~60~~ 82 [manuscrito] metros proximamente, que em perfil transversal de 0,50 [m] de inclinação por metro corresponde a uma differença de nivel de ~~30~~ 41 [manuscrito] metros. Os dois traçados não se confundem pois em planta, e podem differir immensamente em perfil, se o terreno for muito accidentado.

Mr. Louis Brière, ex-inspector da companhia dos caminhos de ferro de Orleans a Chalons, avaliou a influencia da diminuição dos raios das curvas nas terraplenagens e obras de arte em $\frac{1}{10}$ das respectivas despezas na via larga, ou $\frac{1}{9}$ na via reduzida, e para as expropriações tomou em globo $\frac{1}{5}$.

Posto me pareça que esta relação deve augmentar á medida que o terreno for mais accidentado, tomal-a-hei como base para uma apreciação do excesso provavel de despeza se se adoptasse para a linha de Anvin a Calais a largura de 1,67 [m] e raios de 170 a 200 [m]. Passarei a analysar cada um dos capítulos separadamente.

1.º *Expropriações*. – Tomando, como mr. Brière, F da despeza na via reduzida, teremos um excesso de 252$540 réis.

2.º *Terraplenagens*. – Sendo de 4,30 [m] a largura da plataforma em excavação, o excesso de 0,67 augmentará o volume total n'uma proporção inferior a $\frac{0,67}{4,3}$. Addicionando-lhe $\frac{1}{9}$ para attender ás curvas obtenho 383$520 réis.

3.º *Obras de arte*. – A plataforma do aterro é de 3,30 [m], e portanto o augmento de despeza relativo á largura nunca poderá attingir a fracção $\frac{0,67}{4,3}$ ou 0,20 da despeza total. As curvas augmentam de modo que o excesso total de despeza será inferior a 236$630 réis.

4.º *Obras accessorias*. – Mr. Level achou uma differença de 104$760 réis. Não ha rasão para a suppor maior no nosso caso; mas para exagerar, multiplical-a-hei pela relação $\frac{0,67}{0,50}$ e obtenho 140$190 réis.

5.º *Material fixo*. – Os carris e o material miudo são do mesmo peso, e o ballasto tem a mesma espessura. O augmento de despeza resultará portanto unicamente do comprimento das travessas e da largura da camada de ballasto-Tomarei $\frac{1}{3}$ da respectiva despeza, que póde ser avaliada em 900$000 réis, e terei assim 300$000 réis. As placas rotatorias, os cruzamentos, etc., podem tambem dar logar, segundo mr. Brière, a um excesso de 90$000 réis. O material fixo custará pois mais 390$000 réis.

6.º *Material circulante*. – Parti da hypothese que a linha em questão communica com uma linha principal; e portanto, adoptando-se a via larga, o serviço póde ser feito em parte com os vagões e carruagens d'esta linha. Haverá, pois, quasi exclusivamente a comprar as locomotivas, e em logar de acrescimo teremos diminuição da despeza. Suppondo-a de $\frac{1}{4}$ ou 414$270 réis, julgo ficar muito áquem da realidade.

7.º *Estações*. – Esta despeza seria a mesma se não houvesse a construir, no caso da via reduzida, officinas de reparação e cocheiras de machinas e carruagens que se dispensam na via larga. O custo d'estas obras no caminho de ferro do Porto á Povoa de Varzim foi de 31:767$595 réis, que, divididos pelos 57 kilometros da linha completa, dão 557$330[12] por kilometro. No caminho de ferro de Ergastiria, com 9:200 metros de extensão, gastaram-se 755$000 réis por kilometro. Parece-me, portanto, que se póde calcular esta despeza com segurança em 500$000 réis.

Resumindo, temos para augmento de despeza:

1.º Expropriações............................	252$540
2.º Terraplenagens........................	383$520
3.º Obras de arte............................	236$630
4.º Obras accessorias.....................	140$190
5.º Material fixo.............................	390$000
Total.......................	1:402$880

E para a diminuição:

6.º Material circulante...................	414$270
7.º Officinas e cocheiras	500$000
Total.......................	914$270

O excesso de despeza ficará pois reduzido a 488$610 réis, que em relação ao custo do kilometro de via augmentado do preço das officinas e cocheiras, que parece não estar incluido

---

12   Na verdade, 557$326.

no orçamento de mr. Level, ou 11:650$820 réis, representa proximamente os 4 por cento.

Vê-se que, nas circumstancias da linha de Anvin a Calais, o augmento de despeza seria insignificante. Mas n'esta linha o cubo das terraplenagens, segundo o projecto, não excede 6,60 por metro corrente, que é proximamente o cubo da linha da Povoa; o terreno era pois muito facil. Em terrenos mais accidentados a despeza em terraplenagens e obras de arte augmenta muito rapidamente.

A conclusão a tirar das considerações precedentes é que a applicação da via reduzida, nas circumstancias suppostas, só apresentará decidida vantagem sob o ponto de vista das despezas de installação, quando o terreno for muito accidentado.

IV
CONDIÇÕES GERAES DA EXPLORAÇÃO

Peso morto

A utilisação do material circulante é um problema que tem chamado a attenção de muitos engenheiros, mas que, infelizmente, pouco tem avançado no sentido de uma solução pratica. É verdadeiramente assombrosa a proporção do peso morto em todos os caminhos de ferro, mesmo nos que teem o trafico mais intenso.

Na excellente memoria de mr. Marché, publicada no boletim da associação dos engenheiros civis francezes em julho de 1870, encontram-se os seguintes numeros assás eloquentes, relativos á rede dos caminhos de ferro de França.

Transportes	Peso morto [t]			Peso util [t]	Relação do peso morto pra o peso util[14]
	Vagões	Motor	Total[13]		
Passageiros	770	512	1:357	75	18,1
Mercadorias:					
Grande velocidade	6:162	4:338	11:500	1:000	11,5
Pequena velocidade	1:310	432	2:742	1:000	2,74
Media aproximada	2,3	1,10	3,4	1,0	3,40

Faltam-me elementos para determinar a relação do peso morto em quasi todos os caminhos de via reduzida que tenho enumerado. Bastam porém dois exemplos para mostrar que n'estes caminhos é a desproporção muito menor.

No Festiniog a relação do peso morto para a carga, não comprehendido o motor, é de:

1,50: 1,0 para os passageiros

0,50 a 0,67:1,0 para as mercadorias.

No caminho de ferro do Porto á Povoa de Varzim é:

6,5:1,0 para os passageiros.

1,5:1,0 para as mercadorias.

Estes dois caminhos de ferro estão em circumstancias muito diversas de trafico, e representam até certo ponto os limites extremos, por isso que no primeiro é o trafico annual de 174:000 toneladas, e no segundo apenas 29:000.

Muitas causas concorrem para este resultado.

Vimos que o material de transporte de mercadorias apresenta na via reduzida uma diminuição de $\frac{1}{3}$ proxima-

---

13   O peso morto é x vezes o peso útil

14   Soma do peso morto dos vagões e locomotiva(s) e do peso útil

mente por unidade de carga util em relação ao material da via larga. A esta primeira causa acresce outra, não menos importante, que consiste na melhor utilisação da capacidade dos vagões. Effectivamente é sabido que tanto as carruagens de passageiros como os vagões de mercadorias viajam pela maior parte com carga incompleta. Ora, sendo menor a capacidade de carruagens e vagões nos caminhos de via estreita, claro está que, em egualdade de circumstancias de trafico, deve n'estes caminhos approximar-se mais a carga effectiva da carga completa.

Estas duas causas, posto que importantes, não explicam certamente ainda a grande differença, que encontrámos nos exemplos acima, de peso morto em via larga e via estreita. Tem-se reconhecido que o coefficiente de utilisação do material diminue á medida que o trafico augmenta. Assim, por exemplo, nos caminhos de ferro inglezes, onde o trafico é muito mais importante do que em França, a proporção do peso morto é de 29 para os passageiros e 7 para as mercadorias. Nas nossas linhas do norte e leste, com um trafico menor que as linhas francezas, esta proporção é em media de 2, não comprehendendo o motor, ao passo que n'estas ultimas é, como vimos, de 2,3.

Esta observação, que abrange caminhos de ferro em circumstancias muito diversas de trafico e de clima, parece indicar uma lei fatal, que não é dado contrariar. A necessidade de abreviar o mais possivel o transporte de passageiros e mercadorias, a impossibilidade de n'um serviço rapido recompor ou cortar os comboios para condensar os passageiros, os transportes extensos de material vazio para acudir a agglomerações imprevistas, são causas que actuam fortemente nos caminhos de ferro de grande trafico para augmentar o peso morto, mas que desapparecem quasi inteiramente nas linhas de pequena importancia.

A influencia d'esta lei é evidentemente alheia á largura da via, e portanto não constitue uma vantagem especial aos caminhos de via reduzida. Ha porém circumstancias em que ella favorece menos a via larga.

Supponhâmos uma linha secundaria communicando por uma ou ambas as extremidades com a rede geral. Se tiver a mesma largura de via, ha de necessariamente participar das propriedades da via principal. Assim, terá de acceitar os vagões mal carregados que esta lhe entregar, e terá de especialisar as remessas de mercadorias para as estações da via geral. Se a largura da via secundaria for differente da outra, estes inconvenientes desapparecem, e o peso morto diminue conseguintemente; mas, em troca, surge a baldeação obrigatória, com todas as suas desvantagens, para toda a massa dos transportes.

Temos pois, de um lado, para a via estreita, menor peso morto proveniente da mais perfeita utilisação do material e do menor peso especifico dos vagões de mercadorias; para a via larga, a economia da baldeação das mercadorias.

Qual das duas vantagens é maior?

É o que procurarei indagar pelo estudo das condições da baldeação.

Baldeação

A operação da baldeação tem sido avaliada muito diversamente por differentes engenheiros. Para não citar mais do que dois, mencionarei mr. Level, que lhe acha vantagens, e mr. Brière, que enuncia a seguinte proposição:

«De même que deux déménagements valent un incendie, deux transbordements peuvent être considérés comme infligeant à la marchandise une dépréciation égale au prix du transport.»[15]

Esta proposição é evidentemente paradoxal, porque nem todos os transportes custam o mesmo. Tratarei porém de avaliar as rasões que levaram estes engenheiros a opiniões tão oppostas.

A despeza de baldeação por tonelada de mercadoria em algumas linhas e por differentes systemas é a seguinte:

Virando os vagões:

Commentry-Montluçon..........	7,2	réis
Festiniog (carvão)....................	18,00	»

Á mão:

Festiniog (ardósias).................	110,7	»
Anvers a Gand..........................	57,6	»
Uddevalla a Böras......................	37,8	»
Yngen a Kroppa.........................	25,7	»

Mr. Level calcula os preços seguintes para a baldeação feita com guindaste fixo ou movel:

---

15 Literalmente: "tal como duas mudanças provocam um incêndio, pode considerar-se que dois transbordos infligem às mercadorias uma depreciação igual ao preço do transporte". A expressão "trois déménagements valent un incendie" – atribuída a Benjamin Franklin em *L'Almanach du Bonhomme Richard* – não tem tradução em português, mas serve para vincar a ideia dos inconvenientes provocados por mudanças frequentes, tal como acontece com as baldeações de um caminho-de-ferro para outro.

Caixas, sacos, pipas, etc., etc...........18 a 21,6

Madeiras, ferro, pedra, etc., etc.....27 a 36

Carvão..32,40

Segundo mr. Krantz, este preço nas diversas linhas das companhias francezas é em media de 63 réis.

Estes dados mostram que o meio mais economico de baldear as mercadorias consiste em fazer virar os vagões, e custa de 7 a 18 réis; segue-se o emprego do guindaste, que custa 18 a 36 réis; e finalmente a baldeação à mão, cujo preço varia muito com a natureza das mercadorias, podendo descer a 25 e attingir a 110 réis.

Mr. Level entende que a despeza de baldeação é insignificante e compensada por uma vantagem muito real e importante para a exploração das duas linhas, e em especial da via reduzida, qual é a de estabelecer claramente a responsabilidade de cada companhia no momento em que a mercadoria passa de uma para outra linha. As avarias e as perdas verificadas nas mercadorias que transitam sem baldeação são divididas pelas duas companhias na rasão do numero de kilometros percorridos em cada uma das linhas; ora, a maior parte das avarias é, a seu ver, causada pelos choques dos tampões durante as manobras denominadas «*à la lance*» [por inércia] nas grandes estações de triagem. Não havendo baldeação, estas avarias ficam occultas, e por isso recáe sobre a pequena companhia um encargo que lhe não pertence. A baldeação, pois, na opinião de mr. Level, tem a vantagem de facilitar o reconhecimento contradictorio das mercadorias, e salvar assim a responsabilidade da companhia mais fraca.

A despeza de baldeação é um dos menores inconvenientes d'esta operação. As avarias inevitaveis que ella causa aos objectos transportados, a immobilisação de um certo numero de vagões de reserva, a occupação temporaria dos armazens e dos caes, a complicação e as perturbações do serviço provenientes das operações imprevistas, e finalmente os atrazos nas remessas, são desvantagens que é impossivel desconhecer e que annullam certamente as vantagens enunciadas por mr. Level, as quaes poderão ser verdadeiras nas condições respectivas das linhas francezas, mas que em geral não teem rasão de ser.

Prescindamos porém dos inconvenientes da baldeação, e procuremos a differença que possa haver entre a despeza d'esta operação e a economia do peso morto nos caminhos de ferro de via reduzida em relação aos de via larga.

Designemos a tonelagem total do trafico por T, e supponhamos que na via larga haveria a baldear $\frac{1}{4}$ do peso total das mercadorias. Julgâmos assim fazer uma hypothese desfavoravel á via larga, porque esta proporção é tirada das grandes estações de bifurcação das linhas francezas, e no nosso caso é evidentemente muito menor. Mr. Brière calcula-a simplesmente em $\frac{1}{20}$ para a linha de Mamers a Saint Calais, onde aliás a carga de cada vagão não excede 1 tonelada. O excesso de despeza de baldeação na via reduzida será pois representado pela quantidade

$$\frac{3}{4} Tx$$

na qual x é o custo de uma tonelada.

Seja agora n a carga media de um vagão da via larga; o numero total de vagões transportados n'esta via será

$$\frac{3}{4} x \frac{T}{n}$$

e o peso total calculado na rasão de $5^t,5$ por cada vagão

$$5,5 \times \frac{3T}{4n} = 4,1\frac{T}{n}$$

Na via estreita o numero de vagões a transportar será supposto o mesmo. É certo que a necessidade de baldear todas as mercadorias daria em resultado uma diminuição no numero de vagões carregados se elles tivessem a mesma capacidade; mas como a capacidade é menor na via estreita, não ha rasão para suppor que esse numero varie.

Sendo, portanto, $2^t,5$ o peso medio de cada vagão, teremos para o peso total

$$2,5 \times \frac{3T}{4n} = 1,9\frac{T}{n}$$

A differença entre os dois pesos ou

$$4,1\frac{T}{n} - 1,9\frac{T}{n} = 2,2\frac{T}{n}$$

representa a economia de peso morto na via estreita; e portanto a economia de transporte será

$$2,2\frac{Tr}{n}$$

designando por r o custo kilometrico da tracção de uma tonelada bruta.

Para que haja vantagem na baldeação é, pois, necessario que tenha logar a desigualdade

$$\frac{3}{4}Tx < 2,2\frac{Tr}{n}$$

d'onde

$$nx < \frac{8r}{3}$$

ou ainda, tomando para x o valor medio $x = 30$,

$$r > 10n$$

Vê-se que, ainda mesmo que se dê a n o valor 1,25, que é evidentemente um minimo, pois se suppoz que as mercadorias são condensadas na proporção de $\frac{1}{4}$ do seu volume total, será necessario que o custo da tracção exceda 12,5 réis por tonelada para que a baldeação offereça vantagem; ora veremos que este preço só póde ser attingido em rampas superiores a 30 [mm/m].

Não pretendo dar a estas observações o caracter de demonstração; mas parece-me poder concluir d'ellas, que, em geral, o custo da baldeação deve exceder a economia proveniente da reducção do peso morto.

Casos haverá em que o emprego da via reduzida apresentará vantagem sob este ponto de vista. Assim, se a linha estiver em más condições de planta e perfil, em virtude da accidentação do terreno, se as mercadorias forem de facil baldeação, se o serviço de passageiros preponderar, se o trafico for pouco importante, poderá ser a via estreita que realise a maxima economia.

O problema, porém, não póde ser submettido a formulas; e só um estudo minucioso, ou considerações de outra ordem, poderão resolvel-o nos casos duvidosos.

Capacidade de trafico

As linhas que são consideradas como a prova mais cabal da capacidade, por assim dizer indefinida, que alguns engenheiros attribuem á via reduzida são a do Festiniog e a de Anvers a Gand. Vejamos em que condições se faz o trafico em cada uma d'estas linhas.

No Festiniog o numero de kilometros percorridos pelos comboios de passageiros e mercadorias no anno de 1877 foi de 217:540, ou 596 por dia. Sendo de 23 |km| a extensão da linha, o numero de comboios foi de $\frac{596}{23}$ = 26 por dia, ou 13 em cada sentido. É este um movimento enorme, que exige velocidades elevadas, e que seguramente já não seria admissivel em uma linha de maior extensão, senão com dupla via.

O numero total de toneladas transportadas, não comprehendendo as machinas, é o seguinte:

Transporte	Peso em tonelada		
	Util	Morto	Total
Passageiros, 195:205..........	14:640	21:960	36:600
Minerios...........................	129:203	86:136	215:339
SMercadorias....................	30:128	20:086	50:214
Totaes.............	173:971	128:182	302:153
Por dia.............	477	351	828

Temos pois uma linha em que circulam 26 comboios por dia para transportar uma tonelagem bruta correspondente a 6 ou 8 comboios das nossas linhas. Como se vê, está longe de uma capacidade indefinida.

O caminho de ferro de Anvers a Gand tem 1,20 |m| de largura, rampas de 2 a 6 millimetros |/m| e curvas de 800 metros de raio. N'estas condições não admira que possa dar vasão a um trafico diário de 9:000 passageiros, como succede nos dias da festa annual de Rubens em Anvers. As machinas de 16ᵗ,5 empregadas n'esta linha podem com effeito tirar comboios de 250 toneladas a 40 kilometros por hora, nas rampas de 6 millimetros.

Estes exemplos só provam que os caminhos de ferro de via muito reduzida teem uma capacidade de trafico muito restricta; e que em linha recta e em horisontal se póde transportar uma grande carga com grande velocidade, o que não precisava nova demonstração.

Já vimos que a capacidade de uma linha decresce rapidamente com a largura da via e na rasão inversa das rampas, pois é necessariamente proporcional á carga maxima que as locomotivas podem tirar nas maiores rampas que o perfil da linha apresentar.

Não são, porém, estes os unicos elementos a attender na determinação da capacidade de transporte de uma linha.

O peso dos comboios não é geralmente o maximo, e varia mais ou menos, conforme as oscillações do trafico. Assim em cada linha póde-se imaginar um comboio medio, denominado também o trem kilometro, cujo peso seria egual á tonelagem annual bruta kilometrica, (isto é, ao numero de toneladas transportadas annualmente a 1 kilometro de distancia), dividida pelo numero de kilometros percorridos pelos comboios.

A relação em que está o peso do comboio medio com o do comboio maximo depende muito das condições especiaes do trafico. Diz mr. Brière que esta relação está comprehendida entre $\frac{2}{3}$ e $\frac{3}{4}$. A desigualdade da distribuição do trafico pelas estações da linha e segundo as epochas do anno, e a necessidade de expedir os vagões muitas vezes sem a carga estar completa, a fim de não retardar as mercadorias, são causas que actuam permanentemente para diminuir a carga media. Suppondo esta $\frac{2}{3}$ da maxima deixa-se margem ás eventualidades.

O peso util transportado no comboio medio depende a seu turno da proporção do peso morto. Vimos que esta proporção é de 2,3 : 1,0 nas linhas francezas, e de 2,0 : 1,0 nas nossas linhas do norte e leste, e dissemos também que, em geral, esta relação diminue com a importancia do trafico, de modo que se póde admittir uma proporção menor nas linhas secundarias. Suppondo-a 1,50 : 1,0 julgo ir de accordo com estes principios.

Finalmente, o numero de comboios diarios, que influe tambem na tonelagem annual, tem um limite superior fixado pela velocidade e pela importancia do trafico. Se a extensão da linha não for superior a 25 ou 30 kilometros, poder-se-ha fazer a exploração em *navette*, com seis comboios diarios, que é o minimo indispensauel [sic] na maior parte dos casos. Se, em virtude da grande extensão da linha, for necessario adoptar outro systema de exploração, dever-se-ha estabelecer três, quatro ou cinco comboios, quando muito, em cada sentido, conforme a importancia do trafico.

Postas estas bases, vejamos qual é a capacidade de uma linha secundaria de 1,0 [m] ou 1,67 [m] de largura, em determinadas hypotheses de rampas e numero de comboios.

Servindo-me das cargas que determinei para uma locomotiva marchando a 15 kilometros por hora, e suppondo de 21 toneladas o peso d'esta locomotiva, organisei a seguinte tabella, onde se encontra a tonelagem annual, util, que póde ser transportada a 1 kilometro de distancia em cada uma das hypotheses.

Rampas	Peso do comboio		Tonelagem annual kilometrica		
	Maximo	Medio	6 comboios	8 comboios	10 comboios
15..................................	121	80	70:000	93:400	116:800
20..................................	94	62	54:300	72:400	90:500
25..................................	75	50	43:800	58:400	73:000
30..................................	62	41	35:900	47:800	59:800
35..................................	54	34	29:700	39:700	49:600

Advertirei que, representando estes numeros toneladas kilometricas, será necessario multiplical-os pela relação em que estiver o comprimento da linha com o percurso medio da tonelada para obter a tonelagem effectiva. Se esta relação for, por exemplo, egual a 2,0, como acontece proximamente na linha da Povoa, a tonelagem annual possivel será o dobro dos numeros dados pela tabella.

Comprimento dos comboios

Vimos que o traçado de uma linha depende até certo ponto do comprimento dos comboios que a devem percorrer. Effectivamente, as resistencias que as curvas offerecem ao movimento augmentam rapidamente com a extensão dos comboios; é portanto necessario proporcionar o raio minimo das curvas a essa extensão.

É o comboio maximo que deve evidentemente servir de base para a determinação do raio das curvas.

O comprimento do comboio maximo é funcção de tres quantidades: a proporção de passageiros e mercadorias, o peso morto respectivo e as dimensões do material circulante. É portanto impossível determinar este comprimento em geral; partiremos por isso de algumas hypotheses que não representam mais do que um caso muito particular.

Attendendo a que o comboio maximo só se realisará nas occasiões de grande affluencia, supporemos que a proporção de peso morto é, em media, de 1,0 : 1,0, comprehendendo passageiros e mercadorias. Supporemos mais que o peso de cada vagão é de 3 toneladas e que o seu comprimento é de 5 metros. O peso dos vagões carregados será de 6 toneladas e o comboio pesará 1:200 kilogrammas por metro corrente. O numero de toneladas dos comboios maximos indicados na tabella acima dividido por 1,2 representará, portanto, a extensão d'elles em metros. Addicionando 8 metros para attender á machina, teremos os comprimentos seguintes:

Rampas	Maximo	Medio
15	121	109
20	94	86
25	75	70
30	62	60
35	52	50

Vê-se por este exemplo que é justamente nos caminhos de ferro de fortes rampas que é possível admittir curvas de menor raio sem inconveniente. Assim, ao passo que n'uma linha com rampas de 15 |mm/m| se não devem empregar curvas de menos de 150 metros de raio, poder-se-ha descer a 120 |m| quando as rampas subirem a 25 |mm/m|.

Sob este ponto de vista, a via larga apresenta uma certa vantagem, se se admittir para ella a mesma proporção de peso morto. Com effeito, designando por P o peso do comboio e por n a proporção do peso morto na via reduzida, será Pn/(n+1) o peso morto total, e, portanto, o comprimento do comboio

$$x = \frac{5}{3} \times \frac{Pn}{n+1}$$

Na via larga o peso morto total será $\frac{Pn'}{n+1}$ por ser a quantidade de peso util a mesma nos dois casos; e, suppondo os vagões de 6 toneladas de peso e 8 metros de extensão, teremos para o comprimento do comboio

$$x' = \frac{8}{6} \times \frac{Pn'}{n+1}$$

A relação dos dois comprimentos é

$$\frac{x'}{x} = \frac{4}{5} \times \frac{n'}{n}$$

Se for $n = n'$ será $x = \frac{4}{5}x$. Em geral porém é n' superior a n; e para que os comprimentos fossem eguaes era necessario ter $n' = \frac{5}{4}n$, o que não parece fóra de proposito, attendendo ao que temos dito ácerca da relação do peso morto na via reduzida e na via larga.

Velocidade

A velocidade de marcha dos comboios nos caminhos de ferro de via reduzida entregues ao serviço publico de passageiros regula entre 20 e 25 kilometros por hora. Fazem excepção os caminhos de ferro da Noruega, e o de Uddevalla a Boräas na Suecia, onde as velocidades attingem 40 kilometros [/h], e o do Festiniog onde se marcha frequentemente a 48 [km/h] e mais.

Estas excepções, porém, são provenientes de condições especiaes de planta, perfil e via, que raras vezes se obteem.

Em geral, a velocidade de marcha é muito inferior ao maximo permittido pela locomotiva, em consequência dos accidentes do traçado; mas é certo também que este maximo é necessariamente limitado.

Supponhamos, com effeito, estabelecidos o peso e a extensão dos comboios que devem circular sobre a linha, e vejamos que velocidade lhes poderá imprimir a locomotiva apropriada a estas condições.

Designemos por F o esforço exercido pela locomotiva n'um momento qualquer da sua marcha. Este esforço multiplicado pela velocidade por segundo, ou $\dfrac{V}{3,60}$, dá o trabalho morto na circumferencia das rodas, $\dfrac{FV}{3,60}$.

Resulta de muitas experiencias, e especialmente das feitas na Baviera em 1865 pelos srs. Banschinger e Zorn, que uma locomotiva de 20 toneladas de peso póde fornecer um trabalho de 3 cavallos vapor em media por metro quadrado de superfície de vaporisação; designando esta superfície por S, teremos pois a egualdade

$$\frac{FV}{3,60} = 3 \times 75 \times S$$

d'onde
$$V = 810 \ \frac{S}{F}$$

esforço de tracção F, é, em qualquer momento, egual ao peso do comboio multiplicado pelo coefficiente de resistencia n'esse momento, ou

$$F = r.\ P.$$

O peso P do comboio foi previamente determinado pela resistencia maxima, que designaremos por R, e pelo coeffciente de adherencia, que temos supposto egual a $\frac{1}{7}$. Sendo π o peso da machina, temos, portanto, também

$$P = \frac{1000\ \pi}{7R}$$

A expressão de V póde, em virtude d'estes valores de F e de P, tomar a fórma seguinte:

$$V = 5{,}67 \text{ x } \frac{R}{r} \text{ x } \frac{s}{\pi}$$

que passarei a analysar.

Consideremos o primeiro caso constante da tabella acima, isto é, o caso de uma linha com rampas de 15 [mm/m], onde devam circular locomotivas de 21 toneladas de peso adherente.

A relação $\frac{s}{\pi}$ nas machinas de via reduzida de maior peso não excede 2,40. Assim a Koechlin da linha de Ergastiria, com 21 toneladas de peso, tem $49^{mq}{,}58$ de superfície de vaporisação, ou 2,36 do peso.

Parece não ser possível augmentar esta relação, a não ser pelo systema Fairlie. Na locomotiva Fives-Lille de quatro eixos, que vi na exposição, a relação sobe a 3,0 proximamente, mas para isso foi necessario baixar o peso adherente a $16^{t}{,}800$. Mesmo a Fairlie do Festiniog, de quatro eixos conjugados, pouco excede 3,0.

A este respeito está ainda a via reduzida em peiores condições do que as linhas de via larga, pois n'estas as machinas de tres eixos conjugados, com 33 toneladas de peso teem 131 metros quadrados de superfície de aquecimento, ou proximamente quatro vezes o peso. Isto mostra que nas linhas de via reduzida não é possível attingir as velocidades empregadas na via larga.

Supporemos pois $\frac{s}{\lambda}$ = 2,40, e teremos

$$V = 13,61 \; \frac{R}{r}$$

Qundo |sic| for $r = R$, isto é, na rampa e na curva que foram tomadas para base da determinação do comboio maximo, é

$$V = 13^{k},610$$

Na realidade este valor é um pouco fraco, porque a resistencia R foi calculada para uma velocidade de 15 kilometros, e portanto r é alguma cousa inferior a R. Por outro lado, nas rampas activa-se sempre a vaporisação, de modo que o trabalho exercido excede os tres cavallos vapor suppostos. Póde pois tomar-se o limite de 15 kilometros |/h| para a velocidade maxima na rampa e curva limites.

Esta velocidade, como se vê, é independente do valor da rampa, isto é, a mesma para a rampa de 15 |mm/m| ou para a de 35 |mm/m|, e não póde ser elevada, excepto se o peso do comboio for inferior ao maximo.

Calculemos agora o limite superior, isto é, a velocidade em horisontal e em recta. N'este caso a resistencia é dada pela formula $0,14V$, á qual devemos juntar $\frac{1}{6}$ para ter em conta as resistencias proprias do motor. Temos assim

$$r = 0,163 \; V$$

e portanto

$$0,163 \; V^{2} = 13,61 \, R.$$

Para

$$R = 15 + 6,0 = 21$$

obtemos

$$V = 41 \text{ kilogrammas.}$$

Logo: a velocidade que o comboio maximo poderá attingir em horisontal e em alinhamento recto não excede 41 kilometros por hora.

Entre os limites 15 e 41 é necessario adaptar a velocidade ás condições do traçado. Assim, supponhamos uma curva que offerece uma resistencia supplementar de $r^n = 2,40$. Para que a resistencia total não exceda a que tem logar em linha recta, ou 0,163 x 41 = 6,683, é necessario que a velocidade seja reduzida a 27 kilometros |/h|. Temos com effeito para esta velocidade

$$2,30 + 0,05V = \text{..................................} \quad 3,650$$

$$\tfrac{1}{6} \text{ para o motor } = \text{................................} \quad 0,608$$

$$\text{Curva} = \text{...} \quad \underline{2,400}$$

$$\text{Total..........................} \quad \underline{6,658}$$

Deve-se d'este modo determinar a velocidade correspondente a cada uma das secções em que póde ser dividida a linha, tendo em vista a planta e o perfil.

Temos supposto que a locomotiva exerce sempre o maximo esforço, o que nem sempre é possível, porque o peso adherente póde descer abaixo do peso medio, e a pressão do vapor póde baixar por qualquer causa. Não convém, portanto, attingir o maximo de velocidade em todos os momentos da marcha, e em geral as velocidades de 20 a 25 kilometros |/h| nas curvas e 30 |km/h| a 33 |km/h| nas rectas não devem ser excedidas.

A velocidade média, finalmente, resulta de todas as velocidades especiaes, e calcula-se pelo processo exposto por mr. Couche no terceiro volume da sua obra.

Despezas de exploração

Os documentos que possuo ácerca dos caminhos de ferro de via reduzida são muito parcos relativamente a despezas de exploração. Não posso, pois, apresentar esclarecimentos assás detalhados para um numero sufficiente de linhas, de modo a deduzir o custo medio de cada um dos serviços de que consta a exploração de um caminho de ferro. Limitar--me-hei a algumas considerações geraes.

Os srs. Béral e Basire estabeleceram uma formula que dá a despeza em funcção da receita, quando esta não exceda 8:000 francos por kilometro. É, em francos,

$$D = 2{:}000 + 0{,}33R.$$

Posto seja especialmente applicavel ás linhas de via de 1,44 |m|, entendem aquelles engenheiros que nas linhas de via estreita não poderá a despeza afastar-se muito da que resultar da applicação da formula precedente.

Vejamos se esta relação tem logar em alguns caminhos de ferro, cujas despezas e receitas totaes me são conhecidas, e que constam do quadro seguinte:

Linhas	Via	Receita kilometrica	Despeza		Differença
			Effectiva	Pela formula	
Festiniog (1877).................	0,60	29:652	17:504	11:785	+ 5:719
Blaënan (1877)....................	0,60	11:758	7:417	5:919	+ 1:498
Talyllyn (1877)...................	0,68	5:311	3:768	3:770	− 2
Ile de Man (1877)...............	0,915	13:900	5:800	6:587	− 787
Ballymena (1877)...............	0,915	9:328	2:718	5:109	− 2:391
Turin a Rivoli (1873)..........	0,90	9:248	5:896	5:083	+ 813
Povoa de Varzim (1878).....	0,90	8:046	6:135	4:682	+ 1:453
Lausanne (1872)................	1,00	5:329	4:000	3:743	+ 257
Uddevalla (1872)...............	1,219	5:325	2:702	3:775	− 1:073
Hongsberg (1872)..............	1,067	4:708	2:795	3:569	− 774
Stören (1872).....................	1,067	3:917	3:335	2:306	+ 1:049[16]
Hamar (1872).....................	1,067	2:589	2:863	2:863	− 276

Vê-se que estas linhas formam dois grupos bem distinc-tos. No primeiro, em que a largura de via é de 0,60 [m] ou 0,68 [m], as despezas augmentam com a receita n'uma pro-porção muito maior do que a dada pela formula. No segundo, isto é, para larguras de via comprehendidas entre 0,90 [m] e 1,219 [m], as differenças não seguem uma lei bem regular, e parecem accusar grandes desegualdades nas condições de exploração das respectivas linhas. Analysarei cada um dos grupos isoladamente.

A formula que satisfaz cabalmente ao primeiro grupo é

$$D = 780 + 0,564R$$

Effectivamente esta formula dá para as despezas das tres linhas respectivas:

---

16   Na verdade, 1029.

Festiniog.. 17:504
Blaenau.. 7:411
Talyllyn.. 3:775

Estes resultados, que concordam quasi rigorosamente com as despezas effectivas, parecem mostrar que nas linhas de largura muito reduzida a relação da despeza para a receita é sempre superior a 56,4 por cento. Ora, sabe-se que nas nossas linhas do norte e leste, cuja receita é menor do que a do Festiniog, esta relação tem descido a 30 por cento, isto é, a pouco mais de metade, apesar das tarifas do Festiniog serem muito mais elevadas, o dobro proximamente.

Para ver d'onde provém esta differença, analysarei as despezas dos differentes serviços da exploração nos tres caminhos acima [em francos], e comparal-as-hei com as da companhia do norte e leste. Advertirei que as condições do perfil são muito mais vantajosas nos caminhos inglezes, por terem as rampas no sentido contrario ao movimento principal. Os dados relativos ás linhas do norte e leste referem-se ao anno de 1877. Nos das linhas inglezas não estão comprehendidas as indemnisações por accidentes e avarias, que ali abundam muito.

Linhas	Festiniog	Blaënau	Talyllyn	Norte e leste
Despezas geraes............................	1:590	21	580	800
Movimento.....................................	4:350	1:875	793	1:510
Material..	3:635	617	832	871
Tracção...	4:305	3:392	734	1:144
Via e edificios................................	3:624	1:512	829	1:979
Totaes..................	17:504	7:417	3:768	6:304

Vê-se que as principaes differenças provém do material e da tracção. No Festiniog estas verbas são quatro vezes maiores; nota-se porém egualmente grande excesso no movimento e na via. A multiplicidade de comboios, que exige um pessoal numeroso de tracção e movimento, e a grande velocidade, que traz comsigo o consumo de combustivel e as reparações da via, são as causas evidentes d'esta desproporção.

Passando agora ás linhas do segundo grupo, não nos parece que as despezas effectivas possam ser representadas por uma formula; taes são as desegualdades que manifestam. Assim, por exemplo, na linha de Hamar com uma receita 2:589 ha uma despeza de 2:587, ao passo que na de Uddevalla, onde a receita é mais do que dupla, e na de Ballymena, onde é quasi quadrupla, a despeza é proximamente a mesma.

É certo que estas differenças provém em grande parte da desegualdade das tarifas, assim como também da proporção em que está o trafico de passageiros para com o de mercadorias. Vê-se porém, e é este um resultado importante, que a relação da despeza para a receita póde n'estas linhas descer a 40 por cento. Temos com effeito as seguintes proporções:

Ile de Man	41	por cento
Ballymena	29	»
Rivoli	64	»
Povoa	76	»
Lausanne	75	»
Uddevalla	51	»
Kongsberg	59	»
Stören	86	»
Hamar	100	»

A linha de Bellymena só estava aberta em 1877 ao trafico de mercadorias, e tem uma despeza insignificante de material, porque a sua abertura data apenas de 1875. Não póde pois ser considerada como definitiva a respectiva proporção de 29 por cento.

As linhas da Ile de Man são em numero de tres, na extensão total de 69,5 kilometros:

Douglas a Peel............................	18,5 [km]
Douglas a Port Erin..................	25,0 [km]
S. Johns a Ramsey......................	26,0 [km]

Só as duas primeiras estavam em exploração no anno de 1877.

As condições do traçado são muito boas: rampa maxima de 15,4 [mm/m] e raio minimo de 140 metros. Os carris pesam $22^k,5$ por metro corrente, e são do systema Vignole. As locomotivas são de seis rodas, das quaes quatro conjugadas de 1,20 [m] de diâmetro. O eixo da frente é articulado segundo o systema Bissel. O peso d'estas machinas em marcha é de 17 toneladas; foram construídas por Beyer Peacock.

A exploração faz-se com cinco comboios em cada sentido durante a semana e tres sómente ao domingo. A velocidade attinge 50 kilometros por hora.

Esta linha custou 18:000$000 réis por kilometro e rende 7,5 por cento aos accionistas.

Póde, portanto, considerar-se como limite minimo a proporção de 40 por cento, que achámos para estas linhas, n'uma exploração regular de passageiros e mercadorias.

Tracção

Faltam-me elementos para calcular o preço de transporte da tonelada bruta kilometrica nos diversos caminhos que tenho considerado. Seria essa a base mais racional de comparação entre elles e os de via larga.

Não deixa porém de apresentar algum interesse a comparação da despeza de tracção do trem-kilometro [em francos] em algumas d'aquellas linhas com a das nossas linhas do norte e leste e varias outras de 1,44 [m].

Os dados relativos aos caminhos de ferro do norte e leste e Povoa de Varzim foram-me fornecidos pelos respectivos directores os srs. Manuel Affonso de Espregueira e Oliveira Martins. Para as outras linhas de via larga recorri a uma memória de mr. Gottschalk sobre a exploração do Semmering e do Brenner em 1871.

Linhas	Vias	Rampas	Raios de curvas	Percurso dos comboios	Despezas de tracção	
					Totaes	Por kilo- metro
Festiniog............	0,60	16	100	217:540	99:025	0,455
Blaënan..............	0,60	13	35	39:580	20:350	0,514
Talyllyn..............	0,68	15	100	18:248	8:075	0,443
Ballymena.........	0,915	15	100	49:938	21:200	0,425
Mondalazac.......	1,10	12	100	5:924	2:561	0,432
Porto á Povoa....	0,90	24	130	81:969	58:869	0,718
Ergastiria..........	1,00	35	60	9:303	15:536	1,670
Norte e Leste....	1,67	15	500	1.187:361	552:518	0,465
Vienna a Triste:						
Semmering.......	1,44	25	180	–	–	0,900
Outras secções	1,44	13	500	–	–	0,542
Tyrol:						
Brenner............	1,44	25	285	–	–	1,174
Outras secções	1,44	13	500	–	–	0,697

Este quadro manifesta um facto notavel, qual é o de se conservar quasi constante a despeza de tracção em sete li-

nhas de larguras diversas e em condições de planta e de trafico muito variadas, Festiniog, Blaënau, Talyllyn, Ballymena, Mondalazac, norte e leste e algumas secções de Vienna
a Trieste. A linha do Tyrol, exceptuada a secção do Brenner,
ainda póde ser classificada entre as precedentes, porque a
differença de 0,155 |francos/km| entre a respectiva despeza,
0,697 |francos/km|, e a mais baixa da linha de Triesle, ou 0,542
|francos/km|, é devida ao maior preço do combustivel, se-
gundo diz mr. Gottschalk. Estas linhas porém estão todas em
condições de perfil proximamente identicas, pois as rampas
variam n'ellas de 12 a 16 millimetros |/m|.

Se continuarmos a analyse do quadro, vemos que as linhas do Porto á Povoa, Semmering e Brenner, com rampas
de 24 |mm/m| e 25 |mm/m| teem despezas consideravelmen-
te superiores ás precedentes, e muito comparaveis entre si,
apesar da differença de largura e da diversidade dos raios de
curvas. Assim, ao passo que no Semmering, com curvas de
180 |m|, a despeza é de 0,900 |francos/km|, no Brenner, onde
as curvas teem 285 |m|, a despeza é maior, 1,174 |francos/km|;
sendo ainda aqui a differença proveniente do preço do combustivel.

Finalmente, o caminho de ferro de Ergastiria, com ram-
pas de 35 |mm/m|, é aquelle onde a despeza é a maior de to-
das, 1,670 |francos/km|. Se lhe deduzirmos a parte relativa ao
excesso dos salarios do pessoal, que segundo mr. Ledoux são
tres vezes maiores do que em França, ainda restará margem
para a rampa. Effectivamente o pessoal custou 0,529 |francos/
km|, e $\frac{2}{3}$ d'esta quantia deduzidos de 1,670 |francos/km| dão
1,318 |francos/km|, muito superior á despeza do Semmering e
mais ainda á da Povoa.

Sem querer dar a estes factos um caracter de generalida-
de, que só poderia deduzir-se de mais numerosas observações, parece-me que elles justificam plenamente as minhas

anteriores apreciações ácerca da influencia das curvas e das rampas na tracção, e relativamente ao consumo de combustivel nas linhas de differentes larguras.

Effectivamente, mostrei que a resistencia proveniente das curvas pode ser diminuida, encurtando-se os comboios e adoptando machinas apropriadas. Disse tambem que o consumo kilometrico de combustivel é independente da largura da via, o que provém sem duvida de que nas machinas de via reduzida a producção e a utilisação do vapor são mais imperfeitas do que nas machinas de maiores dimensões.

O pessoal necessario para a conducção de uma locomotiva é o mesmo, quer ella seja grande ou pequena, e esta despeza é muito importante, porque póde ser avaliada em $\frac{1}{3}$ da despeza de tracção.

Finalmente, a elevação da despeza proveniente do augmento das rampas explica-se pelo maior consumo de combustivel. Nas linhas austríacas, com effeito, a despeza de combustivel é a seguinte:

$$
\text{Vienna a Trieste} \begin{cases} \text{Semmering.............} & 0,576 \\ \text{Outras secções.......} & 0,287 \end{cases}
$$

$$
\text{Tyrol} \begin{cases} \text{Brenner..................} & 0,891 \\ \text{Outras secções.......} & 0,440 \end{cases}
$$

isto é, nas rampas de 25 |mm/m| dupla da que tem logar nas rampas de 13 |mm/m|. A producção do vapor é sempre muito activada nas rampas fortes, e é esta circumstancia que faz elevar o consumo de combustivel.

Julgo portanto poder estabelecer, com a necessaria reserva, o principio seguinte: a despeza de tracção do trem-

-kilometro augmenta rapidamente com as rampas, e é independente da largura da via e dos raios das curvas.

Da egualdade das despezas de tracção, em condições identicas de perfil, resulta que o preço da tonelada bruta kilometrica é inversamente proporcional á força das machinas. Effectivamente, para achar este preço, deve-se dividir a despeza kilometrica pelo peso do trem-kilometro, e este é, até certo ponto, proporcional ao comboio maximo. Assim, em geral, n'uma linha de 1,0 [m] de largura servida com locomotivas de 18 toneladas deve a tracção custar duas vezes mais do que n'uma linha de 1,44 [m] ou 1,67 [m], cujas machinas pesarem 36 toneladas.

Se as condições do perfil não forem as mesmas, a despeza variará entre limites mais largos. Para exemplo apresentarei os seguintes dados, unicos de que disponho relativamente ao preço de transporte da tonelada kilometrica |em francos| nos caminhos de ferro de via reduzida. Nos documentos relativos aos caminhos inglezes, transcriptos na obra de mr. Vignes, falta com effeito a distancia media de percurso de passageiros e de mercadorias.

Linhas	Rampas	Tonelagem do trem kilometro	Despezas de tracção	
			Do trem kilometro	Da tonelada bruta
Ergastiria	35	29ᵗ,428	1,670	0,0567
Porto á Povoa	24	33,014	0,718	0,0217
Norte e Leste	15	152,108	0,465	0,0031
Vienna e Trieste				
Semmering	25	129,450	0,900	0,0070
Outras secções	13	211,550	0,542	0,0025
Tyrol				
Brenner	25	115,300	1,174	0,0102
Outras secções	13	146,150	0,697	0,0048

Vê-se que o transporte de uma tonelada a 1 kilometro custa duas a tres vezes mais na linha da Povoa do que nas linhas de via larga com rampas de 25 [mm/m]; e seis a sete vezes em relação ás linhas que teem rampas de 45 [mm/m]. Na linha de Ergastiria o preço é seis ou vinte vezes maior em media, conforme se compara com as primeiras ou com as segundas. Se deduzirmos ao preço de Ergastiria a parte relativa ao excesso dos salarios ou $\frac{2\times0,59}{3\times29,428}$ = 0,0122 [francos/km], obtemos o preço de 0,0445 [francos/km], cuja relação com os da via larga é respectivamente de 5 e 15 em media.

Estas relações são exageradas, porque, suppondo mesmo que a força das machinas é metade, e que o peso dos comboios nas rampas de 25 [mm/m] e 35 [mm/m] estão na rasão de $\frac{1}{2}$ e $\frac{1}{3}$ para com os da rampa de 15 [mm/m], o preço da tracção seria quatro e seis vezes maior em logar de sete e quinze.

Explica-se o excesso precedente, em parte, pela fraca importancia do trafico nas linhas da Povoa e de Ergastiria. Effectivamente o peso do comboio medio regular nas rampas de 25 [mm/m] e 35 [mm/m] é de 50^t e 34^t, ao passo que n'aquellas linhas é respectivamente de 33 [t] e de 29 [t]. Parece, porém, que na linha de Ergastiria ha ainda um excesso de despeza que deve ser attribuido ás curvas de 60 e 70 metros de raio que esta linha tem em grande extensão. Estas curvas estão abaixo do limite que indiquei para que as resistencias não sejam excessivas. Vê-se, com effeito, na tabella das resistencias organisada por mr. Ledoux para a via de 1,00 [m], que uma curva de 60 metros de raio offerece uma resistencia dupla da que tem logar para raios de 120 [m] ou da que apresentam as curvas de 250 [m] da nossa linha do Douro. É, portanto, uma resistencia excessiva que não póde deixar de influir na despeza do trem-kilometro. O principio que acima enunciámos não fica por isso contrariado, pois presuppõe, como não podia deixar de ser, que as curvas são proporcionadas ao material.

Tarifas

Acabámos de ver que o custo de uma tonelada bruta é muito maior nas linhas de via reduzida do que nas linhas principaes de via larga.

O custo da tonelada util não está em geral na mesma relação, porque, como dissemos, o peso morto é, ou antes póde ser n'aquellas linhas menor do que nas ultimas. Comtudo o resultado não póde ficar duvidoso, attendendo a que nas grandes linhas a proporção do peso morto não excede 2,0 ou 2,5, e quando muito poderá descer a 1,5 ou 1,0 na via reduzida.

Por este motivo em quasi todos os caminhos de ferro d'esta especie as tarifas de transporte são muito superiores ás que vigoram nas linhas principaes.

Assim, por exemplo, no Festiniog a tarifa media effectiva das mercadorias é de réis 31,25, ao passo que nas nossas linhas do norte e leste foi de 16,88 em 1877. No Talyllyn esta tarifa varia de 23,15 a 46,30 |réis|, e a dos passageiros entre 17,62 e 35,26 |réis|. Nas nossas linhas o passageiro paga em media 12,60 |réis|. O rendimento medio da tonelada kilometrica na linha da Povoa attinge 54,90 |réis|.

É á custa d'esta elevação do preço de transporte que os caminhos de ferro secundarios podem cobrir o excesso de despeza que lhes é proprio.

A necessidade, porém, das tarifas elevadas manifesta-se mais imperiosamente quando as rampas são asperas.

Os srs. Béral e Basire são de opinião que as tarifas tanto de mercadorias como de passageiros devem ser fixadas em cada caso particular segundo as condições do traçado e do trafico, e devem em geral ser mais elevadas do que as tarifas actuaes das grandes linhas.

Na Suissa foi indispensavel adoptar rampas de 50 millimetros |/m| para vencer as grandes alturas que se encontram a cada passo, e em virtude d'isso, o conselho federal tem applicado ás linhas ultimamente concedidas um systema de tarifas, proporcionaes ás rampas, cujas bases são as seguintes.

Em primeiro logar attendeu-se aos juros do capital despendido, o qual se suppoz augmentar n'uma certa proporção com as inclinações, porque as rampas mais fortes são, em geral, exigidas por terrenos mais difficeis.

Em segundo logar era necessario cobrir as despezas de exploração, as quaes constam de uma parte constante relativa á administração geral, telegraphos, etc., etc., avaliada em 50 por cento da totalidade das despezas n'uma linha com declives de 10 millimetros [/m], e de uma parte variavel que comprehende o excesso de consumo de combustivel e azeite, o pessoal accessorio para o serviço dos freios e as reparações das machinas, vagões e via. As despezas supplementares de construcção são incluidas n'esta segunda parte.

Partindo d'estes princípios, formou-se uma tabella de coefficientes de augmento de tarifas, correspondentes a diversas rampas. Para achar a tarifa especial basta multiplicar a tarifa normal pelo coefficiente respectivo.

Esta tabella é a seguinte:

Rampas	Coeficientes	Rampas	Coeficientes	Rampas	Coeficientes
10	1,00	25	1,02	40	2,39
15	1,19	30	1,85	45	2,69
20	1,40	35	2,11	50	3,00

Quando uma linha é estabelecida com rampas variadas, adopta-se uma tarifa media applicavel a toda a linha. Mr. Dumon diz que este systema de tarifas vae ser applicado á linha do Saint Gothard.

Parece, com effeito, que é este o meio mais racional de egualar quanto possivel os resultados da exploração de linhas estabelecidas em condições de rampas muito diversas. Este systema póde também até certo ponto substituir as subvenções kilometricas para a construcção. É uma verdadeira subvenção paga directamente pelo publico mais interessado no caminho de ferro, aquelle que o frequenta. Não se deve porém nunca exceder, nem mesmo attingir, a tarifa de transporte pelas estradas ordinarias, e por isso em muitas circumstancias a adopção das tarifas elevadas não dispensa a subvenção.

Assim, na Suissa a construcção das linhas secundarias tem sido também subvencionada pelo Estado. Mas estas subvenções podem ser consideradas como simples emprestimos, sem juro durante um certo numero de annos. O Cantão de Vaud, por exemplo, subscreveu para a linha de Lausanne a Echalens com a quantia de 34:000$000 réis pelo modo seguinte.

A companhia emittiu duas classes de obrigações, a primeira das quaes, com o juro de 3 por cento, foi subscripta pelo publico; a 2.ª classe, com o mesmo juro, foi reservada ao Estado até a concorrência da importancia total da subvenção, mas não participa do rendimento senão depois de satisfeitas as obrigações da 1.ª classe, e depois de deduzida a verba de amortisação para o material fixo e circulante.

Por um systema idêntico, deu o mesmo Cantão de Vaud 18:000$000 réis para a linha de Lausanne a Ouchy; réis 396:000$000 á linha de la Broie; 576:000$000 réis á de Jougne; 590:000$000 réis á de Lausanne a Saint Maurice; e réis 297:000$000 á do Jura Vadois [sic]. Esta ultima foi também subvencionada pelas communas interessadas com 144:000$000 réis, e pelo Cantão de Neufchatel [sic] com 475:000$000 réis; a sua extensão é de 63 kilometros e portanto as subvenções attingiram 14:540$000 réis por kilometro.

Este systema de subvenção foi também usado na Suecia. Para a linha de Hjo a Stenstorp, de 38 kilometros de extensão, cujo custo foi de 204:858$000 réis, entrou o Estado com 60:840$000 réis sem juro nos dois primeiros annos e com o juro de 5 por cento nos tres annos seguintes, subindo em seguida a 6 por cento para a amortisação. A companhia emittiu 3:230 acções de 100 *rixdales*, ou 25$380 réis, que foram subscriptos em parte pela província, na importancia de réis 50:760$000, e o resto pelo publico.

Vê-se que a intervenção do Estado, tanto na Suissa como na Suecia, se exerce por meio de um verdadeiro emprestimo sem juro durante os primeiros annos de exploração. A subvenção portanto reduz-se á parte dos juros que não foram vencidos; mas por outro lado presta-se um valioso auxilio a companhias que sem elle mal poderiam realisar o capital necessario para a construcção. Na exposição que precede o decreto apresentado pelo conselho d'estado do cantão de Vaud ao conselho superior, relativo á subvenção para o caminho de ferro do Jura Vaudois leem-se os seguintes períodos a este respeito:

«La manière beaucoup trop dispendieuse dont plusieurs de nos grandes lignes ont été construites, ainsi que la perspective du rendement relativement faible des lignes secondaires, contribuent aussi pour une large part à rendre les capitaux très circonspects à l'égard des dernières. Dans cette situation, les hommes même les moins enclins à rejeter sur l'État toutes les charges et à lui demander la solution de tous les problèmes sociaux; ceux même qui sont le plus partisans de la responsabilité et de l'initiative individuelles; tous sont d'accord sur la nécessité de l'intervention financière de l'État en faveur de ces voies de communication qui ont pour conséquence le développement de la production et de la consommation et partant un accroissement de la richesse publique.»[17]

V
CONCLUSÃO

Temos tratado succintamente das questões mais importantes relativas á construcção e exploração dos caminhos de ferro de via reduzida. Resumamos as principaes conclusões a que chegámos no estudo de cada uma d'essas questões, e vejamos as consequências a que ellas nos levam relativamente ás applicações d'este systema de vias ferreas.

Pelo que respeita ás condições geraes da construcção julgâmos ter sufficientemente demonstrado os princípios seguintes.

a) – As larguras de via mais geralmente empregadas são as de 0,90 |m| e 1,00 |m| ou proximamente. As larguras mais reduzidas, isto é, as comprehendidas entre 0,60 |m| e 0,90 |m|, não satisfazem a todos os requisitos de capacidade e estabilidade exigidos por um serviço publico de passageiros e mercadorias.

---

17 A muito cara maneira pela qual foram construídas muitas das nossas grandes linhas, bem como as perspectivas de rendimento relativamente baixas das linhas secundárias, contribuem em grande parte para tornar os capitais muito circunspectos em relação a estas últimas. Nesta situação, mesmo os homens menos inclinados a fazer recair sobre o Estado todos os encargos e a exigir dele a solução de todos os problemas sociais; mesmo aqueles que são os maiores defensores da responsabilidade e da iniciativa individual; todos concordam sobre a necessidade de intervenção financeira do Estado a favor destas vias de comunicação que resultem no desenvolvimento da produção e do consumo e, portanto, num aumento da riqueza pública.

b) – O minimo raio de curva admissível em via de 1,0 |m| é o de 90 metros. Este minimo, porém, só deve ser empregado quando o trafico for muito restricto. Para traficos que exijam comboios de 70 e 100 metros de extensão, e velocidades de 20 a 25 kilometros por hora, é conveniente não adoptar raios inferiores a 120 ou 150 metros, a fim de que as resistencias não excedam o limite que a experiencia tem indicado.

c) – Os raios de 120 |m| e 150 |m| na via de 1,0 |m| são equivalentes aos de 170 |m| e 200 |m| na via de 1,67 |m|, sob o ponto de vista das resistencias que as curvas offerecem ao movimento de comboios da mesma extensão e animados da mesma velocidade, na hypothese de se empregarem na via larga machinas apropriadas ás curvas de pequeno raio.

d) – A carga que uma locomotiva póde tirar em rampa decresce na rasão inversa da inclinação. O limite superior das rampas admissível em uma determinada linha depende pois do trafico. Em terrenos montanhosos com um trafico restricto convem adoptar rampas fortes, se d'ahi resultar economia para a construcção. Não se deve porém nunca exceder o limite de 30 millimetros |/m|, excepto se o movimento geral das mercadorias for no sentido da descida, ou se a linha for principalmente frequentada por passageiros; casos estes em que se poderá attingir 50 millimetros |/m|.

Relativamente ao material circulante, mostrou-nos o exame de differentes typos empregados em varias linhas que se podiam admittir as seguintes conclusões.

e) – O peso especifico, ou por unidade de transporte, nas carruagens de via estreita, não differe sensivelmente do das carruagens de via larga, se exceptuarmos as de 1.ª classe, que aliás pouco influem na media geral, por serem pouco numerosas nos comboios. Pelo contrario, os vagões de mercadorias são mais ligeiros, por cada tonelada de carga, do que os de via larga, na rasão de A ou J do peso d'estes últimos.

f) – A força de tracção das locomotivas decresce rapidamente com a largura da via. Assim, para vias de 0,60 |m| a 0,80 |m| esta força regula por metade da que tem logar na via de 1,00 |m|; e a mesma relação se observa entre as locomotivas d'esta ultima largura e as de 1,67 |m|.

g) – O consumo medio de combustivel por kilometro de percurso é independente da largura de via; de modo que o consumo por tonelada kilometrica, em linhas com o mesmo perfil, deve estar proximamente na rasão inversa da força das machinas. Quanto á despeza de construcção achámos os resultados que se seguem.

h) – A despeza kilometrica de construcção de uma linha de via de 1,0 |m| varia entre $\frac{1}{2}$ e $\frac{1}{3}$ do custo de uma outra linha de via larga, construída em terreno identico, nas condições de grande trafico, conforme o terreno é muito ou pouco accidentado. Comparada porém com o custo provavel de uma linha de 1,67 |m| em condições equivalentes de traçado, podendo ser explorada em parte com o material das linhas principaes, a economia da via reduzida só poderá ser importante quando o terreno for muito accidentado.

Finalmente, ácerca das condições geraes da exploração pareceu-me poder acceitar as deducções seguintes.

i) – Na via reduzida ha uma consideravel diminuição de peso morto em relação á via larga, proveniente da mais perfeita utilisação do material e do seu menor peso especifico. Demonstra-se, porém, que em geral, a economia de tracção d'ahi resultante é inferior ao excesso de despeza motivado pela baldeação obrigatoria de todas as mercadorias na estação de entroncamento, excepto se a linha offerecer grandes rampas no sentido do principal movimento, e se o trafico de mercadorias for pouco importante em relação ao de passageiros, ou ainda se as mercadorias forem susceptiveis de uma baldeação facil e rapida; casos estes em que poderá haver economia na adopção da via reduzida.

j) – A capacidade de transporte de uma linha depende, principalmente, da carga maxima que uma locomotiva póde tirar sobre as rampas mais fortes que o seu perfil apresentar; decresce, pois, rapidamente com a largura da via e com a inclinação das rampas.

k) – O comprimento dos comboios que devem circular sobre a linha está na rasão inversa das rampas, e é proximamente o mesmo para a via de 1,0 [m] e para a de 1,67 [m].

l) – A despeza total de exploração nas linhas de via muito reduzida é sempre superior a 56 por cento da receita. Na via de 1,0 [m] esta proporção póde descer a 40 por cento.

m) – A despeza de tracção do trem-kilometro é independente da largura de via, e, dentro de certos limites, dos raios das curvas; augmenta porém proporcionalmente ás inclinações a partir da rampa de 15 [mm/m].

São estas as principaes conclusões, mais ou menos bem fundadas, a que chegámos na analyse da construcção e exploração de varias linhas.

A primeira consequência que resulta dos princípios precedentes é que os caminhos de ferro de via muito reduzida, isto é, de largura comprehendida entre 0,60 [m] e 0,90 [m], teem uma capacidade limitadissima de transporte, e exigem uma grande despeza de exploração, de modo que o custo de uma tonelada kilometrica é elevadissimo. Se acrescentarmos que o material para linhas tão estreitas não preenche bem todos os fins a que é destinada uma exploração de caminho de ferro, concluiremos que o emprego de taes larguras deve ser excluído nas linhas destinadas a um serviço regular de passageiros e mercadorias.

A inconveniência das larguras muito reduzidas manifesta-se de um modo ainda mais decisivo quando as rampas são muito fortes; porque ahi acresce a inclinação para diminuir a carga. Assim, a applicação da via de 0,75 [m] ou 0,80 [m] ás estradas ordinárias, preconisada por alguns engenheiros, não pode dar resultado algum pratico.

Parece-me, pois, fóra de duvida, que o limite minimo da largura nos caminhos de ferro de via reduzida é 0,90 [m] ou 1,00 [m].

Uma outra consequência que resulta do nosso estudo e que póde ser comprovada por numerosos exemplos, é que a via de 1,67 [m] admitte condições de traçado que se approximam das condições estabelecidas para a via de 1,00 [m]; isto é, augmentando os raios das curvas simplesmente de 50 metros, poder-se-ha adoptar muitas vezes a largura de 1,67 [m] em logar da de 1,00 [m] sem grande augmento de despeza.

N'estas circumstancias, quaes são os casos em que o emprego da via reduzida offerece vantagem sobre o da via larga?

Ha tres hypotheses a estabelecer:

1.ª A linha é isolada; isto é, não communica com a rede geral do paiz.

N'este caso, aliás pouco frequente, a adopção de via reduzida é decididamente mais vantajosa, pois que a despeza de construcção é menor e a de exploração póde também ser inferior em virtude da differença do peso morto.

2.ª A linha communica em uma extremidade com a rede geral.

É este o caso mais frequente; e é também aquelle sobre que poderá haver mais duvida, se as condições do terreno não forem decisivas. Effectivamente, se o terreno for muito accidentado e o trafico restricto, se as rampas estiverem no sentido do principal movimento, se alem d'isso o trafico de passageiros predominar, ou se as mercadorias forem de facil baldeação, não ha duvida de que a via reduzida é a mais vantajosa, porque a despeza de construcção é consideravelmente menor e a despeza de baldeação é sufficientemente compensada pela economia no transporte do peso morto. No caso do terreno ser pouco accidentado, se o movimento se fizer egualmente nos dois sentidos, ou se se fizer em maior escala no sentido dos declives predominantes, se ao mesmo tempo a tonelagem das mercadorias for importante, ou ainda se as mercadorias forem de grande velocidade e difficeis de baldear, é a via larga que apresenta a maior somma de vantagens.

Entre os dois casos precedentes, que são os extremos, poderá havel-os duvidosos; e n'esses, só um estudo muito minucioso das condições especiaes da linha, poderá resolver a questão.

3.ª A linha deve communicar com a rede geral pelas suas duas extremidades.

Este caso, finalmente, parece também não offerecer a menor duvida acerca da conveniência da via larga.

Julgo pois ter determinado tanto quanto possivel as circumstancias cm que a via reduzida tem applicação.

É claro que estas applicações não excluem o caso da linha poder ser assente n'uma estrada, se as condições de planta e perfil o permittirem. Não me parece porém que tal solução tenha probabilidade de ser adoptada muitas vezes, porque as nossas estradas são em geral estreitas e apresentam a cada passo rampas de 30 millimetros [/m] e curvas de 30 metros de raio; condições estas incompatíveis com uma boa exploração.

Dissemos que numerosos exemplos comprovam a possibilidade pratica de adoptar nas linhas de via larga raios de curvas pouco differentes dos que se admittem nas de via reduzida, e de realisar grandes economias na despeza de construcção.

Pelo que respeita aos raios das curvas, tive já occasião de citar a linha do Semmering, que tem curvas de 180 metros de raio, apesar de ser uma linha de primeira ordem, e a do Uetliberg, que as tem de 130 [m]. Poderia também mencionar muitos pequenos ramaes das companhias francezas onde penetram os seus vagões tirados por cavallos, e onde as curvas descem a 60 e 50 metros de raio. Limitar-me-hei porém á linha de Avricourt a Cirey no departamento de Meurthe-et-Moselle, em França, que é ao mesmo tempo um modelo muito interessante de caminho de ferro economico.

Esta linha, de 18:074,50 [m] de extensão, parte da estação de Avricourt na linha de Paris a Strasbourg e segue com declividades de 10 millimetros [m] e curvas de 130 a 300 metros de raio, pela maior parte, até Blamont, centro commercial de um grande grupo de povoações, e d'ahi para Cirey, onde ha fabricas importantes, e onde vem convergir as madeiras dos Vosges para serem expedidas pelo caminho de ferro.

Alem das tres estações mencionadas ha mais duas *haltes* [paragens] e um *abrigo* para serviço exclusivo de passageiros.

Esta linha teve um movimento de terras de $8^m3,33$ por metro corrente. As obras de arte são assaz numerosas; e d'ellas ha 9 de alguma importancia: uma passagem superior, uma outra inferior, tres pontões de 2, 3 e 4 metros de abertura, duas pontes de 6 metros, uma de pedra e outra metallica, e finalmente uma ponte de tres arcos de 4 metros de vão cada um.

Os carris são de 30 kilos, e o material circulante reduz-se a duas locomotivas de 25 toneladas e tres carruagens de 50 logares. O resto do material é fornecido pela companhia de l'Est que explora a linha.

A despeza kilometrica de construcção foi de 14:518$800 réis, dos quaes 3:335$400 réis em terraplenagens e obras de arte.

As seguintes linhas são egualmente exemplos muito frisantes de construcções economicas.

Linhas	Extensão – Kilometros	Despeza [em réis]
Companhia Vitré à Fougères............................	37	16:125$968
Companhia do Norte:		
Beauvais a Saint Just.................................	29	14:229$511
Saint Omer a Alancourt............................	31	16:341$383
Breteuil a la Ville..	7	12:364$476
Douliens a Arras..	32	18:966$893
Senlis a Crépy..	23	14:064$871
Beauvais a Gournay..................................	28	17:519$445
Companhia de Leste:		
Saint Dizier a Vassy.................................	22	14:390$820
Bazancourt-Betheimville......................	17	10:869$480
Caminhos de ferro de Ardennes.................	51	13:077$767

Os exemplos precedentes mostram bem á evidencia que é possível realisar na construcção das linhas de via larga economias importantissimas.

Estas economias resultam em grande parte, como já dissemos, da reducção dos raios das curvas e da proscripção [sic] absoluta de todo e qualquer luxo de construcção. Para mostrar até que ponto se leva a economia n'estas linhas, bastará dizer que as arestas dos passeios das estações são revestidas com relva.

Não bastam, porém, taes expedientes para obter o resultado desejado, se não forem acompanhados por um estudo muito demorado e minucioso de toda a linha e de cada obra em especial; e expondo esta opinião, não faço mais do que repetir as seguintes palavras pronunciadas por mr. Jacquemin no inquerito sobre os caminhos de ferro francezes:

«Je ne crois qu'il y ait d'économies à faire autres que celles qui résultent d'études bien et complètement faites. Il faut, selon moi, dix-huit mois ou deux ans d'études acharnées sur le terrain pour arriver à faire un chemin de fer économique.»[18]

Lisboa, 21 de maio de 1879.

CANDIDO XAVIER CORDEIRO

---

18 Não creio que hajam outras economias senão aquelas que resultam de estudos bem e completamente realizados. Na minha opinião, são precisos dezoito meses ou dois anos de intensos estudos no terreno para se chegar a fazer um caminho-de-ferro económico.

RELAÇÃO DOS CAMINHOS DE FERRO DE VIA

Paizes	Caminhos	Exten-são	Largura da via	Raio minimo	Rampa máxima	Plata-forma	Peso dos carris
França	Lagny Saint Denis a Mortcerf..........	19,0	1,0	100	30,0	3,7	17,0
	Commentry a Montluçon................	16,0	1,0	90	12,0	–	16,0
	Burelles a Tavaux............................	12,0	1,0	30	75,0	2,1	13,0
	Rochebelle a Tamaris.....................	1,9	0,766	60	18,0	4,0	12,0
	Cessons a Trébiau............................	5,5	0,766	25	5,0	4,0	12,0
	Salles la source a Mondalazac..........	7,0	1,10	40	12,0	–	16,5
	Haironville a Triancourt...................	61,0	0,85	–	–	–	–
(Alger)	Mockta-el-Hadir a Bône..................	33,6	1,00	250	8,5	4,0	20,3
Suissa	Lausanne a Echalens......................	14,0	1,00	60	40,0	3,0	28,9
	Winkeln a Appenzell......................	24,5	1,00	90	35,0	–	23,0
	Katbat a Scheideg..........................	5,0	1,00	–	50,0	2,85	20,0
Italia	Turin a Rivol.................................	12,0	0,90	200	17,0	3,20	21,5
	Saint Léon a Madeleine (Sardenha)	15,0	0,76	52	40,0	–	13,0
	Monteponi (Sardenha).....................	14,0	1,00	100	25,0	–	20,0
Austria	Lambach Gmunden..........................	27,0	1,107	44	34 0	–	15,0
Prussia	Henef a Broelthal............................	22,4	0,785	38	25,0	–	18,0
Russia	Vierhovie a Livny............................	61,5	1,067	208	12,5	–	–
	Novgorod a Tchudovva.....................	73,2	1,067	–	–	–	–
Suecia	Kristinehamm a Bergsjöu.................	11,8	1,099	–	25,0	2,70	17,0
	Ingen a Kroppa...............................	10,7	0,787	–	25,0	3,00	9,0
	Carlshamm a Vieslande....................	78,0	0,889	–	14,3	4,20	17,17
	Uddevalla a Boraas..........................	134,0	1,219	210	16,6	4,50	24,50
	Uttenberg a Köping..........................	36,0	1,090	250	10,0	–	18,00
	Hjo a Stenstorp................................	38,0	0,889	297	16,7	3,56	11,60
Noruega	(Onze linhas)...................................	883,7	1,067	188	24,0	3,80	20,50
Inglaterra	Festiniog a Port Madoc....................	23,0	0,597	35	16,5	3,05	24,17
	Festiniog and Blaënau......................	6,0	0,597	35	12,5	–	18,00
	Tallylyn..	11,0	0,684	–	15,0	–	–
	North-Wales (3 linhas)....................	56,5	0,597	75,44	25,6	–	17,5
	Ile de Man (idem)............................	69,5	0,915	140,0	15,4	3,96	22,5
	Ballymena and Redbay	27,2	0,915	–	–	–	–
	Ballymena and Larne	19,3	0,915	–	–	–	–
Grecia	Ergastiria	9,2	1,00	60,0	35,0	3,00	20,3
Portugal	Porto á Povoa e Famalicão...............	44,0	0,90	138,0	23,7	3,50	20,0

REDUZIDA MAIS CONHECIDOS NA EUROPA

Locomotivas			Despeza kilometrica	Observações
Numero de eixo conjugados	Distancia entre eixos extremos	Peso adherente		
3	–	13:400	9:360$200	Segue a estrada de Lagny Villeneuve na extensão de 10 kilometros.
3	2,50	19:500	12:600$000	Caminho de ferro industrial.
2	1,25	7:500	4:860$000	Idem. Está assente n'um caminho vicinal.
2	1,50	8:000	–	Idem.
2	1,50	8:000	–	Idem.
2	1,40	9:500	6:551$246	Idem.
–	–	–	–	Em construcção.
3	2,40	21:000	–	Industrial.
2	–	15:000	14:940$000	Está assente na estrada de Yverdon a Rivoli.
3	2,15	19:000	21:600$000	Terreno muito accidentado.
3	2,15	19:000	–	
2	1,50	10:000	10:080$000	Está assente na estrada do mesmo nome.
2	1,25	6:600	–	Industrial.
3	–	16:000	12:600$000	Idem.
–	–	–	–	
3	–	12:600	4:500$000	Está assente n'uma estrada.
3	–	17:000	17:100$000	Terreno accidentado. Estações e pontes de madeira.
–	–	–	12:150$000	
2	–	13:000	8:100$000	Vae ser substituida por uma linha de via normal.
2	–	11:000	–	Idem.
2	–	–	7:200$000	
2	–	16 000	13:140$000	
2	–	13:000	5:415$300	
3	2,23	10:200	5:400$000	
3	–	20:675	10:710$900	
4	1,524	22:330	20:745$000	Terreno montanhoso
2	1,244	11:165	18:023$940	Idem.
2	1,981	–	–	
–	–	–	–	
2	2,00	17:000	–	
–	–	–	17:053$740	
–	–	–	18:790$920	
3	2,20	23:000	12:700$843	Industrial.
3	2,50	22:000	16:259$205	

www.ingramcontent.com/pod-product-compliance
Lightning Source LLC
Chambersburg PA
CBHW070321240526
45468CB00025B/1215